冶金职业技能培训丛书

# 安全技能应知应会 500 问

主编 张天启

北京

冶金工业出版社

2016

# 内容提要

本书以问答的形式介绍了安全卫生常识、安全行为准则、常用气体安全、特种作业常识、设备维护常识、个人防护和救护、烧结和球团生产安全、炼铁生产安全、炼钢生产安全、轧钢生产安全、制氧和焦化生产安全方面的内容。

本书可作为企业职工安全教育培训教材，亦可供冶金职业技术院校的师生参考。

## 图书在版编目（CIP）数据

安全技能应知应会 500 问/张天启主编 . —北京：冶金工业出版社，2016. 3

（冶金职业技能培训丛书）

ISBN 978-7-5024-7183-5

Ⅰ. ①安… Ⅱ. ①张… Ⅲ. ①冶金工业—安全生产—问题解答 Ⅳ. ①TF088-44

中国版本图书馆 CIP 数据核字（2016）第 034409 号

出 版 人　谭学余
地　　址　北京市东城区嵩祝院北巷 39 号　邮编　100009　电话　（010）64027926
网　　址　www.cnmip.com.cn　电子信箱　yjcbs@cnmip.com.cn
责任编辑　戈 兰　陈慰萍　美术编辑　彭子赫　版式设计　孙跃红
责任校对　石　静　责任印制　李玉山
ISBN 978-7-5024-7183-5
冶金工业出版社出版发行；各地新华书店经销；三河市双峰印刷装订有限公司印刷
2016 年 3 月第 1 版，2016 年 3 月第 1 次印刷
850mm×1168mm　1/32；11 印张；296 千字；322 页
**38. 00 元**
冶金工业出版社　投稿电话　（010）64027932　投稿信箱　tougao@cnmip.com.cn
冶金工业出版社营销中心　电话　（010）64044283　传真　（010）64027893
冶金书店　地址　北京市东四西大街 46 号（100010）　电话　（010）65289081（兼传真）
冶金工业出版社天猫旗舰店　yjgycbs. tmall. com
（本书如有印装质量问题，本社营销中心负责退换）

# 序1

新的世纪刚刚开始，中国冶金工业就在高速发展。2002年中国已是钢铁生产的"超级"大国，其钢产总量不仅连续7年居世界之冠，而且比居第二位和第三位的美、日两国钢产量总和还高。这是国民经济高速发展对钢材需求旺盛的结果，也是冶金工业从20世纪90年代加速结构调整，特别是工艺、产品、技术、装备调整的结果。

在这良好发展势态下，我们深深地感觉到我们的人员素质还不能完全适应这一持续走强形势的要求。当前不仅需要运筹帷幄的管理决策人员，需要不断开发创新的科技人员，也需要适应这新变化的大量技术工人和技师。没有适应新流程、新装备、新产品生产的熟练技师和技工，我们即使有国际先进水平的装备，也不能规模地生产出国际先进水平的产品。为此，提高技工知识水平和操作水平需要开展系列的技能培训。

冶金工业出版社根据这一客观需要，为了配合职业技能培训，组织国内有实践经验的专家、技术人员和院校老师编写了《冶金职业技能培训丛书》，以支持各钢铁企业、中国金属学会各相关组织普及和培训工作的需要。这套丛书按照不同工种分类编辑成册，各册根据不同工种的特点，从基础知识、操作技能技巧到事故防范，采用一问一答形式分章讲解，语言简练，易读易懂易记，适合于技术工人阅读。冶金工业出版社的这一努力是希望为更好地发展冶金工业而做出的贡献。感谢编著者和出版社的辛勤劳动。

借此机会，向工作在冶金工业战线上的技术工人同志们致意，感谢你们为冶金行业发展做出的无私奉献，希望不断学习，以适应时代变化的要求。

原冶金工业部副部长
中国金属学会理事长

2003 年 6 月 18 日

# 序 2

20 世纪 90 年代，中国的粗钢产量从 1990 年的 6635 万吨，增长至 1996 年的 10124 万吨，跃居世界首位，并一直保持至今。2008 年，中国的粗钢产量相当于世界排名第 2 的日本到第 9 名的巴西等国粗钢产量的总和，占世界总产量的 37.8%。中国的钢铁工业经过几代人的不懈努力，关键工艺技术与重大装备从引进、集成到自主创新，已基本实现主要工艺技术和主体装备国产化，其中大型冶金设备的国产化率达到 90% 以上，已经具备自主建设年产千万吨级的世界一流现代化钢铁企业的能力。

中国的高效低成本冶炼技术，连铸及新一代控轧控冷技术，性能预测与控制及一贯制生产管理技术等关键工艺技术，贫赤铁矿、褐铁矿和菱铁矿等矿产资源的选矿技术已进入世界领先水平。先后开发出了高速铁路用百米重轨，高等级油气输送管线钢，高牌号无取向硅钢和高磁感取向硅钢，高级不锈钢，超深井、耐腐蚀、抗挤毁油套管，大规格镍基合金油管及核电蒸汽发生器用管等一批精钢产品。目前，中国不仅是钢铁生产大国，还是当今世界上最大的钢铁工程承包商、最大的钢铁生产技术输出国和最大的钢铁冶金设备制造国。

发展速度与业绩令人欣慰，但从综合水平上，中国只能算是钢铁生产大国，还不能说是名副其实的钢铁强国，除还存在许多精钢产品的技术弱项外，更主要的是从业人员的整体素质与行业的技术进步、发展速度极不匹配，特别是中小型钢铁企业。2015年6月6日，中国科学院中国现代化研究中心在北京发布的《中国现代化报告2015：工业现代化研究》指出：如果按工业劳动生产率、工业增加值比例和工业劳动力比例指标的年代差的平均值计算，2010年中国工业经济水平比德国、荷兰、英国和法国落后100多年，比美国、丹麦、意大利落后80多年，比瑞典、挪威、奥地利、西班牙和日本落后60多年。数据一出，有些人质疑，也有些人认同。不管是质疑还是认同，但一个事实不容否认，即中国的从业人员的职业素质，经济发达工业国家相比，确实存在着很大的差距。

中国钢铁企业从业人员的职业素质，经过多年的努力尽管有了一定提高，但以"应知"、"应会"为主要内容的职业素质，并没有得到根本性改善。特别是一线产业工人素质不高，呈现出后继乏人的趋势，已经严重制约了企业的健康发展。造成这一问题的原因有三：一是社会传统的"劳心者治人，劳力者治于人"思想意识仍然束缚着人们的思想，年轻人片面追求学历的原因，不仅是增长知识，更是谋求脱离劳动第一线，因此造成了一线工人文化水平低下，接受与解读能力差，素质提升慢；二是企业领导者将主要精力放在了特殊人才的选拔、培养上，对普通工人的教育、培养投入较少，影响了普通工人基本职业素质的提升；三是没有系统地对企业职工应知、应会的内容进行梳理、论证、汇总，应知、应会的内容零散而不系统。另外，通过对随机抽取的100起安全生产事故形成原因进行分析发现，31%因基本业务要求不清楚而引起，63%因基本技能不熟练或疏忽大意而引发。对于这些问题，克服起来并不太困难，关键还是看企业领导者的态度和意识。不能一听到"企业竞争归根结底是人才的竞争"的观点，就只盯住了人才，盯住了那些特殊的人，提升普通工人的素质成了被遗忘的角落。其实，在激烈的市场竞争中，企业之间的竞争已不再是单指工艺技术和设备、产品开发和创新的竞争，越来越表现为员工素质的竞争，企业的强弱更取决于这个企业拥有的人才的数量和质量。作为企业根本要素的人以及其职业素质的高低，才真正决定了一个企业的竞争力的强弱。只有具备高素质的人，才能有高素质的企业。因此，提高企业人员的职业素质，是提升企业竞争力的一项基础工程，必须抓紧、抓好，取得实效。

张天启先生编写的《安全技能应知应会500问》一书内容全面，包含了钢铁生产单位所涉及的安全环保常识、安全行为准则、常用气体安全、个人防护救护、安全操作技能等11个大类的内容，针对性强，实用性强，对提高职工的专业素质、基础技能、责任意识、安全意识有极强的指导意义，能帮助员工安全熟练操作设备，提高工作效率，是一本企业开展职业技能培训的好教材。

青年创业国际计划（YBC）指导专家　　孟广桥
华夏博睿企业发展研究中心总裁

2015 年 11 月

# 前　言

安全生产事关人民群众生命财产安全和社会稳定大局，备受各界关注。习近平总书记指出："人命关天，发展决不能以牺牲人的生命为代价。这必须作为一条不可逾越的红线。"

由于钢铁企业自身的特点，企业职工所从事的工作潜在的危险性很大，一旦发生事故不仅会给作业人员自身的生命安全造成危害，而且也容易给其他从业人员以至人民群众的生命和财产安全造成重大损失，影响社会安宁和稳定。

造成安全生产形势严峻的原因虽然是多方面的，但很重要的一条，就是人的安全意识和行为，这是生产过程中最危险、最可怕、最大的安全隐患。作业人员安全意识淡薄、安全技能素质不高、"三违"行为是造成事故的主要原因。据统计，由于作业人员违规违章操作造成的生产安全事故，占生产经营单位事故总量的80%以上。

在笔者的日常工作中，深深地感觉到钢铁企业职工安全素质还不能跟上高速发展的企业的需求。没有适应新流程、新装备的合格的作业人员，即使有先进的装备和完善的管理体系，也不能保证不再发生重大安全事故。

　　为此，根据钢铁企业安全生产的特点，我们组织相关院校教师和钢铁企业安全管理人员将企业职工需要熟知的安全技能知识进行系统整理，用简洁的文字进行阐述，旨在提高职工的安全意识，提高职工的自我防范能力和安全技能，减少事故发生。本书可作为新职工入厂安全教育以及普通职工安全培训和安全管理人员晋级培训的资料，亦可作为冶金职业技术院校的教学参考用书。

　　参加本书编写的人员有承德技师学院张智慧、隋强、田悦妍、林连宗、贾羽男，廊坊市高级技工学校穆文元，廊坊职业技术学院杨兵，连云港亚新钢铁有限公司赵福桐、李建跃，文安县新钢钢铁有限公司李树、王东、侯东东。河北省安全生产监督管理局安全科学技术中心特聘教授高来明对本书进行了审阅和修改。

　　在本书编写过程中，参考了大量的文献资料，在此对文献作者表示衷心的感谢。由于编者水平有限，书中不妥之处，敬请批评指正。

2015 年 11 月

# 目 录

## 第1章 安全与卫生常识

## 第2章　安全行为准则

## 第3章　常用气体安全

# 第4章 特种作业常识

# 第 5 章　设备维护常识

# 第6章　个人防护和救护

## 第7章 烧结和球团生产安全

# 第8章 炼铁生产安全

# 第9章　炼钢生产安全

# 第10章　轧钢生产安全

## 第11章　制氧和焦化生产安全

# 第 1 章　安全与卫生常识

**1. 冶金企业生产中常见的危险、有害因素有哪些？**

**答：**冶金企业生产中常见的危险、有害因素有：
（1）火灾、爆炸。
（2）机械伤害及人体坠落事故。
（3）粉尘、有害气体。
（4）弧光和高温辐射、烫伤。
（5）噪声影响。
（6）触电伤害。
（7）雷击伤害。
（8）交通伤害
（9）起重伤害。

**2. 为什么要进行安全教育？**

**答：**进行安全教育的原因有：
（1）国家法律法规的要求。安全培训是《中华人民共和国安全生产法》等法律法规赋予生产经营单位的重要职责。国家通过一些安全生产的监督管理机构对企业的安全生产进行监督、检查、指导。
（2）企业生存发展的需求。在市场经济条件下，在全球职业安全卫生标准一致化的背景下，企业必须加强安全工作，提高公司的信誉度和竞争力。安全事故不仅影响职工，影响股东，影响客户，还会影响企业在公众心目中的形象，最终影响企业的经济效益。
（3）职工自我保护的需要。有了安全，一切美好的将来才成为可能。在工作中只有我们获得相关安全操作常识之后，才可以避免自己和他人受到伤害。

### 3. 安全教育的主要内容有哪些？

**答：**安全教育的内容很丰富，从性质上可分为安全理念教育、安全知识教育、安全技能教育、典型案例教育。

（1）安全理念教育。通过安全理念教育，可提高从业人员对安全生产的认识，端正安全生产的态度，建立正确的安全理念。

（2）安全知识教育。通过安全知识教育，可提高职工的基本素质。安全知识教育也就是我们常说的"应知"的内容，包括一般安全知识和专业安全知识两个方面。

（3）安全技能教育。安全教育不仅要"应知"，还要"应会"，这就是安全技能教育。"应会"包括会操作、会维护、会处理一般故障，常见事故的紧急处置措施，现场急救技术等。安全技能教育可通过示范操作、师带徒的方法进行。通过安全技能教育，可规范职工的行为，养成良好的操作习惯，防止习惯性违章。这一点对新职工尤为重要。

（4）典型案例教育。典型案例教育包括典型经验和事故教训两个方面的教育。

### 4. 为什么必须对新职工进行岗前安全教育？

**答：**新职工初来乍到，对岗位、陌生环境不熟悉，存在好奇、紧张、侥幸、逞能、莽撞等一些不安全的心理因素，存在这样的不安全心态就会在工作中表现出一些不安全的行为，很容易发生安全事故。

### 5. 新职工入厂有哪三级安全教育？

**答：**国家法规规定，新职工必须按规定通过三级安全教育和实际操作训练，经考核合格后方可上岗。新职工三级安全教育有：

（1）厂级安全教育。厂级安全教育是对新入厂职工在分配工作之前进行的安全教育。厂级安全教育归厂安全科组织实施。

（2）车间安全教育。车间安全教育是新职工分配到车间后，在尚未进入岗位前进行的安全教育，一般由车间安全工作的负责人组织实施，形式有上课学习、组织座谈、由安全专职干部带领参观生产现场、解答问题等。

（3）班组安全教育。班组安全教育是新职工踏上岗位开始工作之前的具体教育，通常由班组长或班组安全员进行教育，然后采用"师带徒"的方法，进一步巩固岗位操作技能。

新职工安全教育时间不得少于 24 学时；危险性较大的岗位，时间不得少于 48 学时。因此，三级教育应该以脱产培训为主。特种作业人员（如电工、天车工、电气焊工等）必须经专业技术部门培训和考试合格后，颁发"特种作业操作证"，然后方可作业。

**6. 厂级安全教育的形式和主要内容有哪些？**

**答：** 厂级安全教育可以通过企业负责安全生产的领导人做报告、组织座谈、参观安全教育展览室、观看安全方面电影或录像、学习有关安全知识和文件等，使新入厂人员了解企业的基本情况、生产任务及特点、安全状况、事故特点及主要原因以及一般的安全生产知识，从而理解安全生产的重要意义，提高对安全生产的认识，端正安全生产的态度。主要内容有：

（1）安全生产方针政策、法律法规，本单位安全生产情况及安全生产基本知识。

（2）本单位安全生产规章制度和劳动纪律。

（3）从业人员安全生产权利和义务。

（4）事故应急救援、事故应急预案演练及防范措施。

（5）相关事故案例等。

### 7. 车间安全教育的形式和主要内容有哪些？

**答：**车间安全教育是新职工分配到车间后，在尚未进入岗位前进行的安全教育，一般由车间安全工作的负责人组织实施，形式有上课学习、组织座谈、由安全专职干部带领参观生产现场、解答问题等。主要内容有：

（1）车间的组织结构，即介绍车间由哪些生产单位、辅助单位、附属单位、管理机构组成，职工人数，安全管理组织形式。

（2）车间生产规模及任务、工艺流程和生产设备及技术装备。

（3）车间安全生产规章制度。

（4）作业场所和工作岗位存在的危险有害因素，常见事故及预防措施。

（5）车间安全生产基本知识，如机电安全知识，安全设备设施、个人防护用品的使用和维护；职业卫生知识，自救互救、急救方法，疏散和现场紧急情况的处理等。

（6）有关事故案例等。

### 8. 班组安全教育的形式和主要内容有哪些？

**答：**班组是企业最基本的生产单位，抓好班组安全管理是搞好企业安全生产的基础和关键。班组安全教育是为了提高职工自身保护能力，减少和杜绝各类事故，实现安全生产和文明生产。班组安全教育的主要内容有：

（1）本工段或班组的概况，包括班组成员及职责，生产工艺及设备，日常接触的各种机具、设备及其安全防护设施的性能和作用，安全生产概况和经验教训。

（2）班组规章制度、所从事工种的安全生产职责和作业要求、安全操作规程；班组安全管理制度；如何保持工作地点和环境的整洁；劳动防护用品（用具）的正确使用方法；合格班组建设等。

（3）班组危险、有害因素分析。

（4）事故案例等。

### 9. 正确的安全理念有哪些？

**答：** 为了贯彻落实"安全第一，预防为主，综合治理"的安全生产方针和安全生产法律法规，提高职工的安全生产意识，端正安全生产态度，冶金企业应该建立自己的企业安全文化，树立正确的安全理念。

（1）追求完美、零事故的安全目标。只有把安全工作做得完美无缺，设备、设施和环境无缺陷，安全工作才有保障。追求完美是人的天性，定下"零事故的安全目标"有利于激发人们搞好安全工作的积极性、创造性和主动性。

（2）坚持"以人为本"的思想。安全工作的目的和出发点是为了保障人民群众的生命财产安全，同时，企业职工既是安全生产管理的对象，又是安全生产的主体。"以人为本"就是要重视人的因素，重视生命，尊重人权。广大职工应端正安全生产的态度，发扬安全生产的积极性和主动性，变"要我安全"为"我要安全，我会安全"。

（3）树立"安全就是政治，安全就是法律，安全就是效益，安全就是市场"的安全价值观。我国把安全生产当做"人命关天"的头等大事来抓，已建立起安全生产法律体系。漠视安全就是漠视法律。

（4）倡导"敬业爱岗，团结合作，积极主动，奉献负责"的工作态度。安全生产，人人有责。只有企业的每一位职工都热爱企业，抱着"敬业爱岗，团结合作，积极主动，奉献负责"的态度，才能实现企业的安全生产。

（5）坚持"四不伤害"的行为准则。在实际工作中，要将"不伤害自己，不伤害他人，不被他人伤害，保护他人不受伤害"的要求落到实处，坚决杜绝不安全行为。

（6）建立"遵章光荣，'三违'可耻"的安全道德规范。

（7）坚持"四不放过"的事故处理原则。不管是大事故还是小事故，都必须做到"事故原因未查清楚不放过；事故责任人未处理不放过；整改措施未落实不放过；有关人员未受到教育不放过"。

## 10. 新职工上岗前必须遵守哪些安全事项？

答：新职工上岗前必须遵守的安全事项有：

（1）严格遵守安全管理规章制度、劳动纪律和安全操作规程。

（2）进作业场所必须穿戴好规定的劳动防护用品，特别是安全帽、工作服、劳保鞋。

（3）正式作业前、班中、班后要开展安全检查，发现事故隐患及时处理，不能处理的要及时上报，并做好记录。

（4）高低压配电室不得随便进入，更不允许触碰各种电气设备和开关。

（5）易燃易爆场所严禁动火作业。必须动火作业的，须经上级部门批准，并采取可靠的安全措施。

（6）煤气区域作业，应当检测煤气浓度，防止中毒窒息及爆炸事故。

（7）在厂内行走，要走人行道，注意避让各种运输车辆；不跨越皮带。

（8）危险作业必须两个人一起进行，一人作业，一人监护。

## 11. 什么是安全和安全生产？

答：安全，泛指没有危险、不出事故的状态，即没有物质危险和精神恐慌而使人处于自由的状态，没有危险因素的劳动条件，以保证人们从事劳动过程中不发生人身或设备事故。

安全生产，一般意义上讲，是指在社会生产活动中，通过人、机、物料、环境的和谐运作，使生产过程中潜在的各种事故风险和伤害因素始终处于有效控制状态，切实保护劳动者的生命安全和身体健康。

## 12. 什么是本质安全和安全许可？

**答**：（1）本质安全。本质安全是指通过设计等手段使生产设备或生产系统本身具有安全性，即使在误操作或发生故障的情况下也不会造成事故。具体包括两方面的内容：

1）失误-安全功能，指操作者即使操作失误，也不会发生事故或伤害，或者说设备、设施和技术工艺本身具有自动防止人的不安全行为的功能。

2）故障-安全功能，指设备、设施或生产工艺发生故障或损坏时，还能暂时维持正常工作或自动转变为安全状态。

上述两种安全功能应该是设备、设施和技术工艺本身固有的，即在它们的规划设计阶段就被纳入其中，而不是事后补偿的。

本质安全是生产中"预防为主"的根本体现，也是安全生产的最高境界。实际上，由于技术、资金和人们对事故的认识等原因，目前还很难做到本质安全，只能作为追求的目标。

（2）安全许可。安全许可是指国家对矿山企业、建筑施工企业和危险化学品、烟花爆竹、民用爆破器材生产企业实行安全许可制度。企业未取得安全生产许可证的，不得从事生产活动。

## 13. 什么是安全生产管理？

**答**：安全生产管理是管理的重要组成部分，是安全科学的一个分支。所谓安全生产管理，就是针对人们在生产过程中的安全问题，运用有效的资源，发挥人们的智慧，通过人们的努力，进行有关决策、计划、组织和控制等活动，实现生产过程中人与机器设备、物料、环境的和谐，达到安全生产的目标。

安全生产管理的目标是：减少和控制危害，减少和控制事故，尽量避免生产过程中由于事故所造成的人身伤害、财产损失、环境污染以及其他损失。安全生产管理包括安全生产法制管理、行政管理、监督检查、工艺技术管理、设备设施管理、作业环境和条件管理等方面。

安全生产管理的基本对象是企业的员工，涉及企业中的所有人员、设备设施、物料、环境、财务、信息等各个方面。安全生产管理的内容包括安全生产管理机构和安全生产管理人员、安全生产责任制、安全生产管理规章制度、安全生产策划、安全培训教育、安全生产档案等。

**14. 什么是安全确认？**

答：安全确认是在操作之前对被操作对象、作业环境和即将进行的操作行为进行的确认。通过安全确认可以在操作之前发现和纠正异常情况或其他不安全问题，防止发生操作失误和其他危险。

安全确认的形式很多。例如，所谓的"指差呼称"，其含义是"用手指、用嘴喊"，即操作之前用手指着被操作对象、用嘴喊操作要点，通过这种方式来确认被操作对象和将要进行的动作。

**15. 什么是安全评价？**

答：安全评价，也称为危险度评价或风险评价，它是综合运用安全系统工程方法，对某个系统的安全性进行预测和度量。它不同于安全评比，也不同于安全检查。安全评价包括以下基本内容：

（1）危险的辨识。主要是查明系统中可能出现的危险的情况、种类、范围及其存在的条件。

（2）危险的测定与分析。即通过一定的事故测定和分析危险，包括对固有的和潜在的危险、可能出现的新危险及在一定条件下转化生成的危险进一步分析。

（3）危险的定量化。把系统中存在的危险通过定量化处理，以对其危险程度及可能导致的损失和伤害性程度进行客观的评定，进而划定安全与危险、可行与不可行的界限。

（4）危险的控制与处理。主要是为消除危险所采取的技术措施与管理措施，包括采取消除、避开、限止和转移等技术措施以及检查教育、训练等管理措施。

（5）综合评价。通过对危险度等级的评定以及进行概率安全评价，然后同既定的安全指标或标准相比较，以求判明所达到的水平，进而找出改善安全状况的最佳方案。

### 16. 什么是安全意识?

**答**：安全意识属意识的一种，是人所特有的一种对安全生产现实的高级心理反应形式。安全意识是人们在从事生产活动中对安全现实的认识，它和安全认识紧密联系着，其核心是安全知识，没有安全知识就谈不上安全意识。人的安全意识的实现既要通过思维，也要通过感知。安全认识在安全意识中占核心地位，它们并不等同。在安全意识中不仅包含着安全认识，而且也包含着体验，因为意识到客观现实的是具体的人，他不只是在认识着，而且也在感受着和行为着。人的安全意识具有能动性质，安全意识对生产活动和进行安全操作有调节作用；反过来，生产活动也影响着人的安全意识的形成。

### 17. 什么是事故和事故隐患?

**答**：事故多指生产、工作上发生的意外损失或灾祸。

《企业职工伤亡事故分类标准》综合考虑起因物、引起事故的诱导性原因、致害物、伤害方式等，将企业工伤事故分为 20 类，分别为物体打击、车辆伤害、机械伤害、起重伤害、触电、淹溺、灼烫、火灾、高处坠落、坍塌、冒顶片帮、透水、放炮、火药爆炸、瓦斯爆炸、锅炉爆炸、容器爆炸、其他爆炸、中毒和窒息及其他伤害等。

安全生产事故隐患定义为："生产经营单位违反安全生产法

律、法规、规章、标准、规程和安全生产管理制度的规定，或者因其他因素在生产经营活动中存在可能导致事故发生的物的危险状态、人的不安全行为和管理上的缺陷。"

事故隐患分为一般事故隐患和重大事故隐患。一般事故隐患是指危害和整改难度较小、发现后能够立即整改排除的隐患。重大事故隐患是指危害和整改难度较大、应当全部或者局部停产并经过一定时间整改治理方能排除的隐患，或者因外部因素影响致使生产经营单位自身难以排除的隐患。

**18. 什么是发生事故的直接原因和间接原因？**

答：按照《企业职工伤亡事故调查分析规则》中的有关规定，属于直接原因的有以下两个方面：

（1）机械、物质或环境的不安全状态。

（2）人的不安全行为。

属于间接原因的有以下几个方面：

（1）技术和设计上有缺陷。具体是指工业构件、建筑物、机械设备、仪器仪表、工艺过程、操作方法、维护检验等的设计、施工和材料使用存在问题。

（2）教育培训不够，未经培训、缺乏或不懂安全操作技术知识。

（3）劳动组织不合理。

（4）对现场工作缺乏检查或指导错误。

（5）没有安全操作规程或安全操作规程不健全。

（6）没有或不认真实施事故防范措施，对事故隐患整改不力。

**19. 预防事故应遵循哪些原则？**

答：为了预防事故，应遵循以下原则：

（1）事故预防原则。除自然灾害造成的事故以及某些在技术上尚未有有效控制措施的事故外，其余事故都可以通过消除隐患来控制事故发生。

（2）防患于未然原则。预防事故的积极有效的办法是防患于未然，即采用"事先型"解决问题的方法，将事故隐患、不安全因素消除在潜伏、孕育阶段，这是我们防止事故的根本出发点。

（3）根除事故原因原则。引起事故的原因是多方面的，而原因之间又有其因果关系。事故预防就是要从事故的直接原因着手，分析引起事故的最本质的原因。只有消除这些最根本的原因，才能消除事故的所有原因，才能根除事故。

（4）全面治理原则。消除事故隐患，根除事故的最基本原因，应遵循全面治理的原则，即在安全技术、安全教育、安全管理等方面，对物的不安全状态、人的不安全行为、管理的不安全因素进行治理和消除，从而达到对事故原因多方位控制的目的。

## 20. 什么是海因里希法则?

**答**：海因里希法则是 1941 年美国的海因里希从 55 万件机械事故统计得出的一个重要结论，即在机械事故中，伤亡、轻伤、不安全行为的比例为 1∶29∶300（如图 1-1 所示），国际上把这一法则叫事故法则。这个法则说明，在机械生产过程中，每发生 330 起意外事件，有 300 件未产生人员伤害，29 件造成人员轻伤，1 件导致重伤或死亡。

海因里希曾经调查了美国的 7.5 万起工业伤害事故，发现

图 1-1 海因里希法则

98%的事故是可以预防的，只有2%的事故超出人的能力能够达到的范围，是不可预防的。

**21. 什么是危险？**

**答**：根据系统安全工程的观点，危险是指系统中存在导致发生不期望后果的可能性超过了人们的承受程度。从危险的概念可以看出，危险是人们对事物的具体认识，必须指明具体对象，如危险环境、危险条件、危险状态、危险物质、危险场所、危险人员、危险因素等。一般用风险度来表示危险的程度。

从广义来说，风险可分为自然风险、社会风险、经济风险、技术风险和健康风险等五类。而对于安全生产的日常管理，可分为人、机、环境、管理等四类风险。

**22. 什么是危险源？**

**答**：从安全生产角度解释，危险源是指可能造成人员伤害和疾病、财产损失、作业环境破坏或其他损失的根源或状态。

第一类危险源是指生产过程中存在的、可能发生意外释放的能量，包括生产过程中各种能量源、能量载体或危险物质。第一类危险源决定了事故后果的严重程度，它具有的能量越多，发生事故的后果越严重。

第二类危险源是指导致能量或危险物质约束或限制措施破坏或失效的各种因素。广义上包括物的故障、人的失误、环境不良以及管理缺陷等因素。第二类危险源决定了事故发生的可能性，它出现越频繁，发生事故的可能性越大。

从上述意义上讲，危险源可以是一次事故、一种环境、一种状态的载体，也可以是可能产生不期望后果的人或物。

**23. 什么是重大危险源？**

**答**：为了对危险源进行分级管理，防止重大事故发生，提出了重大危险源的概念。广义上说，可能导致重大事故发生的危险源就是重大危险源。

《中华人民共和国安全生产法》第 96 条的解释是：重大危险源，是指长期地或者临时地生产、搬运、使用或者储存危险物品，且危险物品的数量等于或者超过临界量的单元（包括场所和设施）。

**24. 安全生产的目的有哪些?**

答：安全生产的目的，就是通过采取安全技术、安全培训和安全管理等手段，防止和减少安全生产事故，从而保障人民群众生命安全，保护国家财产不受损失，促进社会经济持续健康发展。

**25. 安全生产的意义有哪些?**

答：安全生产的意义有：
（1）安全为了自己。
（2）安全为了家庭。
（3）安全为了企业。
（4）安全为了国家。

**26. 安全工作的主要内容有哪些?**

答：安全工作的主要内容有：
（1）安全生产方针与安全生产责任制的贯彻实施。
（2）安全生产法规、制度的建立与执行。
（3）事故与职业病预防与管理。
（4）安全预测、决策及规划。
（5）安全教育与安全检查。
（6）安全技术措施计划的编制与实施。
（7）安全目标管理。
（8）事故应急救援。
（9）危险源辨识分析与控制。

**27. 我国安全生产方针的含义有哪些？**

答："安全第一，预防为主，综合治理"是我国安全生产的基本方针。

"安全第一"要求我们始终把安全放在第一位，即生产必须安全，不安全不生产。

"预防为主"要求我们在工作中时刻预防安全事故的发生。

"综合治理"就是综合运用经济、法律、行政等手段，实现安全生产的齐抓共管。

**28. 如何贯彻执行安全生产方针？**

答：贯彻执行安全生产方针，应做到以下几点：

（1）要树立正确的安全观，在思想上要重视安全，把安全工作放在第一位。

（2）要端正安全生产的态度，要变消极被动的"要我安全"为积极主动的"我要安全"。

（3）要树立科学的安全观，树立"事故是可以预防的"观念，积极采用科学技术手段来防止事故。

（4）坚持"预防为主，综合治理"的安全生产管理原则，变事后管理为事前预防。

（5）坚持"以人为本，安全发展"的安全生产理念。

**29. 企业最基本的管理制度有哪些？**

答：企业最基本的管理制度有：

（1）安全生产责任制度。

（2）安全生产检查制度。

（3）安全教育培训制度。

（4）安全考核奖惩制度。

（5）安全技术措施计划制度。

（6）工伤保险制度。

（7）事故应急救援和处理制度。

（8）劳动防护用品管理制度。

### 30. 职工安全生产的权利有哪些？

答：职工安全生产的权利有：

（1）知情权。有权了解作业场所的危险、防范措施及事故应急措施。

（2）建议权。有权对本单位的安全生产工作提出建议。

（3）批评、检举和控告权。有权对安全问题提出批评、检举、控告。

（4）拒绝权。有权拒绝违章指挥和强令冒险作业。

（5）紧急避险权。发现危险，有权停止作业或撤离危险场所。

（6）劳动保护权。有权获得劳动防护用品。

（7）接受教育权。

（8）享受工伤保险和伤亡赔偿权。

### 31. 职工安全生产的义务有哪些？

答：职工安全生产的义务有：

（1）遵章守规、服从管理的义务。

（2）正确佩戴和使用劳保用品的义务。

（3）接受培训、掌握安全生产技能的义务。

（4）发现事故隐患及时报告的义务。

### 32. 违反《中华人民共和国安全生产法》的处罚有哪些？

答：新安全生产法于 2014 年 12 月 1 日起实施，规定了以下处罚：

职工由于不服从管理、违反规章制度，或者强令工人冒险作业，因而发生重大伤亡事故或者造成其他严重后果的，处 3 年以下有期徒刑或者拘役；情节特别恶劣的，处 3 年以上 7 年以下有期徒刑，在刑法中称为重大责任事故罪。

生产经营单位的劳动安全设施不符合国家规定，经有关部门或者单位职工提出后，对事故隐患仍不采取措施，因而发生重大事故或者造成其他严重后果的，对直接责任人员，处 3 年以下有期徒刑或者拘役；情节特别恶劣的，处 3 年以上 7 年以下有期徒刑，在刑法中称为重大劳动安全事故罪。

## 33. 什么是习惯性违章？

**答：**所谓习惯性违章，是指职工在较长时期内逐渐养成的不按章程办事的习惯性违章指挥、违章操作和违反劳动纪律的行为。据有关资料统计，各类事故的直接原因，绝大多数是由于违章所致。因而，采取得力措施制止和减少习惯性违章行为，可避免和减少各类事故的发生。

## 34. 习惯性违章有哪几种表现形式？

**答：**习惯性违章有以下几种表现形式：
（1）不懂装懂型。
（2）明知故犯型。
（3）胆大冒险型。
（4）盲目从众型。
（5）心存侥幸型。
（6）粗心大意型。
（7）急功近利型。
（8）得过且过型。

## 35. 习惯性违章的特点有哪些？

**答：**习惯性违章的特点有：
（1）隐蔽性。违章成习惯，自己浑然不知，不能得到及时发现和纠正。
（2）长期性。习惯性违章往往被认为是正确的操作得以继续。

（3）危害性。导致了事故才足以引起人们的重视，具有很大的危害性。

（4）普遍性。各工种、各岗位普遍存在，工人中有，管理人员中也有。

（5）随意性。观念淡薄，知识不足，保护意识差，侥幸心理。在行动上表现出随意性。

（6）反复性。有的即使带来了严重后果，但在其他人身上仍然会发生。

（7）不可预测性。

## 36. 控制习惯性违章的对策有哪些？

答：控制习惯性违章的对策如下：

（1）加强安全教育，组织对安全规章制度的学习，培养遵章守纪的自觉性。

（2）加强岗位技术培训，提高职工的安全技术、操作水平和事故状态下的应急处理能力。

（3）加强作业过程安全监控，发现违章行为必须坚决及时地制止。

（4）以标准化作业规范职工的操作行为。

（5）完善安全约束机制，纳入考核范围，强化执法力度，促进安全生产。

## 37. 人的不安全行为有哪些？

答：人的不安全行为有：

（1）操作错误，忽视安全，忽视警告。

（2）造成安全装置失效。

（3）使用不安全设备。

（4）手代替工具操作。

（5）物体、工具存放不当。

（6）冒险进入危险场所。

（7）攀登、坐靠不安全位置。

（8）在起吊物下作业、停留。

（9）机器运转时进行加油、修理、检查、焊接、清扫等工作。

（10）在必须使用防护用品的作业中未使用防护用品。

（11）注意力分散。

（12）不安全装束（如穿肥大服装擦拭）。

（13）对易燃易爆危险品处理错误。

### 38. 物的不安全状态有哪些？

答：物的不安全状态有：

（1）防护、保险、信号等装置不符合要求。

（2）设备、设施、工具、附件有缺陷。

（3）个人防护用品、用具有缺陷。

（4）生产场地（环境）不良。

### 39. 什么是劳动防护用品？

答：劳动防护用品（又称个体防护用品）是劳动者在劳动中为抵御物理、化学、生物等外界因素伤害人体而穿戴和配备的各种物品的总称。尽管在生产劳动过程中采用了多种安全防护措施，但由于条件限制，仍会存在一些不安全、不卫生的因素，对操作人员的安全和健康构成威胁。因此，劳动防护用品就成为保护劳动者的最后一道防线。

### 40. 对劳动防护用品的要求有哪些？

答：对劳动防护用品的要求有：

（1）对劳动防护用品的质量要求。防护用品质量的优劣直接关系到职工的安全与健康，必须经过有关部门核发生产许可证和产品合格证。其基本要求是：

1）严格保证质量。

2）所选用的材料必须符合要求，不能对人体构成新的危害。

3）使用方便舒适，不影响正常操作。

（2）对劳动防护用品的管理要求。企业应根据工作场所中的职业危害因素及其危害程度，按照法规、标准的规定，为职工免费提供符合国家规定的护品。不得以货币或其他物品替代，企业防护用品应做到：

1）到定点单位购买特种劳动防护用品，特种劳动防护用品必须具有"三证"和"一标志"，即生产许可证、产品合格证、安全鉴定证和安全标志。购买的特种劳动防护用品必须经本单位安全管理部门验收，并应按照特种劳动防护用品的使用要求，在使用前对其防护功能进行必要的检查。

2）根据生产作业环境、劳动强度以及生产岗位接触有害因素的存在形式、性质、浓度（或强度）和防护用品的防护性能进行选用。

3）按照产品说明书的要求，及时更换、报废过期和失效的防护品。

4）建立健全防护品的购买、验收、保管、发放、使用、更换、管理制度和使用档案，并进行必要的监督检查。

**41. 劳动防护用品有哪些？**

**答**：劳动防护用品还可以分为特种劳动防护用品与一般劳动防护用品。特种劳动防护用品是指使劳动者在劳动过程中预防或减轻严重伤害和职业危害的劳动；一般劳动防护用品是指除特种劳动防护用品以外的防护用品。

特种劳动防护用品分为如下六大类：

（1）头部护具类。如安全帽。

（2）呼吸护具类。如防毒面具、防尘口罩。

（3）面部护具类。如电焊面罩、护目镜。

（4）防护服类。如阻燃服、防静电服，防酸服。

（5）手足防护类。如防护手套、防护鞋。

（6）防坠落类。如安全带、安全网、安全绳。

## 42. "三违"指什么？

答："三违"是指违章指挥，违章操作，违反劳动纪律。

## 43. "四不伤害"行为指什么？

答："四不伤害"行为包括以下几种行为：

（1）不伤害自己。

（2）不伤害他人。

（3）不被他人伤害。

（4）保护他人不受伤害。

## 44. "四不放过原则"指什么？

答："四不放过原则"是指在调查处理各类事故时，必须坚持：

（1）事故原因未查清楚不放过。

（2）事故责任人未处理不放过。

（3）整改措施未落实不放过。

（4）有关人员未受到教育不放过。

## 45. "三同时"原则指什么？

答："三同时"原则是指新建、改建、扩建工程和技术改造工程项目中，其劳动安全卫生设施必须与主体工程同时设计、同时施工、同时投产使用。

## 46. "安全三保"指什么？

答："安全三保"是指个人保班组、班组保车间、车间保全局。

**47. 十大不安全心理因素有哪些？**

答：十大不安全心理因素包括侥幸、麻痹、偷懒、逞能、莽撞、心急、烦躁、赌气、自满、骄傲。

**48. 安全生产"五确认"指什么？**

答：安全生产"五确认"，指上岗作业前必须进行以下确认：

（1）确认劳保用品是否穿戴齐全，能否保证自身安全。

（2）确认所用工具是否能够保证作业时的自身安全。

（3）确认周围环境是否能保证自身安全。

（4）确认所从事的作业是否存在"三违"行为。

（5）确认所从事的作业是否存在"四不伤害"行为。

**49. 什么是"四新教育"？**

答："四新教育"是指在采用新工艺、新技术、新设备、新材料时，要进行新的操作方法、操作规程、安全管理制度和防护方法的教育。

**50. 什么是换工换岗安全教育？**

答：换工换岗安全教育是指职工调换工种（岗位）时，必须进行相应的车间级或班组级安全教育，考试合格后方可上岗。换工换岗安全教育的内容包括新岗位的三大规程、岗位危险因素、特种作业安全要求。车间、工段（班组）要建立完善的换工换岗安全教育台账。

**51. 什么是复工安全教育？**

答：凡脱离岗位 3 个月以上的生产工人，复工时必须由车间或班组进行安全教育后方可上岗作业，这种教育就称为复工安全教育。特种作业人员复工安全教育由安全部门负责。

## 52. 什么是"三违"人员安全教育？

答："三违"人员一经查出，车间、工段（班组）必须分别进行安全教育，并按车间"三违"人员管理规定进行处理，这种教育就称为"三违"人员安全教育。对情节较重的"三违"人员，有权予以停工办学习班，并在全车间曝光，组织全员安全教育学习。

## 53. 什么是事故后安全教育？

答：凡公司、厂发生的重大工伤事故，车间、工段（班组）要及时组织职工传达学习，进行安全教育。车间内发生的轻伤以上事故，必须在全车间传达，进行通报，组织全员安全学习，进行安全教育，事故班组必须组织讨论，吸取教训。事故教育内容有事故发生的经过、原因，应吸取的教训，预防措施。必要时组织现场安全教育。事故后安全教育要认真做好记录备查。

## 54. 车间安全检查活动有哪些内容？

答：车间生产不断发生变化，要及时发现新的不安全因素，消除隐患，就必须进行检查。安全检查分为定期检查和不定期检查，还有综合检查和专业检查。主要有：

（1）安全生产日常检查。白班由车间主任带队，组织车间安全员、科室领导、工段长、工段安全员到现场巡查。中、夜班由值班主任组织进行检查。

（2）专业检查。由工程技术人员定期对设备设施、电器等进行检查。

（3）工段安全生产自查。每月两次，由工段长负责检查本工段安全生产情况，包括操作制度、设备维护、场地管理、劳动纪律等。

（4）季节性检查。雷雨期间，进行安全用电检查；防汛期间，进行防排水设施检查；高温期间，进行高温作业人员体检、防暑降温设备和冷饮卫生检查；寒冬期间，进行防火、防毒、防爆、防触电、防滑检查。

## 55. 车间隐患整改活动有哪些内容？

答：车间对查出的隐患要及时消除，尽最大努力预防事故发生。整改制度规定：

（1）要做到"三定四不推"，即定负责人、定措施、定完成期限；凡班组能解决的不推给工段，工段能解决的不推给车间，车间能解决的不推给厂，厂能解决的不推给公司。

（2）整改要求做到边查边改，先易后难，及时解决，逐日核对，逐旬检查，逐月汇总，确保条条有着落，件件有交代。

## 56. 车间事故分析活动有哪些内容？

答：发生事故，领导要亲自处理，并组织工人参加。要做到"四不放过"，实事求是，严肃对待。

（1）重大和险肇恶性事故，由车间主任组织召开紧急会议或现场会进行分析，各工段、班组、科室领导及有关工人一起参加分析，找出事故原因，分析事故责任，消除事故隐患，采取预防措施，杜绝重复事故发生。

（2）跨工段事故，由当班值班主任组织有关工段领导和人员参加。

（3）一般事故，工段长组织各班组长、安全员和有关人员参加分析。

（4）小事故与事故苗子，由组长、小组安全员召集成员分析。

所有事故，在分析清楚以后，要按规定填表上报。

## 57. 安全检查的类型有哪些？

答：安全检查有日常安全检查和专业性安全检查两种类型。

（1）日常安全检查。日常安全检查是每天都进行的、贯穿于生产全过程中的检查，主要由班组长、安全员及操作者进行现场检查。通过日常安全检查可及时发现生产过程中存在的物的不安全状态和人的不安全行为，并加以控制和制止。很多班组实行"一班三检"制，即班前、班中、班后进行安全检查。"班前查安全，思想添根弦；班中查安全，操作保平安；班后查安全，警钟鸣不断"，这句话充分说明了"一班三检"制的意义和重要性。

（2）专业性安全检查。专业性安全检查是了解各种设备的技术状况，如电气设备、焊接设备、锅炉、起重机械、运输车辆、压力容器、易燃易爆物品等的安全状况。

### 58. 安全检查的内容有哪些？

答：安全检查的内容有：

（1）查思想。主要是检查班组成员对安全生产工作的认识，牢固树立"安全第一，预防为主"的思想。

（2）查管理。主要是检查班组是否建立了安全管理规章制度，班组安全管理组织机构是否健全，全员管理、目标管理和生产全过程管理的工作是否到位；检查班组长是否把安全工作列入班组重要议事日程，在计划、布置、检查、总结、评比生产的同时，是否都有安全工作的内容；检查班组的安全教育制度是否认真执行；检查各工种的安全操作规程和岗位责任制的执行情况。此外，还要了解信息渠道是否畅通，安全信息能否迅速及时地传达到班组。

（3）查隐患。就是深入生产作业现场，查找安全管理上的漏洞、人的不安全行为和物的不安全状态，检查生产作业场所及劳动条件是否符合安全生产、文明生产的要求。例如，安全通道设置是否合理、畅通，孔洞、楼梯、平台扶梯、走道是否符合安全技术要求等。各种机械设备上的安全防护装置是否齐全、有效，电气设备上的防触电装置是否符合技术要求；车间内的通风、防尘、照明设施，易燃易爆和有毒有害物质的防护措施是否符合安全卫生规定。

（4）查整改。主要是检查存在事故隐患的班组对检查中发现的问题是否进行了整改。依据当时登记的项目、整改措施和整改期限，进行认真复查，检查是否已经整改，其效果如何；对没有整改或者整改措施不力的班组，要再次提出要求，限期整改；对存在重大事故隐患的设备或班组，要责令其停产整顿。

（5）查劳动防护用品的发放使用。主要检查所使用的劳动防护用品是否有相关部门的鉴定合格证书，是否是合格产品；检查特殊防护用品是否齐全，并按规定要求发放；检查职工能否正确使用和妥善保管防护用品。

（6）查事故处理。主要是检查事故单位对伤亡事故是否及时报告、认真调查、严肃处理。在检查中，如发现未按"四不放过"的要求草率处理的事故，要重新严肃处理，从中找出原因，采取有效措施，防止类似事故重复发生。

### 59. 安全检查的形式有哪些？

**答：**安全检查的形式有：

（1）"一班三查"。"一班三查"指班前、班中、班后的检查。

1）班前，由班组长进行安全布置，每个作业人员到达岗位后进行自查，检查生产设备、生产工具、安全装置、作业环境是否正常，有无隐患，确认安全无误后再进行生产。班前检查的重点是设备、工具、作业环境和个人防护用品的穿戴。

2）班中，由班组长、安全员按照预先编好的检查程序轮流定时、定点、定路线、定项目地进行巡回检查，检查作业人员是否按操作规程进行操作，检查生产设备、工具、安全装置有无异常情况，检查作业人员劳动纪律、标准作业的执行情况。班中检查的重点是设备运行状况和制止、纠正违章行为。

3）班后，检查的内容包括是否严格遵守交接班制度，设备是否进行保养，作业现场是否整洁等。班后检查重点是工作现场，不能给下一班留下隐患。

（2）节前节后的安全检查。主要是保证节日期间的安全生产，检查作业人员的劳动纪律，检查重点部位防火，检查生产作业现场的安全隐患。

（3）季节性安全检查。季节性安全检查是依照季节气候变化的特点所进行的安全检查，如暑季来临之前进行的防暑降温检查、冬季来临之前进行的防冻保温检查、雨季到来之前的防汛检查等。在检查内容上应突出季节来临所带来的事故隐患，还要检查措施落实的情况，防止灾害事故的发生。

（4）定期安全检查。定期安全检查是指组织班组核心人员定期对本班组安全生产状况进行检查。检查前应做好准备工作，如确定检查时间、检查范围、检查对象和检查方法，明确对问题的处理办法，即以何种形式反映、谁负责整改等，做到检查与整改相结合。

### 60. 安全检查的手段有哪些？

**答：**安全检查的有效工具和手段是安全检查表，它是一种运用安全系统工程的原理对生产系统中影响安全的有关要素逐项进行检查的方法。实际上，安全检查表是一个较为系统的安全状态问题的清单，它可以事先编制，即事先把检查对象系统地加以剖析，查出不安全因素的所在，然后确定检查项目并按系统顺序编制成表。由于检查表做到了系统化、完整化，所以不会漏掉任何可以导致危险的关键因素。这对进一步完善安全生产检查、发挥检查工作的应有效果有重要意义。同时，安全检查表简明易懂，容易掌握，符合我国现阶段安全管理的实际情况。因此，班组应针对不同的检查对象，事先准备好相应的安全检查表，这样可以使安全检查达到充分发现问题的目的。

安全检查表的填写一般采用提问方式，即以"是"或"否"来答。"是"表示符合要求，"否"表示存在问题，有待进一步改进。检查表内容要具体、细致，条理清楚，重点突出。表中应列举需要查明的所有可能导致伤亡事故的不安全状态和不安全行为，将其作为问题列出，并在每个提问后面增设一栏，用于填写改进措施。

**61. 检查后的整改要求有哪些?**

**答：**对于检查中发现的不安全因素，应视情况不同分别对待处理。对班组长违章指挥、职工违章操作的行为，应当场劝阻，情况危急时可制止其作业，并通知现场负责人严肃处理；对存在的不安全因素，危及职工安全健康时，可通知责任单位限期改进；对严重违反国家安全生产法规，随时有可能造成严重人身伤亡的装备设施，应立即查封，并通知责任单位处理。

检查是手段，目的在于及时发现问题，解决问题。应该在检查过程中或检查以后，发动群众及时整改。对于一些长期危害职工安全健康的重大隐患，整改措施应件件有交代，条条有着落。

**62. 安全检查应注意的问题有哪些?**

**答：**安全检查是项专业性、技术性较强又非常细致的工作，因此，开展安全生产检查，必须有明确的目的、要求和具体计划，切忌形式主义走过场。同时，安全检查应该始终贯彻领导与群众相结合的原则，依靠职工群众。检查时，要深入班组。对查出的问题和隐患，要本着"边检查，边整改"的原则，对于检查中发现的事故隐患，要进行分类，采取措施及时处理。凡是班组能够整改的应立即整改，班组不能够解决的，应立即向上级反映，并督促上级做好整改工作；比较重大的事故隐患，不尽快解决就有可能发生重大伤亡事故，但由于各种客观因素不能立即解决的，必须采取应急措施，同时协助有关部门研究整改方案。

**63. 什么是定置管理?**

**答：**定置管理是全面质量管理中的一种方法，它强调生产现场中人、物的有机结合，各种原料、材料、工具、器具实行分类管理、定置摆放，做到人定岗、物定位，以利于提高工效。把定置管理移植到企业安全生产管理上，能进一步深化安全生产工作。一般来说，作业现场中人与物的相互关系有三种状态：

（1）人与物处于立即结合状态，即需要时随手可以拿到的状态。

（2）人与物处于欲结合状态，即找一找能拿到的状态。

（3）人与物处于无关状态，即现场中某些物品是多余的。

而班组定置管理的目的是，把与生产无关的物品从作业现场清除出去，同时对人与物欲结合状态进行改善，使其达到人与物处于立即结合状态，并保持下去，形成标准化作业程序。

定置管理的实施应分为两步：

第一步是整理现场，即对现场放置的全部物品进行清点整理，把不需要的物品予以清除或送到指定地点，把需要的物品按人与物的结合状态划分区域和物品定置位。整理后的现场应清洁、整齐、合理、有序。

第二步是物品定置，人员定岗，控制点定标志，危险品定储量，A、B、C、D定状态。"五定"具体做法如下：

（1）物品定置。物品定置就是按照"要用的东西随手可得，不用的东西随手可丢"的原则，把不同类型和不同用途的物品放在指定的位置或区域，使操作人员能够做到忙而不乱、紧张有序。

（2）人员定岗。人员定岗就是人与操作岗位的有机结合。岗位既定，操作人员就不得随意串岗或脱岗。

（3）控制点定标志。控制点定标志就是对一、二、三级危险点的控制设置明显标志牌，上面写有简明的安全要求、危险等级和安全负责人，以利于随时提醒操作人员安全作业，避免操作失误，也有利于安全管理部门对重点危险部位进行监督和控制。

（4）危险物品定储量。危险物品定储量就是对易燃易爆或有毒物品规定其存放数量，并定在醒目的标志牌上，经常警告人们注意安全。

（5）A、B、C、D 定状态。A、B、C、D 定状态就是按照定置管理要求和人与物的联系紧密程度，把作业现场经过定置后的物品划分成 A（在加工）、B（待加工）、C（已加工）、D（报废或返修）四种状态，以便于区分和寻找，不断清理 D 状态，从而保持作业场所的整洁文明。

**64. 什么是动态安全管理？**

**答：**（1）动态安全管理的思路。动态安全管理的思路是针对企业生产活动的基本特征提出来的，其核心是企业安全生产的全员参与、全过程跟踪、全方位控制和全天候管理。动态安全管理的本质特征，一个是"全"字，一个是"动"字，它不但突出了最活跃的劳动者和复杂多变的劳动对象，而且贯穿于生产的全过程、全方位。动态安全管理的基本思路可概括为"安全生产全员到位，安全目标总体推进，安全过程全程跟踪，安全工作科学运作"。

（2）动态安全管理的实施。动态安全管理从以下几个方面加以实施：

1）控制人的行为。这应作为动态管理的第一要素来考虑。

2）进行安全教育。实施动态安全管理，就要用职工身边发生的各类事故和亲身经历的安全活动，采用重复记忆的方法进行宣传教育。一方面吸取教训，做到警钟长鸣；另一方面总结成功经验，使职工增强自豪感，提高安全生产积极性。

3）实施安全检查。实践证明，经常开展各种形式的安全检查，是发现隐患、防止事故的有效手段。

4）开展安全活动。开展一项安全活动，是保证安全生产的有效手段。如开展持证上岗活动，开展巡检挂牌制，开展班前安全讲话、班中安全操作、班后安全讲评活动，能使班组安全生产落到实处。

5）处理安全事故。实行责任追究，认真落实安全责任，是动态安全管理的重中之重。安全生产责任制是事故处理的重要依据，因此，推行"一岗一责，人人有责"的责任制，是责任追究的必然。要对发生事故的单位和个人坚持"四不放过"的原则，做到"事故原因一清二楚，事故处理不讲感情，事故教训铭心刻骨，事故整改举一反三"。

## 65. 什么是"三无"目标管理？

答："三无"，即个人无违章、岗位无隐患、班组无事故。这是班组安全建设的核心，也是整个企业安全生产的基础。如果一个企业的全体职工、所有岗位、一切班组都能达到"三无"，那么这个企业就是一个"无事故企业"，就进入了企业安全生产的理想境界。

班组开展"三无"目标管理，要根据自己的生产任务、工作环境、工作性质来制定切合实际的"三无"目标。

（1）发挥班组骨干人员的模范作用。只要班组骨干动员起来，班组长带头模范执行安全规章，心想安全事、手干安全活，班组的"三无"目标管理就能步入有序的轨道。

（2）健全班组安全管理的组织机构。以班组长为核心，安全员、小组长以及其他骨干组成班组安全生产管理的组织机构，发动职工对安全生产方面存在的问题提出合理化建议，做到"查一个隐患，提一条建议，采取一项措施，增加一份安全"。

（3）夯实班组安全管理的基础工作。依据班组生产工艺流程、岗位工种来划分安全生产责任区，指定专人负责安全生产工作，责成负责人对安全生产实施监督检查，确保各种安全装置齐全有效；坚持班前安全讲话，结合生产任务提出安全注意要点和安全操作要求；坚持每周一次的安全生产活动；坚持每月一考评、每季一总结、半年一评比。夯实了班组安全生产基础工作，班组安全工作就能变成每个成员的自觉行动。

## 66. 什么是"三点"控制？

答："三点"是指危险点、危害点、事故高发点。这"三

点"是班组安全生产的要点、主控点和注意点，有效地控制了
"三点"，班组安全生产就有了把握。因此，控制"三点"是班
组安全建设的又一具体办法。

（1）危险点的控制。危险点是指相对于其他作业点和岗位
更危险的岗位。危险点固有的危险性使它成为安全控制的重点。
危险点发生事故的可能性很大，但并不表明它时时、处处要发生
事故，只要安全措施到位、防范办法周密，是可以把危险点变成
不危险点的，这就要求班组在控制危险点上下工夫。控制危险点
的措施主要有以下方面：

1）编制危险点应急救援预案。

2）所有危险点的作业人员必须安全培训教育合格，持证
上岗。

3）对危险点必须设立监控、监测设备，班组长每天对危险
点至少巡检两次。

4）危险点现场的设备设施要设有良好的防雷接地装置和防
洪排水设施，必须使用防爆电气，并配备消防水和数量足够的消
防灭火器材。

5）危险点现场必须有明显的安全标志和安全须知牌。

6）危险点现场要经常保持整洁、清洁，保证安全通道
畅通。

（2）危害点的控制。危害点和危险点一样，是相对于其他
作业点更具危害性的作业点。危害点具有危害性，如化工企业有
毒有害气体岗位就是危害点，毫无疑问它是班组安全生产的控制
点。要控制危害点的危害性，除了设计的安全性以外，还必须使
班组的每个成员了解危害物质的性质、预防的办法、紧急情况下
的应急措施。控制危害点主要有以下几项办法：

1）编制危害点应急救援预案。

2）所有危害点的从业人员必须经过针对性的安全教育，取
证后方能上岗。

3）对危害点的巡检，班组长至少每班两次，操作人员每小

时一次。

4）危害点必须配备隔绝式防毒面具，操作人员配备一定数量的便携式可燃气体、有毒有害气体监测仪。

5）危害点现场必须使用防爆电气。

6）危害点现场的通道保持通畅。

（3）事故高发点的控制。顾名思义，事故高发点就是指这个点曾经发生过事故或多次发生过事故。"前事不忘，后事之师"，对于事故高发点，除了采取切实可行的措施外，主要是吸取事故教训，杜绝重复性事故的发生。

1）在事故高发点现场挂上警示牌，说明这个点曾经多次发生过事故，警示大家要引以为戒。

2）重新审定操作规程，依据已发事故的分析结果改进操作方式。

3）对事故高发点增加安全设施，改进作业环境，并加强监控和安全检查的频率。

4）把事故高发点作为现场安全教育的基地。

## 67. 什么是安全作业证管理？

**答：**"安全作业证"是职工从事施工、检修工作的安全凭证，它证明职工经过安全培训教育并经考试合格取得了安全生产资质。安全作业证管理是以"安全防护"为中心，实现纵向到底的安全管理体系。职工按要求持证上岗，增强了自我防护意识，从企业、车间、班组到个人形成了纵向到底的安全生产全过程，构成了自上而下的经络体系，起到了自下而上层层保安全的作用。

职工从手持安全作业证开始，就提醒自己进入生产岗位要注意安全，继而注意力由分散到集中，起到了"安全忠告，警钟长鸣"的作用，产生极大的安全心理效应，使工人在工作过程中以一种安全责任的心理控制自己的行为，减少或杜绝事故的发生。这也是"四不伤害"的具体体现。

安全作业证管理还能有效地控制串岗、脱岗等违章违纪现象。安监人员到了生产岗位，只要按作业证核对操作者，就能判定是否是本岗的操作人员，这既方便了安全管理部门的安全监察执法，又确保了安全生产的正常秩序。

### 68. 什么是标准化作业？

**答：**标准化作业是在系统调查的基础上，对作业过程和动作进行分解，按照安全技术操作规程和其他规章制度的要求，遵循安全、省力、优质、高效的原则，编制出来的一套作业程序。标准化作业对控制作业程序性强和关键性岗位的人为失误效果显著。

标准化作业程序主要包括操作程序和作业要领，对于不便于在作业要领中交代的对作业安全至关重要的问题，应在作业注意事项中说明。作业程序可用流程图或表格的形式表达。

### 69. 如何开展反"三违"活动？

**答：**"三违"是指违章指挥、违章作业、违反劳动纪律，是造成事故的直接原因。班组安全生产实践表明，杜绝"三违"可采取如下措施：

（1）提高自觉性。培养职工掌握自我教育的方法，特别是激励意志的方法，如严于律己、自我鞭策等，以提高遵章守纪的自觉性和杜绝"三违"，并鼓励职工向先进看齐，孤立违章者，使违章者没有"市场"。

（2）增强操作技能。职工要在操作过程中排除各种杂念和心情，经常保持精力充沛、思想乐观、情绪稳定的状态，增强自保和互保的安全能力，熟练地掌握操作技能，不断提高应变能力。

（3）加强教育。班组长在以身作则的前提下，应经常对工人进行遵章守纪教育，结合班组内外因"三违"而发生的各类事故案例，强调"三违"的危害性，对安全规章制度反复宣讲、反复教育，养成职工自觉遵守的习惯。

（4）严格管理。思想教育并非万能，也不可能一劳永逸。倘若一旦出现"三违"的人和事，班组长要做到敢抓敢管，严格按章办事，决不姑息迁就。

## 70. 如何开展危险预知活动？

**答：**何谓危险预知活动？危险预知活动就是指对隐患的预测，对事故的预防，对每天开工前的安全生产情况做到一清二楚。危险预知活动是在班组长主持下进行的群众性的危险预测预防活动，通过研究人的不安全行为，分析事故发生机理，从而制定出针对个人危险的预防措施。该活动是控制人为失误，提高职工安全意识和安全生产技能，落实安全技术操作规程，进行岗位安全教育，实现"四不伤害"的重要手段，适用于程序性不强、一般性的作业。

危险预知活动包括危险预知训练和工前 5 分钟活动两个步骤。

（1）危险预知训练。危险预知训练利用安全活动日进行，其具体做法是依靠集体力量，发现本岗位的危险因素，主要包括以下内容：

1）明确作业地点、作业人员和作业时间。

2）了解作业现场状况。

3）分析可能出现哪类事故以及产生事故的原因，包括不安全行为的表现形式、特点和性质，特定的危险环境中人的思维活动等。

4）分析可能的事故后果。

5）提出解决这些危险因素的措施和目标。

6）最后通过活动来加强对危险的确认，并明确行动目标。

在进行危险预知训练活动时，以 5 ~ 6 人为宜，选出一人主持，一人记录，一人负责讲解。可采用对照检查的方式，充分依靠班组成员的智慧和经验。在班组长主持召开、全体成员参加的危险预知活动上，班组成员可根据自己的经验和掌握的信息，各抒己见，畅所欲言。要求每一个人都要发言，不得对发言的对错进行批评。班长要把大家讨论的重点引导到"危险在哪？隐患是什么？"这个主题上来，使得讨论的重点突出、目的明确，进而找出岗位作业中存在的潜在危险。在讨论的过程中，还应适时地使用安全检查表，把不安全行为和不安全状态都摆出来，加以确认，使班组成员对危险有深刻认识，达到提高安全意识和预防事故能力的目的。

（2）工前5min活动。工前5min活动是利用作业前的较短时间，在作业现场对有关的作业人员、工具、对象、环境进行"四确认"，并将危险预知训练活动提出的事故预防措施落实到作业中去。一般来说，班组长应至少提前30min进入生产现场，用一看（看现场，看设备，看记录）、二听（听上一班的交接，听工人谈生产、谈安全、谈问题）、三问（问是否有反常情况，本班该注意什么）的方法，切实做到对安全生产情况心中有数，并针对存在的隐患制定出相应的对策。当班组内的设备、工艺、环境、人员情况有变化时，应及时做好危险预知活动。该活动一般和班前会一起进行。

## 71. 如何开展"6S"活动？

**答**："6S"活动是在日本广泛开展的一项安全活动，"整理、整顿、清扫、清洁、素养、安全"的日语罗马字第一个字母均为"S"，简称为"6S"。实行"6S"活动的目的是搞好现场文明生产，改变工作环境，养成良好的工作习惯和生活习惯，提高工作效率和工人的素质，确保安全生产。要创建无事故、舒适而明快的工作环境场所，关键在于及时处理无用物品，理顺有用物品，做到物品的拿取简单方便，安全保险。凡严格实行"6S"的单位，其安全卫生效果显著。

"6S"的基本要求是：

整理——分开有用物品和无用物品，及时处理无用物品。

整顿——有用物品须分门别类，拿取简单，使用方便，安全保险。

清扫——随时打扫和清理垃圾、灰尘和污物。

清洁——经常保持服装整洁、工作场所干净。

素养——人员遵章守纪，领导率先垂范，养成习惯。

安全——保证安全生产。

### 72. 安全色的种类和用途有哪些？

**答**：安全色用以表示禁止、警告、指令、指示等，其作用在于使人们能够迅速发现或分辨安全标志，提醒人们注意，以防发生安全事故。但它不包括灯光、荧光颜色和航空、航海、内河航运以及为其他目的所使用的颜色。

由于人的眼睛感受最灵敏的波长为 0.55μm 左右的光波，而这正相当于黄色与绿色的波长，因此，黄色与绿色在各种安全色中被广泛采用。

黄色对人眼能产生比红色更高的明度，用于表示注意、警告的意思。

绿色表示通行、安全和提供信息的意思，主要用于提示标志。

红色很醒目，对人产生刺激；光波较长，不易被尘雾散射，在较远能清楚辨认，用于表示禁止、停止的意思。

目前安全色规定为红、蓝、黄、绿四种颜色，其用途和含义见表 1-1。

表 1-1 安全色的用途和含义

| 颜 色 | 含 义 | 用 途 举 例 |
|---|---|---|
| 红色 | 禁止<br>停止 | （1）禁止标志；<br>（2）停止信号，如机器、车辆上的紧急停止手柄或按钮以及禁止人们触动的部位；<br>（3）红色也表示防火 |
| 蓝色 | 指令<br>必须遵守的规定 | （1）指令标志，如必须佩戴个人防护用具；<br>（2）道路指引车辆和行人行驶方向的指令 |

| 颜　色 | 含　义 | 用　途　举　例 |
|---|---|---|
| 黄色 | 警告<br>注意 | （1）警告标志；<br>（2）警戒标志，如危险作业场所和坑、沟周边的警戒线；<br>（3）行车道中线；<br>（4）机械上齿轮箱的内部 |
| 绿色 | 提示<br>安全状态<br>通行 | （1）提示标志；<br>（2）车间内的安全通道；<br>（3）行人和车辆通行标志；<br>（4）消防设备和其他安全防护装置的位置 |

注：1. 蓝色只有与几何图形同时使用时，才表示指令。

　　2. 为了不与道路两旁绿色树木相混淆，道路上的提示标志用蓝色。

### 73. 对比色种类和用途有哪些?

**答**：对比色是指使安全色更加醒目的反衬色，四种安全色的相对应对比色只有黑白两种颜色，应符合表1-2 的规定。

（1）黄色安全色的对比色为黑色。

（2）红、蓝、绿安全色的对比色均为白色。而黑、白色互为对比色。

（3）黑色用于安全标志的文字、图形符号、警告标志的几何图形和公共信息标志。

（4）白色则作为安全标志中红、绿、蓝三色的背景色，也可以用于安全标志的文字和图形符号及安全通道、交通上的标线及铁路站台上的安全线等。

表1-2　安全色与对比色的共同应用

| 安全色 | 对比色 | 安全色 | 对比色 |
|---|---|---|---|
| 红色 | 白色 | 黄色 | 黑色 |
| 蓝色 | 白色 | 绿色 | 白色 |

另外，红色和白色、黄色和黑色的间隔条纹是两种较醒目的标志，其用途见表1-3。

**表 1-3　间隔条纹表示的含义和用途**

| 颜　色 | 含　义 | 用途举例 |
|---|---|---|
| 红白相间 | 禁止超过 | 道路上用的防护栏杆 |
| 黄黑相间 | 警告危险 | 工矿企业内部的防护栏杆；<br>吊车吊钩的滑轮架；<br>铁路和道路的交叉道口上的防护栏杆 |

## 74. 常用的安全标志有哪些?

**答:**（1）安全标志的定义和作用。安全标志由安全色、几何图形和图形符号所构成，用以表达特定的安全信息（见图 1-2）。此外，还有补充标志，它是安全标志的文字说明，必须与安全标志同时使用。

图 1-2　常见的安全标志

安全标志的作用，主要在于引起人们对不安全因素的注意，预防发生事故。但不能代替安全操作规程和防护措施。

（2）安全标志的类别。安全标志类型有禁止标志、警告标志、指令标志、提示标志。

1）禁止标志：是指不准或禁止人们的某种行为的图形标志，其基本形式为带斜杠的圆形框，圆环和斜框为红色，图形符号为黑色，衬底为白色。例如"禁止烟火"、"禁止通行"、"禁放易燃物"等。

2）警告标志：是提醒人们对周围环境引起注意，以避免可能发生危险的图形标志。其基本形式是正三角形边框，三角形边框及图形为黑色，衬底为黄色。例如"注意安全"、"当心触电"等。

3）指令标志：是强制人们必须做出某种动作或采用防范措施的图形标志。其基本形式是圆形边框，图形符号为白色，衬底为蓝色。例如，必须戴防护眼镜，必须系安全带。

4）提示标志：是向人们提供某种信息的图形标志。其基本形式是正方形边框，图形符号为白色，衬底为绿色。例如安全通道标志等。

## 75. 对气瓶的色标有哪些规定？

答：为了能迅速地识别气瓶内盛装的介质，《气瓶安全监察规程》对气瓶外表面的颜色和气瓶上字样的颜色做了规定。常用的气瓶色标见表1-4。

表1-4 气瓶漆色表

| 气瓶名称 | 外表面颜色 | 字 样 | 字样颜色 |
| --- | --- | --- | --- |
| 氢气 | 深绿 | 氢 | 红 |
| 氧气 | 天蓝 | 氧 | 黑 |
| 氨气 | 黄 | 液氨 | 黑 |
| 氯气 | 草绿 | 液氯 | 白 |
| 压缩空气 | 黑 | 空气 | 白 |
| 氮气 | 黑 | 氮 | 黄 |
| 二氧化碳 | 铝白 | 液化二氧化碳 | 黑 |
| 氩气 | 灰 | 氩 | 绿 |
| 乙炔 | 白 | 液解乙炔 | 红 |
| 石油气 | 铝白 | 液化石油 | 红 |

经常见到的有乙炔气瓶和氧气气瓶，这两种气瓶主要用于气割、气焊等作业，属于易燃易爆、危险性比较大的压力容器。

### 76. 厂区的安全线有哪些规定？

答：厂区的安全线是指在工矿企业中用以划分安全区域与危险区域的分界线，厂房内安全通道的标示线、铁路站台上的安全线都是属于此列。根据国家有关规定，安全线用白色，宽度不小于 60mm。在生产过程中，有了安全线的标示，我们就能区分安全区域和危险区域，有利于我们对危险区域的认识和判断。

### 77. 煤气管道必须涂刷哪些标志？

答：煤气管道涂刷标志应符合以下规定：

（1）主煤气管道应标有明显的煤气流向和煤气种类的标志，并按规定进行色标。

（2）所有可能泄漏煤气的地方均应挂有提醒人们注意的警示标志。

（3）煤气管道必须标有醒目的限高标志，避免过往车辆碰撞。

（4）煤气管道必须标有醒目的直径标志。

（5）煤气阀门必须有醒目的"开"、"关"字样和箭头指示方向。

### 78. 厂区管道粉刷什么颜色？

答：管道的色标，目前虽然还没有统一的标准，但习惯上的用法主要是：蒸汽管道（指水蒸气）为红色，压缩空气管道为黄色，氧气管道为天蓝色，乙炔管道为白色，自来水管道为黑色。

### 79. 什么是环境？什么是环境保护？

答：环境是指影响人类生存和发展的各种天然和经过人工改

造的自然因素的总体，包括大气、水、海洋、土地、矿藏、森林、草原、野生动物、自然遗迹、人文遗迹、自然保护区、风景名胜区、城市和乡村等。

环境保护，就是采取行政的、法律的、经济的、教育的、科学技术的多方面措施，合理利用资源，防止环境污染，保持生态平衡，保障人类社会健康地发展，使环境更好地适应人类的劳动和生活以及自然界生物的生存。合理开发利用自然资源，或减少有害物质进入环境；保护自然环境，保护生物多样性，维持生物资源生产能力，使之得以恢复和扩大再生产；实现环境保护和经济发展的协调统一，是实现可持续发展战略的重要任务。

## 80. 什么叫环境污染？

**答：** 人类活动的干扰使环境的组成或状态发生了变化，从而可能对人体健康或社会经济福利造成危害或破坏生态平衡，这就叫环境污染。

## 81. 人类主要面临哪些环境问题？

**答：** 人类主要面临的环境问题有：

（1）大气污染。大气是环境问题的薄弱环节。全球每年使用矿物燃料排入大气层的二氧化碳大约为 55 亿吨，每天平均有数百人因吸收污染的空气而死亡。

（2）温室效应。气候专家预计，21 世纪全球平均气温每 10 年将上升 0.3℃左右。预测在未来 100 年内，世界海平面将上升 1m。干旱、洪水、风暴将可能频繁发生。

（3）臭氧层破坏。每年春季南极上空大气中的臭氧消失 40%～50%，臭氧层破坏将增加皮肤癌、黑色素瘤、白内障的发病率。

（4）土地沙漠化。每年约有 500 万～700 万公顷土地变为沙漠，全世界约有 10 亿人口生活在沙漠化和受干旱威胁地区。

（5）水的污染。各国每年工业用水超过 $600km^3$，灌溉农田用水多达 3000 ~ 4000 km³，其中受农药和各种有毒化学制品污染的水，不少于上述用水量总和的 1/3 排入湖、河、海洋。

（6）海洋生态危机。全球每年往海里倾倒的垃圾达 200 亿吨，再加上其他污染，造成海洋生态危机。

（7）绿色屏障锐减。最近几年，全球每年砍伐森林 2000 多万公顷，造成绿色屏障锐减。

（8）物种濒危。地球上现有物种大约为 1000 万种，每天有 100 种生物灭种，速度惊人。

（9）垃圾难题。全球每年新增垃圾 100 亿吨，人均大约 1 ~ 2t。

（10）人口增长过速。目前世界人口以每年 1 亿的速度增长，到 2030 年，人口可能会达到 80 亿。资源开发和利用速度已赶不上人口增长速度。

## 82. 哪一天是世界环境日?

答：世界范围的环境污染和生态破坏，日益危及到人类的生存和经济的发展，并引起世界许多国家的关注。为此，联合国于 1972 年 6 月 5 日至 6 月 16 日在瑞典首都斯德哥尔摩召开了有 113 个国家参加的"联合国人类环境会议"，共商防治环境污染和生态破坏的对策。

后来，把 6 月 5 日定为"世界环境日"。

## 83. 环境保护法是哪年颁布的?

答：1989 年我国颁布了第一个《中华人民共和国环境保护法》之后，还制定了单项法规，有的省市自治区制定了地方环境保护法规。

修订后的《中华人民共和国环境保护法》自 2015 年 1 月 1 日起施行。

《中华人民共和国环境保护法》简称"环保法"，是我国环境保护的基本法。它包括环境保护的概念、范围、方针、政策、原则、措施、机构和管理等基本规定。

根据环境保护法，我国环境保护工作的方针可简化为以下几个字：全面规划，合理布局，综合利用，化害为利，依靠群众，造福人民。

**84. 造成社会环境污染的因素主要有哪几个方面？**

答：造成社会环境污染的原因是多方面的，十分复杂，但可归纳为以下几个主要方面：

（1）大气污染。

（2）水污染。

（3）固体废物污染。

（4）噪声污染。

**85. 什么是水资源？地球上的水资源是怎样分布的？**

答：所谓水资源是指现在或将来一切可用于生产和生活的地表水和地下水源。水资源是自然资源的重要组成部分。地球上水的总储量约为 13600 亿立方米，其中海水占 97.3%，淡水只占 2.7%。淡水资源中冰山、冰冠水占 77.2%，地下水和土壤中水占 22.4%，湖泊、沼泽水占 0.35%，河水占 0.1%，大气中水占 0.04%。便于取用的淡水只是河水、淡水湖水和浅层地下水，估算约 30 亿立方米，仅为地球总水量的 0.2% 左右。

水在自然界中呈循环状态。地球上循环的水量，每年大体为 4.2 亿立方米，其中降落陆地上的约为 1 亿立方米，而后通过江河流入海洋的水量约 0.4 亿～0.45 亿立方米。水是地球上一切生命赖以生存、人类生活和生产不可缺少的基本物质，又是地球上自然资源中不可替代的重要物质，因此应特别加以保护。

**86. 什么是水污染？常见的污染有哪些？**

答：由于人类的生活或生产活动改变了天然水的物理、化学或生物学的性质和组成，影响人类对水的利用价值或危害人类健康，称为水污染。在自然情况下，天然水的水质也常有一定变化，但这种变化是一种自然现象，不算水污染。

常见的水质污染物有：

（1）病原微生物，如伤寒杆菌、痢疾杆菌、霍乱弧菌等，引起传染病的流行和传播。

（2）植物营养物，如氮、磷、钾等，引起水质富营养化，故使水质恶化。

（3）无机盐，如酸、碱、盐等无机化合物进入水体，影响生活、生产和农业用水水质。

（4）各种油类物质，影响水的感官性状，阻碍水体复氧能力，破坏水的自净作用。

（5）有毒化学物质，主要为重金属和难分解有机物，如汞、镉、铅、铬、砷、硒、钒等以及有机氯化物、芳香胺类和多环有机化合物等物质。

（6）放射性物质。

## 87. 水污染是怎样危害人体健康的？

**答**：水污染对人体健康产生的危害有：

（1）引起急性和慢性中毒。

（2）致癌作用。某些有致癌作用的化学物质，如砷、铬、镍、铍等污染水体后，可在水中悬浮物、底泥和水生生物内蓄积。长期饮用这类水质或食用这类生物就可能诱发癌症。

（3）发生以水为媒介的传染病。生活污水以及制革、屠宰、医院等废水污染水体，常可引起细菌性肠道传染病和某些寄生虫病。

（4）间接影响。水受污染后，常可引起水的感官性恶化，出现异臭、异味、异色，呈现泡沫和油膜等，抑制水体天然自净能力，影响水的利用与卫生状况。

**88. 水体污染的分类方法有哪些?**

**答:** 水体污染分类方法有很多,大致有如下几种:

(1) 按造成水体污染原因分为天然污染、人为污染。

(2) 按受污染水体来源分为地面水污染、地下水污染、海洋污染。

(3) 按污染源释放的有害物质种类分为物理性污染(如热或放射性物质)、化学性污染(如无机物或有机物)、生物性污染(如细菌或霉素)。

(4) 按污染源的分布特征分为点污染(如城市污水、工矿企业和排污船等)、面污染(如雨水的地面径流、水土流失、农田大面积排水)、扩散污染(如随大气扩散的污染通过沉降或降水等途径进入水体,如放射性沉降物、酸雨等)。

**89. 造成水污染的主要途径有哪些?**

**答:** 水污染的发生是由于各种排出的污染物进入水体而造成的。造成水污染的途径很多,常见的有以下几个:

(1) 工业生产排放的废水。工业废水有很多种,污染性比较严重的有造纸工业废水、食品工业废水、印染工业废水、选矿废水、冶金工业废水、化学工业废水、制革业废水等。

(2) 城市生活污水。如餐饮业、洗浴业、居民生活用水。

(3) 农业生产污水。如农业污水灌溉、喷洒农药被雨水冲刷随地表水径流进入水体。

(4) 固体废物中有害物质,经水溶解而流入水体。

(5) 工业生产排放的烟尘,经直接降落或被雨淋洗而流入水体。

(6) 降雨或雨后的地表径流携带大气、土壤和城市地表的污染物流入水体。

(7) 海水倒灌或渗透,污染沿海地下水或水体。引起海洋污染的物质很多,从重金属到放射元素,从无机物质到营养盐,从石油到农药，从液体到固体，从物质到能量（如废热），都是海洋污染物质。

（8）天然的污染影响水体本底含量，例如黄河中游河段的砷污染，其原因是黄河含砂量来自黄土高原，而黄土高原黄土中砷的本底很高，故造成该河段有严重的砷污染。

## 90. 冶金废水分类及治理发展趋向是什么？

**答：**冶金废水的主要特点是：水量大、种类多、水质复杂多变。

按冶金废水来源和特点分类，主要有冷却水、酸洗废水、洗涤废水（除尘、煤气或烟气）、冲渣废水、炼焦废水以及由生产中凝结、分离或溢出的废水等。

冶金废水治理发展的趋向是：（1）发展和采用不用水或少用水及无污染或少污染的新工艺、新技术，如用干法熄焦，炼焦煤预热，直接从焦炉煤气脱硫脱氰等；（2）发展综合利用技术，如从废水废气中回收有用物质和热能，减少物料燃料流失；（3）根据不同水质要求，综合平衡，串流使用，同时改进水质稳定措施，不断提高水的循环利用率；（4）发展适合冶金废水特点的新的处理工艺和技术，如用磁法处理钢铁废水，具有效率高、占地少、操作管理方便等优点。

## 91. 什么是大气污染？大气污染有哪些来源？

**答：**大气环境受到外界因素影响直接或间接改变正常状态，就是大气受到污染。污染大气的主要污染物是烟尘和有害气体，破坏了正常空气的原来成分，将直接影响动植物生长及人体健康。

大气污染物主要来源于人类的生活和生产活动。产生或向外界排放污染物的设备、装置和场所统称为污染源。大气污染源主要有三种：

（1）生活污染源。由于城乡居民及服务行业的做饭、取暖、沐浴等生活需要，燃烧各种燃料时，向大气排放污染物形成的污染源。

（2）工业污染源。工矿企业在各种生产活动中排放废物形成的污染源。

（3）交通污染源。由交通运输工具排放的污染物形成的污染源。

生活污染源和工业污染源属于固定污染源，交通污染源属于移动污染源。

## 92. 二氧化硫（$SO_2$）有什么危害？

答：$SO_2$ 又名亚硫酸酐，是无色有刺激性臭味的气体，易溶于水。在催化剂作用下，易被氧化为 $SO_3$，遇水即可变成硫酸。大气中 $SO_2$ 主要来源于含硫金属矿的冶炼、含硫煤和石油的燃烧所排放的废气。

据估算，世界每年排放 $SO_2$ 量已达1.5亿吨，占总毒气量的1/4。

$SO_2$ 是大气中最常见的污染物之一。一般来说，当大气中 $SO_2$ 质量浓度达到 $1.4mg/m^3$ 时，对人体健康已有潜在危害。

$SO_2$ 对人的呼吸器官和眼膜具有刺激作用，吸入高浓度 $SO_2$ 可发生喉头水肿和支气管炎。长期吸入 $SO_2$ 会发生慢性中毒，不仅使呼吸道疾病加重，而且对肝、肾、心脏都有危害。大气中 $SO_2$ 对植物、动物和建筑物都有危害，特别是 $SO_2$ 在大气中经阳光照射以及某些金属粉尘（如工业烟尘中氧化铁）的催化作用，很容易氧化成 $SO_3$，与空气中水蒸气结合即成硫酸雾，严重腐蚀金属制品及建筑物，并使土壤和江河湖泊日趋酸化。

防治 $SO_2$ 的主要措施是从烟道气中脱硫，原煤和石油脱硫。

## 93. 什么是二噁英？其危害是什么？

答：二噁英是一个被简化了的称谓。二噁英是由两组结构不相似的多氯代三环芳烃类化合物组成的多种化合物，包括75种多氯代二苯二噁英和 135 种多氯代二苯呋喃，共 210 种毒物。所谓二噁英就是指这 210 种毒物。其性质特点是化学稳定性强，难溶于水，亲脂性高，生物蓄积作用强，属于高毒性物质，是迄今已知毒性最强的有机氯化物。二噁英能在自然界天然形成，起初在化工品副产品中被发现。它来源于有机氯除草剂生产过程中的副产物、垃圾焚烧时一定温度下的生成物以及某些化学物质都能转变为二噁英。

二噁英的毒性是氰化钾的 50 ~ 100 倍。1997 年世界卫生组织国际研究中心把二噁英定为人类肯定致癌物。

## 94. 为什么说吸烟有害健康？

答：烟草是一种毒品，含有毒物质 20 多种。烟雾中有 300 多种化合物，其中有 20 多种致癌物。烟碱在燃烧过程中，产生尼古丁、焦油、氰氢酸、亚硝胺、二甲基亚硝胺、二乙基亚硝胺、甲乙基硝胺和多种有机致癌物。烟焦油里含有能诱发皮肤癌、消化道癌、乳腺癌、膀胱癌和子宫癌的苯并芘。香烟中的放射性元素也是致癌的一种物质。肺癌与吸烟有关已被各国科学家所证实。全世界每年 60 万例肺癌患者中，有 80% ~ 90% 是由吸烟引起的。吸烟还会引起呼吸道和心血管等疾病。

吸烟者只能吸入香烟的 30% 的烟雾，70% 的烟雾散布在室内，使周围的人"被动吸烟"。有资料表明，对被动吸烟者的健康影响也很大，尤其是幼儿和老人受害更严重。妇女吸烟影响孩子的智力。

## 95. 大气污染源产生哪些颗粒状污染物？怎样命名分类？

答：大气的污染物主要有固体颗粒状污染物和气体状污染物两类，其中颗粒状污染物有很多种，按习惯划分为下面几种：

（1）直径大于 $10\mu m$ 的微粒，在大气中很容易自然沉降称为降尘。

（2）直径小于 $10\mu m$ 的微粒，因为在大气中长时间飘浮而不易沉降下来，故称为飘尘，又称悬浮颗粒物。飘尘中，粒径小于 0.1μm 的称为浮尘。粒径在 0.25～10μm 之间的通称为云尘。

（3）在工业生产中由于物料的破碎、筛分、转运或其他机械处理而产生的直径介于 1～200μm 之间的固体悬浮微粒称为粉尘或灰尘。如果是燃烧过程产生的微粒物，其直径大于 1μm 部分称为煤尘，直径小于 0.1μm 部分称为煤烟。

（4）由于燃烧、熔融、蒸发、升华、冷凝等过程形成的固态或液态悬浮微粒，其粒径大于 1μm，称为烟尘。

（5）空气中的煤烟和自然界的雾相结合的产物称为烟雾。

（6）含有粉尘、烟雾及有毒有害气体成分的废气统称烟气。

注：我们常说的 PM 是颗粒物的英文缩写，PM2.5 指直径小于等于 2.5μm 的污染物颗粒。

## 96. 什么叫除尘器？它分为几类？

**答：**把粉尘从烟气中分离出来的设备称为除尘器或除尘设备。除尘器的性能用可处理的气体量、气体通过除尘器时的阻力损失和除尘效果来表达。除尘器按其作用原理分成以下五类：

（1）机械力除尘器：重力除尘器、惯性除尘器、离心除尘器等。

（2）洗涤式除尘器：水浴式除尘器、泡沫式除尘器、文丘里管除尘器、水膜式除尘器等。

（3）过滤式除尘器：袋式除尘器、塑烧板除尘器、滤筒式除尘器和颗粒层除尘器等。

（4）静电除尘器：干式静电除尘器和湿式静电除尘器。

（5）磁力除尘器和声波除尘器等。

## 97. 什么是固体废物？固体废物对环境有哪些危害？

**答：**在人类的生产和生活过程中，往往有一些固体或泥状物质被丢弃，这些暂时没有利用价值的物质称为固体废物，亦称固体废弃物。固体废物种类很多，成分复杂，数量巨大。按其来源可分为工业固体废物、城市垃圾和农业固体废物。

（1）工业固体废物是工业生产过程以及人类对环境污染控制过程中排出的废渣、粉尘、污泥，主要包括冶金废渣、矿业废渣、化工废渣、放射性废渣、造纸废渣以及建筑废材等。

（2）城市垃圾是居民生活垃圾、商业垃圾、市政维护和管理产生的垃圾，如废纸、废塑料、废玻璃、厨房垃圾。

（3）农业固体废物是农业生产、农产品加工和农村居民生活排出废弃物，如秸秆、家畜粪便、农产品加工废弃物等。

固体废弃物长期堆存不仅占用大量土地，而且会对水系造成严重污染和危害。

## 98. 绿化植物有哪些净化空气的作用？

答：绿化植物有以下一些净化空气的作用：

（1）吸收二氧化碳放出氧气。

（2）降低空气中有害气体的浓度。不同的绿化植物能够吸收一定数量的有害气体，如 $SO_2$、氟化氢、二氧化氮、氨、臭氧等。

（3）减少空气中放射性物质。树木的枝叶可以阻隔放射性物质和辐射的传播，并且还有过滤和吸收作用。

（4）减少空气中的灰尘。树木能够阻挡、过滤和吸附空气中的灰尘。

（5）减少空气中的含菌量。一是因为绿化地区空气清洁灰尘少而减少了细菌；另外，有些植物本身含有杀菌素，如洋葱、大蒜等，树木中如桦木、银白杨等都有杀菌作用。

## 99. 什么是环境体系认证？

答：环境认证简称 ISO14000，是全面管理体系的组成部分，包括制定、实施、实现、评审和维护环境方针所需的组织结构、策划、活动、职责、操作惯例、程序、过程和资源。

环境污染与公害事件的产生使人们从治理污染的过程中逐步

认识到，要有效地保护环境，人类社会必须对自身的经济发展行为加强管理。因此世界各国纷纷制定各类法律法规和环境标准，并试图通过诸如许可证等手段强制企业执行这些法律法规和标准来改善环境。

我国国家标准化组织（ISO）为响应联合国实施可持续发展的号召，于 1993 年 6 月成立了"环境管理"技术委员会，正式开展环境管理标准的制定工作，期望通过环境管理工具的标准化工作，规范企业和社会团体等组织的自愿环境管理活动，促进组织环境绩效的改进，支持全球的可持续发展和环境保护工作。

## 100. 环境保护"四项原则"是什么？

答：环境保护的"四项原则"如下：

（1）经济建设和环境保护协调发展的原则。

（2）以防为主、防治结合、综合利用的原则。

（3）谁开发谁保护的原则。

（4）谁污染谁治理的原则。

# 第2章 安全行为准则

### 101. 现场安全基本要求有哪些？

**答：** 现场安全基本要求有：

（1）新职工须经三级安全教育，合格后上岗。

（2）操作人员经过应急处置方案训练，具有处理突发事件的技能。

（3）正确佩戴劳动保护用品。

（4）严禁班前、班中饮酒。

（5）生产现场严禁吸烟。

（6）杜绝睡岗、串岗、脱岗现象。

（7）不得穿拖鞋、赤脚、赤膊、敞衣、戴围巾工作。

（8）使用设备前应进行安全检查。

（9）严禁从行驶的机动车辆爬上、跳下，严禁抛卸物品。

（10）严禁攀登吊运中的物件以及在吊钩下通过和停留。

（11）安全警示标志完好。

（12）现场岗位周知卡完好、清晰。

（13）道路上方的管架等要有限高标志。

（14）安全防护装置、信号保险装置应齐全、灵敏、可靠。

（15）设备润滑良好，环境通风良好。

（16）检修作业时，必须断电，挂警示牌，上安全锁，设专人监护。

（17）消防器材应按消防规范设置齐全，不准随便动用。安放地点周围不得堆放其他物品。

（18）对易燃、易爆、剧毒、放射和腐蚀等物品，必须按规定分类妥善存放，并设专人严格管理。

（19）防护器具、有害气体检测工具安全有效。

（20）工艺流程、操作方式改变后，应按照变更程序对操作规程进行修订，并对相关人员进行培训。

## 102. 进入现场"两必须"是指什么？

答："两必须"是指必须"两穿一戴"，即穿工作服、工作鞋和戴安全帽；进入 2m 以上高处作业，必须佩挂安全带。

## 103. 现场行走"五不准"是指什么？

答：现场行走"五不准"是指不准跨越皮带、辊道和机电设备；不准钻越道口栏杆和铁路车辆；不准在铁路上行走和停留；不准在吊物下行走和停留；不准带小孩或闲杂人员到现场。

## 104. 上岗作业"五不准"是指什么

答：上岗作业"五不准"是指不准未经领导批准私自脱岗、离岗、串岗；不准在班前、班中饮酒及在现场做与工作无关的事；不准非岗位人员触动或开关机电设备、仪器、仪表和各种阀门；不准在机电设备运行中进行清扫及隔机传递工具物品；不准带火种进入易燃易爆区域并严禁在该区域抽烟。

## 105. 操作确认制包括哪些内容？

答：操作确认制包括"一看、二问、三点动、四操作"。

一看：看设备各部位及周围环境是否符合启动条件。

二问：问各工种联系点是否准备就绪。

三点动：眼睛看着操作开关，口念操作含义，确认无误，发出启动信号，手指点动一下。

四操作：确认点动正确后按规程操作。

## 106. 检修布置前确认制包括哪些内容？

答：检修布置前确认制包括"一填、二看、三明白"。

一填：检修前必须按要求填好相关作业票。

二看：看检修工作票是否传达到位；看检修工具、设备是否完好。

三明白：必须明白检修内容；必须明白检修设备、所处环境；必须明白检修安全措施。

## 107. 检修施工前确认制包括哪些内容？

**答：**检修施工前确认制包括"一查、二定、三标、四切断、五执行"。

一查：查施工现场和施工全过程的不安全因素。

二定：定施工方案和安全措施。

三标：设立警示标志，包括挂警示牌，拉警戒线。

四切断：切断能源动力和工艺介质。

五执行：执行检修安全规程，执行挂牌上锁制度。

## 108. 停电确认制包括哪些内容？

**答：**停电确认制包括"一问、二核、三执行、四验电"。

一问：问清停电的对象、时间、要求，并记录。

二核：核实停电是否具备条件，看准停电开关或按钮。

三执行：执行停电操作规程。

四验电：停电后要严格验电，挂接地线，切断开关要挂牌。

## 109. 送电确认制包括哪些内容？

**答：**送电确认制包括"三查、一签字、三对话"。

三查：一查检修项目是否完毕，进度与质量是否合乎要求；二查安全保护装置是否投入使用；三查检修部位的有关人员是否离开。

一签字：三查内容核实无误后，检修负责人在相关工作票或确认表上签字后方可送电。

三对话：送电前坚持配电室与调度室对话；操作人员与监护

人员对话；送电方与受电方对话；同时填写送电操作票，一人监护，一人操作，操作中执行复诵式，每操作一项打勾一项。

### 110. 行走确认制包括哪些内容？

**答**：行走确认制包括"一认、二看、五不准"。

一认：厂内行走认准安全通道。

二看：看准地上障碍物和道路状况，瞭望吊车运行情况。

五不准：不准跨越皮带、辊道和机电设备；不准钻越道口栏杆和铁路车辆；不准在铁路上行走和停留；不准在吊物下行走和停留；不准带小孩或闲杂人员到现场。

### 111. 起重指吊人员确认制包括哪些内容？

**答**：起重指吊人员确认制包括"一清、二查、三招呼、四准、五试、六平稳"。

一清：清楚吊物质量、重心、现场环境、行走线路。

二查：检查绑挂是否牢靠，起吊角度是否正确。

三招呼：招呼一下吊车司机和地面人员。

四准：发出的口令、手势要准。

五试：点动一下，上升半米高，试试看。

六平稳：行走和放置要平稳。

### 112. 吊车司机确认制包括哪些内容？

**答**：吊车司机确认制包括"一看、二准、三严格、四试、五不、六平稳"。

一看：看车况是否良好，看行走路线和地面环境是否良好。

二准：看准吊具吊件、地形地物和手势，听准口令。

三严格：严格听从一人指挥，严格按规程操作。

四试：点动一下，上升半米高，试试看。

五不：下边有人不走，吊物歪斜不走，无行车信号不走。

六平稳：开动大小车要平稳，吊物落地要稳。

### 113. 高处作业确认制包括哪些内容？

**答：**高处作业确认制包括"一看、二设、三穿、四查、五稳、六禁止"。

一看：看气候、场地、设施有什么危险，攀登物是否牢靠。

二设：设高处作业区警示标志或监护人。

三穿：佩戴好安全带（安全带和电工攀登工具要检查）。

四查：检查脚手架、跳板、安全网是否牢靠，检查安全带是否挂好。

五稳：人要站稳，工具物料要放稳。

六禁止：禁止酒后和带病登高作业。

### 114. 电焊工确认制包括哪些内容？

**答：**电焊工确认制包括"一查、二清、三禁止、四防止、五操作"。

一查：检查电焊机、电源及接地是否良好。

二清：清理施焊周围的易燃物。

三禁止：禁止对带压力容器、情况不明容器、易燃易爆的容器施焊。

四防止：防止焊机受潮漏电。

五操作：按安全操作规程施焊。

### 115. 气焊（割）工确认制包括哪些内容？

**答：**气焊（割）工确认制包括"一查、二清、三防、四禁止、五操作"。

一查：查乙炔、氧气管道是否漏气，查氧气瓶同乙炔瓶的距离（大于5m）。

二清：清理焊割周围的易燃物。

三防：防止氧气瓶爆炸，防止氧气瓶和乙炔瓶旁边出现明火。

四禁止：禁止焊割带压力容器、情况不明容器、易燃易爆物，禁止氧气阀门沾油。

五操作：按安全操作规程操作。

## 116. 动火作业"六大禁令"是什么？

答：动火作业"六大禁令"如下：

（1）动火工作许可证未经批准，禁止动火。

（2）不与生产系统可靠隔离，禁止动火。

（3）不清洗、不置换，禁止动火。

（4）不消除周围易燃物，禁止动火。

（5）不按时做动火分析，禁止动火。

（6）没有消防措施，禁止动火。

## 117. 高处作业"十不准"有哪些？

答：高处作业"十不准"是指以下方面：

（1）患有高血压、心脏病、贫血、癫痫、深度近视眼等疾病不准登高。

（2）无人监护不准登高。

（3）没戴安全帽、没系安全带、不扎紧裤管时不准登高作业。

（4）作业现场有 6 级以上大风及暴雨、大雪、大雾不准登高。

（5）脚手架、跳板不牢不准登高。

（6）梯子无防滑措施、未穿防滑鞋不准登高。

（7）不准攀爬井架、龙门架、脚手架，不能乘坐非载人的垂直运输设备登高。

（8）携带笨重物件不准登高。

（9）高压线旁无遮拦不准登高。

（10）光线不足不准登高。

### 118. 锅炉工确认制包括哪些内容？

**答**：锅炉工确认制包括"一清、二勤、三查、四必须、五操作"。

一清：交班要交接清锅炉状况。

二勤：班中勤看水位表、压力表。

三查：检查安全阀、排污阀等重要部件。

四必须：超过规定压力，安全阀未启动，必须停车检查。

五操作：按安全操作规程操作，认真监视。

### 119. 机动车驾驶确认制包括哪些内容？

**答**：机动车驾驶确认制包括"一问、二查、三看、四驾驶"。

一问：问清运输任务和行车路线。

二查：检查刹车、转向、音响、信号、照明等是否灵敏完好。

三看：看所装物料是否符合规定（如超重、超高、超宽、超长、倾斜等）。

四驾驶：持证，按交通规则驾驶。

### 120. 自身防护确认制包括哪些内容？

**答**：自身防护确认制包括"一省、二查、三明确、四观察、五默念、六认真"。

一省：省察自我身心状况。

二查：查劳动防护用品穿戴，查工具情况。

三明确：明确现场和生产过程中致害因素和防止方法。

四观察：工作时，上下左右勤观察。

五默念：默念操作规程。

六认真：集中精力，认真操作。

## 121. 检修作业"五看、五不准"是指什么?

答: 检修作业"五看,五不准"是指以下内容:

一看检修设备与电源是否有明显断开点,否则不准检修。

二看检修操作牌和安全锁是否挂上、锁上,否则不准检修。

三看天车司机室是否有人,车门是否上锁,起吊物周围是否有人,否则不准检修。

四看检修部位的有关线路是否已验电,否则不准检修。

五看检修部位的有关线路是否已接地,否则不准检修。

## 122. 安全"十八点"是指什么?

答: 安全"十八点"是指以下内容:

安全检查细一点,隐患整改早一点,执行规程严一点;

安全投入多一点,安全教育活一点,巡回检查勤一点;

设备维护精一点,岗位练兵实一点,安全警钟常敲点;

安全之弦绷紧点,问题发现及时点,处理问题果断点;

事故预案周全点,大家平时多练点,事故原因查清点;

批评教育客观点,安全责任多尽点,事故就会少出点。

## 123. "十五"个安全作业想一想具体内容是什么?

答: "十五"个安全作业想一想具体内容如下:

上班之前想一想,劳逸结合精神爽;

班前会上想一想,劳保齐全再上岗;

上岗之前想一想,安全作业理应当;

在岗作业想一想,程序标准记心上;

设备点检想一想,点多线长细查防;

润滑维护想一想,机封泄漏早预防;

危险部位想一想,停留时间不要长;

设备检修想一想,安全确认不能忘;

高空作业想一想,少存侥幸守规章;

突发险情想一想，方法措施要周详；
清理卫生想一想，工具不要乱摆放；
工作期间想一想，少扯闲话别串岗；
夜间作业想一想，加强巡检莫睡岗；
电话联系想一想，文明用语最应当；
交班时候想一想，交接清楚再离岗。

## 124. 易出事故的"20 种人"是指哪些人？

**答**：易出事故的"20 种人"是指以下一些人：
初来乍到的新工人，不记规程的糊涂人；
冒失莽撞的"勇敢"人，吊儿郎当的马虎人；
满不在乎的粗心人，冒险蛮干的危险人；
盲目侥幸的麻痹人，难事缠身的忧愁人；
凑凑合合的懒惰人，投机取巧的"大能"人；
不求上进的抛锚人，委屈满腹的气愤人；
急于求成的草率人，心神不定的烦躁人；
好奇盲动的年轻人，体力衰弱的年老人；
手忙脚乱的急性人，调换工种的改行人；
固执己见的怪癖人，兼职劳累的疲惫人。

## 125. 驾驶员"十不开"是指什么？

**答**：驾驶员"十不开"是指以下情况：
车好路宽，人稀车少，技术熟练，不开英雄车；
视线不清，情况不明，减速鸣号，不开冒险车；
交叉路口，情况复杂，礼让三先，不开抢道车；
穿街进城，车多人繁，谨慎驾驶，不开鲁莽车；
雨雪雾天，视盲路滑，低速慢行，不开危险车；
事急天晚，路堵车挤，沉着冷静，不开急躁车；
前车压道，行车挡路，有序通过，不开赌气车；
合理装载，正确操作，遵纪守法，不开违章车；

肇事报告，保护现场，抢救伤员，不开逃逸车；

身体疲劳，精力不支，及时休息，不开迷糊车。

### 126. 电工"四宝"是指哪"四宝"？

**答**：电工"四宝"是指安全帽、绝缘鞋、手套、试电笔。

安全帽——戴上它，你才感觉："头顶的一片天，是安全的一片天。"

绝缘鞋——穿上它，你才敢说："敢问安全路在何方？安全路在脚下。"

手套——戴上它，你才感到："每当工作时，手套总在护佑着我。"

试电笔——拿着它，你不妨随时可以问："是否已停电？"

### 127. 安全用电基本要求"30 条"是指哪些内容？

**答**：安全用电基本要求"30 条"具体如下：

（1）用电单位除应遵守国家安全标准的规定外，还应根据具体情况制定相应的用电安全规程及岗位责任制。

（2）用电单位应对使用者进行用电安全教育，使其掌握用电安全的基本知识和触电急救知识。

（3）电气装置在使用前，应确认具有国家制定机构的安全认证标志或其安全性能已经国家制定的检验机构检验合格。

（4）电气装置在使用前，应确认符合相应的环境要求和使用等级要求。

（5）电气装置在使用前，应认真阅读产品使用说明书，了解使用时可能出现的危险以及相应的预防措施，并按产品使用说明的要求正确使用。

（6）用电单位或个人应掌握所使用的电气装置的额定容量、保护方式和要求、保护装置的整定值和保护元件的规格，不得擅自更改电气装置和延长电气线路，不得擅自增大电气装置的额定容量，不得任意改变保护装置的整定值和保护元件的规格。

（7）任何电气装置都不应超负荷运行和带故障使用。

（8）用电设备和电气线路的周围应留有足够的安全通道和工作空间，电气装置附近不应堆放易燃、易爆和腐蚀性物品。

（9）使用的电气线路须具有足够的绝缘强度、机械强度和导电能力并定期检查，禁止使用绝缘老化或失去绝缘性能的电气线路。

（10）软电缆或软线中的绿黄双色线在任何情况下只能用作保护线。

（11）移动使用的配电箱（板）应采用完整的、带保护线的多股铜芯橡皮护套软电缆或护套线作电源线，同时应装设漏电保护器。

（12）插头与插座应按规定正确接线，插头应独立与保护线可靠连接，插座的保护接地线在任何情况下都严禁在插头（座）内将保护接地线与工作中性线连接在一起。

（13）在儿童活动场所，不应使用低位插座，否则应采取防护措施。

（14）在插拔插头时人体不得接触到电极，不应对电源线施加拉力。

（15）浴室、蒸汽房、游泳池等潮湿场所应使用专用插座，否则应采取防护措施。

（16）在使用Ⅰ类移动式设备时，应确认其金属外壳或构架已可靠接地，使用带保护接地线插头插座，同时宜装设漏电保护器，禁止使用无保护线插头插座。

（17）正常使用时会飞溅火花、灼热飞屑或外壳表面温度较高的用电设备，应远离易燃物质或采取相应的密封、隔离措施。为了保证操作安全，配电箱前不得堆放杂物。

（18）在使用固定安装的螺口灯座时，灯座螺纹端应接至电源的中性线上。

（19）电炉、电熨斗等电热器具应使用专用的连接器，并应放置在隔热底座上。

（20）临时用电应经有关主管部门批准，并有专人负责管理，限期拆除。

（21）用电设备在暂停或停止使用、发生故障或突然停电时均应及时切断电源，否则应采取相应的安全措施。

（22）当保护装置动作或熔断器的熔体熔断后，应先查明原因，排除故障，并确认电气装置已恢复正常才能重新接通电源，继续使用，更换熔体时不应任意改变熔断器的熔体规格或用其他导线代替。

（23）当电气装置的绝缘或外壳损坏，可能导致人体触及导电部位时，应立即停止使用，并及时修复或更换。

（24）禁止擅自设置电网、电围栏或电具捕鱼。

（25）露天使用的用电设备、配电装置应采取合适的防雨、防雪、防雾和防尘的措施。

（26）禁止利用大地作为工作中性线（零线）。

（27）禁止将暖气管、煤气管、自来水管等作为保护线使用。

（28）用电单位的自备发电装置应采取与供电电网隔离的措施，不得擅自并入电网。

（29）当发生人身触电事故时，应立即断开电源，使触电人与带电部分脱离，并立即进行急救，在切断电源之前禁止其他人员直接接触触电人员。

（30）当发生电气火灾时，应立即断开电源，并采用合适的消防器材灭火。

## 128. 习惯性违章违纪"100 例"都有哪些？

**答：** 习惯性违章违纪"100 例"具体如下：

（1）劳动保护用品穿戴不齐全、不规范。

（2）班前或班中饮酒。

（3）脱岗、串岗、睡岗。

（4）未经批准，操作、动用非本人分管的设备。

（5）在厂房内骑摩托车、自行车。

（6）特种作业人员无证上岗。

（7）在易燃易爆区域吸烟。

（8）在禁火区动火未办动火证。

（9）动火作业前未清理作业点10m范围内的易燃易爆物。

（10）车辆未安装防火帽，进入易燃易爆区域。

（11）2m以上高处作业未采取防坠落的措施。

（12）多层作业时，各层间没有可靠的隔离防护。

（13）安全带低挂高用。

（14）高处作业时从高处抛掷物件。

（15）在输电线路安全距离以内作业没有停电。

（16）使用登高梯子时与地面夹角大于60°。

（17）使用人字梯没有限跨钩，或夹角大于40°。

（18）在梯子的顶档上工作。

（19）架设的安全网里高外低或留有缝隙。

（20）高处作业乘坐非载人设备上下。

（21）高处放有不稳固的物件。

（22）钻越铁路两侧的栏杆和钻越停在铁路上的机车。

（23）通过铁路道口时，钻杆强行。

（24）翻斗车的车斗未复位就前行。

（25）检修支起车辆时未做二次支护。

（26）在道路或有人通过的地点施工，未设围栏或警告标志。

（27）机、电设备停止时，控制器未打回零位。

（28）启动皮带、轧机辊道等不先发出启动信号。

（29）启动已经停机挂牌的设备。

（30）用湿手操作、启动电气设备。

（31）跨越运转中的皮带及其他设备，或在传动设备上休息、行走。

（32）运转设备未停止就进行处理、调整或清扫。

（33）用水冲洗电气设备。

（34）用物体顶住接触器吸铁，强制吸合。

（35）停机、停电检修时，在开关处未挂警示牌或无人监护。

（36）检修后，未恢复检修时拆除的安全设施、安全装置。

（37）没有经批准的检修作业票就进行检修作业。

（38）在电气操作台上放置闲杂物品，尤其是盛有液体的器皿。

（39）吊物从人员上方通过或人在吊物下面行走、站立。

（40）未按国家标准规定的信号指挥起重作业。

（41）开动天车大小车、起吊、落下吊物未先鸣铃。

（42）两人以上（包括两人）同时指挥天车作业，或无人指挥，天车工自行作业。

（43）在天车作业时进行检修、维护。

（44）用限位器停车、停钩。

（45）用打反车制动（主令控制器有反接制动功能的除外）。

（46）在吊有物体的状态下离岗，或作业间歇将吊物停在空中。

（47）离车时控制器未打到零位、未拉闸断电。

（48）接班第一吊、接近额定载荷、吊液体金属未试吊就正式起吊。

（49）吊钩高度距地面不足 2m 或距地面障碍物不足 0.5m 就移动大小车。

（50）天车工违反"十不吊"规定作业。

（51）不从规定地点、梯子、通道上下天车。

（52）使用磁盘、钢丝绳、吊链等索具直接吊运气瓶。

（53）气焊（割）作业，氧气瓶与乙炔瓶直接距离不足 5m。

（54）氧气瓶、乙炔瓶距离明火、高温热源不足 10m。

（55）乙炔瓶未安装防回火装置。

（56）使用瓶冒、胶圈不全的气瓶。

（57）乙炔瓶未直立使用。

（58）用带油的手或手套搬运、开关氧气瓶阀。

（59）乙炔瓶、氧气瓶在阳光下暴晒。

（60）在输电线路下放置气瓶。

（61）用含银、铜超过70%的工具操作乙炔瓶。

（62）与电焊同场地工作时，乙炔瓶未保持接地、氧气瓶未与地面保持绝缘。

（63）使用压力表损坏的减压器。

（64）乙炔瓶和氧气瓶同室储存、同车运输。

（65）进入受限空间气焊未在外面点火。

（66）氧气胶管（红色）与乙炔胶管（黑色）互相代用或混用。

（67）将燃烧的焊炬、割炬放在工件或地面上。

（68）氧气瓶余压小于 0.2MPa，乙炔气瓶余压小于 0.05MPa。

（69）使用外露带电部分无防护装置的电焊机。

（70）使用接头超过两个的电缆。

（71）对机械设备进行电焊而未暂拆除设备的接地线。

（72）电焊机电源一次线超过3m而未沿墙离地2.5m以上瓷瓶架设。

（73）每台电焊机无独立的、封闭式的电源开关。

（74）电焊作业使用金属结构、管道、临时搭接线等做导线。

（75）在良好接地体上电焊作业未垫绝缘板。

（76）进入容器等受限空间电焊作业使用超过12V安全电压的照明。

（77）进入受限空间作业未设监护人。

（78）将胶管缠在身上作业或两腿跨在胶管上作业。

（79）用氧气吹扫衣服上的灰尘、清扫设备、场地或为轮胎充气。

（80）未经检查处理直接用气割切割密闭容器。

（81）野蛮搬运、装卸气瓶。

（82）电工作业未执行两票四制。

（83）带负荷拉合刀闸。

（84）高压系统检修，不停电、不验电。

（85）作业监护人除传递物件外，还兼做其他工作。

（86）手提行灯电源使用自耦变压器或分离器。

（87）停电作业未将与停电设备有关的变压器、电压互感器高低压两侧断开。

（88）未经文字批准，擅自在操作室、值班室、休息室等处使用电炉子。

（89）在潮湿场所、金属结构等良好接地处使用 I 类手持电动工具。

（90）在容器、管道内等狭窄的良好接地场所使用 I 类、II 类手持电动工具。

（91）使用 I 类手持电动工具未采取附加的防触电措施。

（92）手提行灯的安全电压回路未与其他电气系统的可导电部分完全隔离。

（93）单人进入煤气危险区域作业，或在煤气区域休息。

（94）煤气系统吹扫、置换完毕，未立即将吹扫胶管卸开。

（95）I 类、II 类煤气作业未办理煤气作业票，现场未准备救护设备。

（96）煤气系统吹扫、置换放散煤气时未设人监护。

（97）在煤气危险区内作业未带 CO 检测报警器。

（98）发现有人中毒，不采取防护措施冒险抢救。

（99）未按时冲洗锅炉水位计，致使看不清锅炉水位；未按时做锅炉安全阀手动实验，致使安全阀打不开。

（100）未按时排污，致使压缩空气储罐积油。

# 第 3 章　常用气体安全

**129. 氧气的用途有哪些？**

答：冶金工业中氧气的用途很广，高炉富氧鼓风能够显著地降低焦比，提高产量。在转炉中吹入高纯氧，氧与碳、磷、硫、硅等元素发生氧化反应，这不仅降低了钢的含碳量，清除了磷、硫、硅等杂质，而且可以用反应热来维持冶炼过程所需要的温度。此外钢材的加工清理、切割也需用氧气。

钢铁企业用氧往往要求采用气态氧、液氧、低压、中压、高压均有的综合供氧系统，一般以气态氧为主，根据需要可采用不同的压力通过管道输送给用户。

**130. 氧气有哪些特性？**

答：氧气的特性如下：

（1）氧气以游离状态存在空气中，体积分数为 20.93%；以化合态存在于水、矿物和岩层中以及一切动植物体内。

（2）氧是无色、无味、无臭的气体，比空气重，密度为 $1.429kg/m^3$。

（3）氧有极大的化学活性。纯氧中进行的氧化反应异常激烈，同时放出大量热，达到极高温度。

氧是优良的助燃剂，它与一切可燃物可以进行燃烧。它与可燃性气体，如氢、乙炔、甲烷、煤气、天然气等，按一定比例混合后容易发生爆炸。氧气纯度越高，压力越大，越危险。各种油脂与压缩氧气接触易自燃。被氧气饱和的衣物及纺织品见火即着。

## 131. 氧气是如何生产的？

**答**：深度冷冻法制氧是以空气为原料提取氧气。其原理是将空气加压、冷却而液化，利用氧、氮沸点的不同（一个大气压下氧气的沸点为 -182.98℃，氮气为 -195.8℃），在精馏塔内使上升蒸气与回流液体在塔板上接触，多次冷凝蒸发，高沸点的氧不断冷凝进入液相，低沸点的氮不断从液体中蒸发变成上升蒸气，使下流液体中的氧含量越来越高，上升蒸气中氮含量越来越高，达到把空气中的氧、氮分离的目的。

## 132. 氧气的危害性有哪些？

**答**：氧气使用不当可能引起燃烧爆炸，造成人身伤害或财产损失。

（1）氧气燃烧爆炸的条件。可燃物、氧化剂和激发能源是氧气燃爆的三要素。当可燃物与氧混合，并存在激发能源时，必定会引起燃烧，但是不一定爆炸。只有当氧与可燃气体均匀混合，并达到爆炸极限时，遇到激发能源，才会发生爆炸。

（2）氧气燃烧爆炸的类型。氧气爆炸分物理爆炸和化学爆炸。压缩氧气爆炸和液化氧气爆炸是由于气压超过了受压容器或管道的屈服极限乃至强度极限，造成压力容器或管道爆裂。如氧气钢瓶使用年限过久，腐蚀严重，瓶壁变薄，又没有检查，以致在充气时或充气后发生物理性超压爆炸，属于物理爆炸。而化学爆炸，有化学反应，并产生高温、高压，瞬时发生爆炸，如氢氧混合装瓶，见火即爆。

（3）氧气爆炸的危害性。压力容器（含钢瓶、管道等）破裂时，氧气爆炸的能量除了很少一部分消耗于将容器进一步撕裂和将容器碎片抛出外，大部分产生冲击波。冲击波有很大的能量，能破坏建筑物和直接伤害人员。

（4）氧气烧伤与火灾。工业用氧纯度很高（99.2% ~ 99.5%），压力也较高（1.6 ~ 15MPa），是极强的氧化剂。当氧气发生燃烧爆炸时，由于人体本身可燃，很容易被烧伤，而且不易治好，烧伤面积大，深度深，容易造成死亡。氧气造成的火灾比一般火灾严重，它不仅能引燃一般的易燃物、可燃物，烧毁建筑物，而且能将钢管、钢结构件等烧熔化，燃烧温度高，不易扑灭。

（5）人正常生活环境中，空气的含氧量应为 18% ~ 22%。低于 18% 则为缺氧，低于 16% 会导致窒息死亡。而吸入纯氧或高浓度氧后，就会损伤肺毛细血管内皮和肺泡上皮，出现肺水肿、出血、透明膜形成等症状，出现呼吸窘迫综合征，即氧中毒，严重者直至死亡。

### 133. 使用氧气瓶的安全注意事项有哪些？

答：使用氧气瓶的安全注意事项如下：

（1）氧气瓶严格定期检验，且色标明显，瓶帽、防振胶圈齐全。

（2）特别注意氧气瓶不能与其他气体气瓶混淆使用。

（3）氧气瓶应与其他易燃气瓶、油脂和其他易燃物品分开保存、分车运输。

（4）充装氧气瓶时气体流速不能过快，否则会产生爆炸和燃烧。

（5）瓶装氧的最低压力不低于气瓶公称压力的 97%，用于测量的压力表精度应不低于 1.5 级。

（6）装卸运输时，应轻装轻卸，防止碰撞。禁止用电磁吊、叉车运输氧气瓶。

（7）避免阳光曝晒，储存环境不得超过 40℃。与明火、热源和易燃易爆物品相距 10m 以上。

（8）使用前，先检查瓶阀、减压器等是否有缺陷。如有应及时报修，切忌随便处理。

（9）检查是否漏气时应使用肥皂水，不得用明火。

（10）禁止使用没有减压器的氧气瓶。安装减压器要牢固，避免射出伤人。

（11）开启阀门要缓慢，面部避开出气口及表盘，观察压力表指针是否灵活正常。

（12）使用过程中氧气瓶应距离乙炔瓶大于5m，环境有局限时氧气瓶也可以卧放使用。

（13）返厂氧气瓶的氧气不允许全部用完，余压不应低于0.2MPa。

（14）氧气瓶阀不得沾有油脂。

（15）当气瓶冻住时，禁止用明火烤，必要时可用40℃以下的温水解冻。

（16）禁止用氧气代替压缩空气吹工作服、乙炔管道。

（17）禁止将氧气用作试压和气动工具的气源。

（18）禁止用氧气对局部焊接部位通风换气。

（19）在电焊作业场所时，如果地面是铁板，在瓶体下应垫上木板绝缘，以防气瓶带电。

## 134. 高炉煤气的特性有哪些？

答：高炉煤气主要成分为CO，占23%～30%，每生产1t生铁大约可得到1800m³高炉煤气。

高炉煤气与空气混合到一定比例（爆炸极限为30.8%～89.5%），遇明火或700℃左右的高温就会爆炸燃烧，属乙类爆炸危险级。

高炉煤气含有大量的CO，毒性很强，吸入会中毒，车间CO的最高允许含量为30mg/m³。

## 135. 转炉煤气的特性有哪些？

答：转炉煤气由氧气同铁水中碳、硫等元素氧化生成的炉气和炉尘组成，含有CO约60%～80%。一般只要转炉煤气中$O_2$含量不大于2%就可回收，回收量每吨钢正常为70m³左右。

转炉煤气是无色、无味、有剧毒的可燃气体，极易造成中毒。转炉煤气与空气混合到一定比例（爆炸极限为 18.22% ~ 83.22%），遇明火或 700℃ 左右的高温就会爆炸。

## 136. 焦炉煤气的特性有哪些？

**答**：炼焦过程中所产生的煤气叫做荒煤气，荒煤气中含有大量各种化学产品，如氨、焦油、萘、粗苯等，经过净化，分离出净煤气，即焦炉煤气。

焦炉煤气可燃物多，属于中热值煤气。热值一般为 16300 ~ 18500kJ/m³。其成分为 55% ~ 60% $H_2$、23% ~ 28% $CH_4$、7% CO。

焦炉煤气是无色、微有臭味的有毒气体，虽然只含有 7% 左右的 CO，但仍会造成中毒。

焦炉煤气含有较多的碳氢化合物，具有易燃性。焦炉煤气与空气混合到一定比例（爆炸极限为 4.5% ~ 35.8%），遇明火或 650℃ 左右的高温就会发生强烈的爆炸，属甲类爆炸危险级。

1t 干煤在炼焦过程中可以得到 730 ~ 780kg 焦炭和 300 ~ 350m³ 焦炉煤气。

焦炉煤气也适于民用燃烧或作为化工原料。

## 137. 煤气的危害有哪些？

**答**：煤气的主要危害是腐蚀、毒害、燃烧和爆炸。

煤气事故的主要类别有：急性中毒和窒息事故、燃烧引起的火灾和灼烫事故、爆炸形成的爆炸伤害和破坏事故。

## 138. 现场作业安全煤气含量是多少？

**答**：在煤气设施内部和煤气环境中工作时，要遵守以下规定：

（1）当 CO 含量不超过 30mg/m³（24ppm）时，可以较长时间工作。

（2）当 CO 含量不超过 50mg/m³（40ppm）时，连续工作时间不得超过 1h。

（3）当 CO 含量在 100mg/m³（80ppm）时，连续工作时间不得超过 30min。

（4）当 CO 含量在 200mg/m³（160ppm）时，连续工作时间不得超过 15~20min。

根据以上规定，在进入煤气区域工作时，必须经煤气防护站工作人员检测确认，达到规定标准后才能允许进入工作。

## 139. 煤气使用有哪些注意的事项？

**答**：煤气使用注意事项有：

（1）煤气压力变化时应及时联系，低于 2500Pa 应立即熄火停机。

（2）用氮气吹扫管道完毕后，应把连接管解开，以防止窜气。

（3）引、停煤气操作时必须采取必要的防护措施，必须有煤气检测站人员监护。

（4）煤气报警仪显示 50mg/m³（40ppm）以上时必须采取强制通风等相应措施，超过 250mg/m³（200ppm）时，岗位人员必须撤离。

## 140. 煤气为什么会使人中毒？

**答**：因为煤气中含有大量的 CO，化学活动性很强，能长时期与空气混合在一起，CO 被吸入人体后与血液中的血红蛋白（Hb）结合，生成高能缓慢的碳氧血红蛋白（HbCO），使血色素凝结，破坏了人体血液的输氧机能，阻断了血液输氧，使人体内部组织缺氧而引起中毒。血红蛋白被 CO 凝结时人体的反应见表 3-1。

CO 与血红蛋白的结合能力比氧与血红蛋白的结合能力大 300 倍，而碳氧血红蛋白的分离要比氧与血红蛋白的分离慢 3600 倍。

表 3-1　血红蛋白被 CO 凝结时人体的反应

| 血红蛋白被 CO 凝结比例/% | 人体的反应 |
| --- | --- |
| 20 | 发生喘息 |
| 30 | 头痛、疲倦 |
| 50 | 发生昏迷 |
| 70 | 呼吸停止，迅速死亡 |

CO 中毒后，受损最严重的组织乃是那些对缺氧最敏感的组织，如大脑、心脏、肺及消化系统、肾脏等，这些病理变化主要是由于血液循环系统的变化，如充血、出血、水肿等，而后由于营养不良发生继发性改变，如变性、坏死、软化等。

### 141. 防止煤气中毒安全作业措施有哪些？

答：防止煤气中毒安全作业措施有：

（1）进入煤气设备内作业，必须先可靠地切断煤气来源，经过氮气置换，检测合格后，方可工作，并设有专人监护。

（2）凡是从事带煤气作业，必须佩戴空气呼吸器，做好监护。

（3）在煤气放散过程中，上风侧 20m、下风侧 40m 禁止有人。

（4）煤气设备管道打开人孔时，要侧开身子，防止煤气中毒。

（5）严禁在煤气地区停留、睡觉或取暖。

（6）煤气设备，特别是室内煤气设备，应有定期检查泄漏，发现泄漏及时处理。

（7）进入煤气区域作业或巡视必须 2 人以上，两人不得并行，要一前一后间隔 5m，由前面人员携带煤气报警仪。

（8）在操作中，如 CO 含量超过 $50mg/m^3$（40ppm），应采取通风或佩戴防护用具等措施。

（9）发生煤气事故时，抢救人员须佩戴空气呼吸器，严禁冒险抢救或进入泄漏区域。

### 142. 防止煤气着火爆炸事故安全作业措施有哪些？

**答：** 防止煤气着火爆炸事故安全作业措施有：

（1）防止煤气着火事故的办法就是要严防煤气泄漏。

（2）煤气作业区40m范围内，严禁有火源。煤气设备上的电器开关、照明均采用防爆式。

（3）在煤气设备上作业，必须办理动火证，可靠地切断煤气，打开末端人孔，用氮气置换，取样分析含氧量为18%～22%（《工业企业设计卫生标准》（GB Z1—2010）规定）。

（4）动火时，最好保持煤气设备正压（不低于500Pa），并应将动火处两侧2～3m的沉积物清除干净，可向管道设备内通入适量氮气或蒸汽。

（5）煤气设备接地电阻小于10Ω，以减少雷电造成的火灾。

（6）在带煤气作业时，作业点附近的高温、明火及高温裸体管应做隔热处理。

（7）在向煤气设备送煤气时，应先做防爆试验，经试验合格后方可送气。

（8）长时间放置的煤气设备动火或引气，必须重新吹扫，合格后方可使用。

（9）点火操作应先给明火（或炉膛温度达到800℃以上），后稍开煤气，待点着后，再将煤气调整到适当位置。如点着火后又灭了，需再次点火时，应立即关闭煤气烧嘴，开启空气对炉膛内做负压处理，待炉内残余煤气排除干净后，再点火送煤气。

（10）如果煤气管道压力下降，低于2500Pa时，应立即灭火，关闭煤气总阀门，封好水封，以防止回火爆炸。

（11）煤气用户应装有煤气低压报警器和煤气低压自动切断装置，以防回火爆炸。

（12）经常检查设备设施的防爆装置是否灵活、隔离装置是否有效、水封水位是否正常。

### 143. 发生煤气泄漏和着火事故后的首要工作有哪些?

**答**: 发生煤气泄漏和着火事故后的首要工作有:

(1) 事故报警和抢救事故的组织指挥。第一发现者应立即打 119 报警, 同时向有关部门报告, 各有关单位和有关领导应立即赶赴现场, 现场应由事故单位、设备部门、公安消防部门、安全部门和煤气防护站人员组成临时指挥机构统一指挥事故处理工作。根据事故大小划定警戒区域, 严禁在该区域内有其他火种, 严禁车辆和其他无关人员进入该区域。事故单位要立即组织人员进行灭火和抢救工作。灭火人员要做好自我防护准备。各单位要保持通讯畅通。

(2) 组织人员用水对其周围设备进行喷洒降温。着火事故发生后, 应立即向煤气设备阀门、法兰喷水冷却, 以防止设备烧坏变形。如果煤气设备、管道温度已经升高接近红热, 不可喷水冷却。因水温度低, 着火设备温度高, 用水扑救会使管道和设备急剧收缩造成变形和断裂而泄漏煤气, 导致事故扩大。

### 144. 如何处理煤气爆炸事故?

**答**: 煤气爆炸事故发生后, 会造成煤气设备损坏, 煤气泄漏或产生着火以至于煤气中毒等严重事故。通常在发生煤气爆炸事故后, 紧接着就会发生煤气着火和中毒事故, 甚至会发生第二次爆炸, 因此在处理煤气爆炸事故时要特别慎重, 注意应采取以下措施:

(1) 尽快通知煤气防护部门、消防队和医疗部门来抢救, 同时组织现有人员立即投入到抢救之中, 抢救时应统一指挥。

(2) 煤气发生设备出口阀门以外的设备或煤气管道爆炸, 虽尚未着火, 也应立即切断煤气源, 向设备或管道内通入大量蒸汽冲淡设备或管道内的残余煤气以防再次爆炸。在彻底切断煤气源之前, 有关用户必须熄火, 停止使用煤气。

(3) 煤气发生设备出口阀门以外设备或管道爆炸, 又引发着火时，应按着火事故处理，严禁切断煤气源。

（4）煤气炉在焖炉过程中发生爆炸，通常只炸一次，随后应安装防爆铝板。

（5）因爆炸造成大量煤气泄漏，一时不能消除时，应先适当降低煤气压力，并立即指挥全部人员撤出现场以防煤气中毒，然后按煤气危险作业区的规定进行现场处理。

（6）如果发生煤气着火、中毒事故，应按照着火、中毒事故处理办法执行。

（7）处理煤气爆炸事故的现场人员要做好个人防护，以防中毒。

（8）在爆炸地点40m内严禁有火源和高温存在，以防着火事故。

（9）在煤气爆炸事故未查明原因之前不得恢复生产。

### 145. 氮气的用途有哪些？

**答：**氮气在钢铁工业中用于炼钢氧枪氮封，溜槽氮封，煤气回收系统氮封，高炉无料钟炉顶氮封及吹刷，烟煤粉、电石粉输送及氮封，轧钢厂各种退火炉、镀锌炉保护气体用氮，干熄焦用氮，吹扫、置换管道和容器中输送的可燃易爆介质用氮等。氮气是合成氨的主要原料，氮气作为洗涤气和保护气也广泛用于电子管工业、集成电路生产、石化工业、机械工业热处理等，液氮还是安全冷源，广泛用于食品速冻冷藏、低温医疗、低温表面处理与研究等。

### 146. 氮气有哪些性质？

**答：**氮气广泛存在于大气和一切生物中，常温、常压下，氮气是无色无味气体，比空气轻，沸点 - 195.8℃，熔点 -210.1℃。氮为双原子分子，两个原子间结合牢固，化学性质不活泼，呈惰性，高温下能直接与氧和氢化合。

氮气（$N_2$）纯度（体积分数）不小于99.2%。氧（$O_2$）含量（体积分数）不大于 0.8%。

瓶装氮压力在 20℃ 时应不低于气瓶公称工作压力的 97%。用于测量的压力表精度应不低于 1.5 级。返厂氮气瓶的余压不应低于 0.2MPa。

### 147. 氮气的危险性及安全措施有哪些？

答：氮气虽然是惰性气体，使用不当会造成人员窒息死亡和设备爆炸事故，防止氮气窒息事故要注意以下事项：

（1）不得将纯氮气排入室内，氮压机机房要通风换气良好，必要时强制通风换气。

（2）在氮气浓度高的环境里作业时，必须佩戴空气呼吸器。

（3）检修充氮设备、容器、管道时，须先用空气置换，分析氧含量合格后（氧气含量为 18% ~22%），方允许工作。

（4）检修时应派专人看管氮气阀门，以防误开阀门而发生人身事故。

### 148. 乙炔的用途和性质有哪些？

答：乙炔用于制取乙醛、醋酸、丙酮、乙烯基乙醚、丙烯酸及其酯类等。乙炔亦是合成橡胶、合成纤维和塑料的单体，也可直接用于金属的切割和焊接。

乙炔是不饱和的碳氢化合物，分子式 $C_2H_2$，又名电石气，密度为 1.17kg/m³。工业用乙炔因含硫化氢（$H_2S$）和磷化氢（$PH_3$）等杂质，故具有特殊的臭味。乙炔是可燃气体，自燃点为 305℃，容易受热自燃。它与空气混合燃烧时所产生的火焰温度为 2350℃，而与氧气混合燃烧时所产生的火焰温度可达 3300℃。

### 149. 乙炔是如何合成的？

答：乙炔合成的方法有：

（1）电石法。由电石（碳化钙）与水作用得到乙炔。

（2）天然气制乙炔法。预热到 600 ~ 650℃ 的原料天然气和氧进入多管式烧嘴板乙炔炉，在 1500℃ 下，甲烷裂解制得 8% 左右的稀乙炔，再用甲基吡咯烷酮提浓制得 99% 的乙炔成品。

**150. 使用乙炔的安全注意事项有哪些?**

答：使用乙炔的安全注意事项有：

（1）乙炔也是一种具有爆炸性危险的气体，爆炸的危险性随压力和温度升高而增大。我国规定乙炔工作压力禁止超过 0. 147MPa。

（2）乙炔与空气混合爆炸极限范围为 2.2% ~ 81%，乙炔与氧气混合爆炸极限范围为 2.8% ~ 93% 时，在常压下，遇到明火就会立刻发生爆炸。安全规则规定，乙炔距离火源不得小于 10m。

（3）在使用、运输中不得超过 40℃，不得在夏季烈日下曝晒等。

（4）乙炔与铜或银长期接触就会产生一种爆炸性化合物，当它们受到摩擦、剧烈振动或加热到 110℃ 时，就会引起爆炸。因此，我国规定严禁纯铜、银等及其制品与乙炔接触。必须使用合金器具或零件时，合金含铜量不超过 70%。

（5）乙炔与氯、次氯酸盐等化合，在日光照射下或加热就会发生燃烧爆炸，所以乙炔着火时应使用干粉或二氧化碳灭火器，严禁用四氯化碳灭火器。此外，乙炔不能与氟、溴、碘、钾、钴等能起化学反应和发生燃烧危险的元素接触。

（6）由于乙炔受压会引起爆炸，因此不能加压直接装瓶来储存。但是可以利用乙炔能大量溶解在丙酮中的特性进行储存，称为溶解乙炔（瓶装乙炔）。

（7）乙炔中毒现象比较少见，轻度的表现为精神兴奋、多言、嗜睡、走路不稳等；重度的表现为意识障碍、呼吸困难、发呆、瞳孔反应消失、昏迷等。

### 151. 使用乙炔瓶的安全注意事项有哪些？

**答**：乙炔瓶必须是国家定点厂家生产，新瓶的合格证必须齐全，并与钢瓶肩部的钢印相符。使用过程中必须遵守《溶解乙炔瓶安全监察规程》及《气瓶安全监察规程》外，还应当满足下列要求：

（1）乙炔气瓶在使用、运输和贮存时，环境温度一般不得超过40℃，若超过应采取降温措施。不能靠近热源和电气设备，与明火的距离一般不小于10m。

（2）瓶阀冻结时，不要撬动瓶阀，不能用火烘烤，必要时用40℃以下的温水暖化。

（3）乙炔胶管要专用，不准与氧气管混用。

（4）乙炔瓶与氧气瓶使用距离不得小于5m。

（5）乙炔瓶严禁卧倒存放和使用，严禁敲击或碰撞。

（6）搬运要轻装轻卸，严禁用电磁吊吊装搬动。

（7）在短距离内移动乙炔瓶时，可将气瓶稍倾斜，用手来移动。要将气瓶移动到另外场所，可装在专用的胶轮车上。

（8）对已经卧倒的乙炔气瓶不准直接开气使用，必须先直立，静置20min后才能使用。

（9）所有与乙炔相接触的部件不得由铜、银以及含量超过70%的铜银合金制成。

（10）在使用乙炔瓶时必须装有减压器和回火防止器；开启的动作要轻缓，阀门打开一般情况只开启3/4转。

（11）在室内或密闭的环境下使用乙炔要杜绝泄漏，加强通风，避免发生燃爆事故。

（12）不得将瓶内乙炔用尽，必须留有0.05MPa以上剩余压力，并将阀门拧紧，防止空气进入，并写上"空瓶"标记。

（13）进行焊接的作业现场，乙炔气瓶不得超过5瓶。若为5~20瓶时，应在现场或车间内用耐火材料隔成单独的贮存间。若超过20瓶，应放置乙炔瓶库。贮存间与明火的距离不得小于 10m。

（14）当乙炔瓶与电焊一起使用时，如果地面是铁板，在乙炔瓶的下面应垫上木板绝缘，以防乙炔瓶带电。

（15）乙炔瓶应贮存在通风良好的库房内，必须将瓶竖立放置。库内应注明防火防爆标志，并配备干粉或二氧化碳灭火器，禁止使用四氯化碳灭火器。

（16）乙炔瓶的瓶阀、易熔塞等处不得有漏气现象。在检验是否漏气时，应使用肥皂水检验，严禁使用明火检验。

## 152. 什么是液化石油气？

答：液化石油气（简称液化气）是在石油炼制过程中由多种低沸点气体组成的混合物，没有固定的组成，主要成分是丁烯、丙烯、丁烷和丙烷。尽管大多数能源企业都不专门生产液化石油气，但由于它是其他燃料提炼过程中的副产品，所以有一定产量。

液化气中丙烷占 5%～25%，丙烯占 10%～30%，丁烷占 15%～25%，丁烯占 30%～40%，另外含少量的甲烷、乙烷、戊烷、臭味剂等。液化气的气态相对密度为 $1.686kg/m^3$，挥发性极强，与空气混合的爆炸极限约为 1.5%～9.5%，温度达到 426～537℃或明火即可燃爆。液化石油气可使人窒息，有一定毒性和腐蚀性。

液化石油气经过分离得到乙烯、丙烯、丁烯、丁二烯等，用来生产合成塑料、合成橡胶、合成纤维及生产医药、炸药、染料等产品。液化石油气作燃料，由于其热值高，无烟尘，无炭渣，操作使用方便，已广泛地进入人们的生活领域。此外，液化石油气还用于切割金属，用于农产品的烘烤和工业窑炉的焙烧等。

## 153. 液化石油气的相关危害有哪些？

答：液化石油气的相关危害有：

（1）健康危害。液化石油气有麻醉作用。急性中毒：有头晕、头痛、兴奋或嗜睡、恶心、呕吐、脉缓等；重症者可突然倒下，尿失禁，意识丧失，甚至呼吸停止，可致皮肤冻伤。慢性影响：长期接触低浓度者，可出现头痛、头晕、睡眠不佳、易疲劳、情绪不稳以及植物神经功能紊乱等。

（2）环境危害。对环境有危害，对水体、土壤和大气可造成污染。

（3）消防隐患。液化气体泄漏后，蔓延扩散速度快，处置难度大，易造成人员伤亡和财产损失。液化气体泄漏后，救援组织可采取关阀、堵漏、稀释、输转、点燃等措施进行事故处置。

### 154. 液化石油气瓶充装和运输注意事项有哪些？

**答：**液化石油气瓶充装和运输注意事项有：

（1）液化气和空气混合达到一定比例时，遇明火能引起爆炸。如果泄漏在室内，只要达到 2% 浓度时，遇火就能爆炸。

（2）气瓶内的液化气不能用尽，应留有不少于 0.5% ~ 1.0% 规定充装量的剩余气体，这样就可以防止空气进入气瓶，避免发生爆炸事故。

（3）液化气比空气重 1.5 倍，容易积聚在地面或低洼处，一遇明火，将会造成火灾。因此，液化气气瓶应该放于通风良好的地方，在一定距离的范围内不能有明火。

（4）气瓶阀门和管路接头等处要保证不漏气，要经常用肥皂水检查。室内如有液化气泄漏，必须打开门窗，待气味消失为止。用完后，瓶内所剩的残液也是一种易燃物，不能自行倾倒。

（5）气瓶在充装时，不能灌满，必须留出一定的空间，以供液化气体膨胀时占用，一般充满度不应超过气瓶容积的 80% ~ 85%。

（6）在充装液化气前，首先应对使用的钢瓶进行检验，发现钢瓶存在下列情况之一的均不得充气：

1）气瓶的外观损坏或有缺陷的（包括裂缝、严重腐蚀、显著变形等）。

2）定期检验期限已过的；气瓶上的钢印标记不全或不能识别的。

3）瓶体污染严重或沾有油脂的。

4）气瓶的安全附件不全或不符合安全要求的,如阀门不完好的。

（7）在充装液化气时，首先应确定气瓶内所剩的物质与准备充装的液化气是否一致，避免混装。充装气体时严禁过量，并要做好充装的详尽记录，以备查询。

（8）液化气气瓶属受压容器，应认真维护定期检查。在搬运和使用过程中，要防止气瓶坠落或撞击，不准用铁器敲击开启瓶阀。气瓶每隔两年要进行一次定期检查。

（9）禁止将气瓶置于高温热源处或在烈日下。在放置气瓶的室内，应保持通风良好。

## 155. 使用液化石油气安全注意事项有哪些?

答：使用液化石油气安全注意事项有：

（1）使用液化气的房间应安装抽排烟机。

（2）使用液化气的房间不要堆放易燃物品。

（3）贮气钢瓶与燃气灶距离要在 1m 以上。

（4）导气软管一般应取 1.5～2m 为宜。

（5）检验气瓶和灶具开关是否漏气时，要用肥皂水，冒气泡即为漏气，严禁用明火试漏。

（6）用完毕，要先关钢瓶角阀，再关燃气灶开关（开的顺序与此相反），方可离开。

（7）禁止用火烤、水煮或热水烫钢瓶。

（8）使用液化气煮饭时，防止汤水溢出来浇灭火焰，而使液化气泄漏，造成事故。

（9）绝对禁止用户自倒钢瓶中的残液。

## 156. 液化石油气燃爆防范措施有哪些?

答：防止液化气爆炸事故的发生应从加强行政管理、优化工艺和设备、严格操作、加强平时的安全教育和科学的应急措施演练等方面入手。一旦发生泄漏，要积极应对，采取合理的措施，科学有效地制止泄漏，防止发生爆炸。

（1）防止泄漏的发生。首先，储存设备要严密不漏，为此要求按规定制造，并做技术检验，合格方可投入使用，在使用过程中，要定期检查，注意防漏除漏。储存设备要安装必要的安全装置，要建立安全操作规程，并严格执行。其次，对设备材料的选择要适当，要具有良好的防腐性能；密封结构设计应合理，并尽量减少连接部位；焊缝质量要保证，输送管道尽量采用无缝钢管。储存设备不得靠近热源，严禁用明火检漏，可用肥皂水检漏。储存场所要通风良好，不可把储存设备设在地下室，储存设备设在室外应采取遮阳防晒措施。生产操作中应注意防止出现失误操作、错误操作、违章操作；要加强使用明火和非防爆的电气设备业务培训。再次，加强安全教育，提高责任感和消防安全意识，减少人为造成的事故发生。

（2）泄漏事故处理。发生泄漏事故后，要积极应对，事故单位可采取一定的疏散和应急措施。消防部门到达现场后可建立警戒区，立即根据地形、气象等，在距离泄漏点至少 800m 范围内实行全面戒严，划出警戒线，设立明显标志，以各种方式和手段通知警戒区内和周边人员迅速撤离，禁止一切车辆和无关人员进入警戒区。立即在警戒区停电、停火，灭绝一切可能引发火灾和爆炸的火种，以防止爆炸事故发生，造成更大的危害。进入危险区前用水枪将地面喷湿，以防止摩擦、撞击产生火花，作业时设备应确保接地。用喷雾水枪对泄漏的液化气进行稀释，降低警戒区内的液化气浓度，并利用检仪器不断地检测空气中液化气的浓度，采取科学方法制止泄漏。不可盲目处置，防止事故扩大。如果发生泄漏起火事故，应采用水降温的方法冷却受火焰烧烤的储罐，避免发生爆炸，造成更加严重的后果。

## 157. 什么是天然气？

**答**：天然气是指自然界中天然存在的一切气体，包括大气圈、水圈和岩石圈中各种自然过程形成的气体（包括油田气、气田气、泥火山气、煤层气和生物生成气等）。人们长期以来通用的"天然气"的定义，是从能量角度出发的狭义定义，是指天然蕴藏于地层中的烃类和非烃类气体的混合物，在石油地质学中，通常指油田气和气田气，主要由气态低分子烃和非烃气体混合组成。

天然气主要用途是作燃料，可制造炭黑、化学药品，由天然气生产的丙烷、丁烷是现代工业的重要原料。

## 158. 天然气有哪些特性？

**答**：天然气的特性有：

（1）相对密度小（$0.55kg/m^3$），比空气轻，易向高处流动。

（2）天然气与人工煤气、液化石油气等同属可燃气体，如与空气混合达到一定比例，遇火源会发生爆炸，爆炸极限为$5.0\% \sim 15\%$。

（3）热值高，天然气的热值大约是煤气的两倍，是液化石油气的1/3左右。

（4）天然气中所含杂质少，分子结构小，燃烧较充分，排放废气较干净，对居室卫生影响最小，是洁净气体燃料。

（5）天然气比空气轻，泄漏后易于扩散、稀释，密闭空间内应采用上部出风方式通风，危险性较液化石油气要小。

（6）天然气资源丰富，供应较稳定，价格相对稳定。

（7）天然气能源效率高、用途广泛，可应用于发电、城市燃气、工业燃气、化工原料、汽车燃料等。

（8）具有溶解性，能溶解普通橡胶和石化产品，因此用户必须使用耐油的胶管或棉线纺织的塑料管。

### 159. 氢气有哪些用途?

**答:**氢气在冶金工业中有广泛的用途,如冷轧厂的各种退火炉及镀锌炉用氢气作氮氢保护气;氧站制氩的加氢除氧;氮气净化生产中,通氮氢混合气体作还原剂,还原催化铜炉的活性铜;氩气净化中加氢除氧化氩氮;作色谱仪载气;氢氧焰加工玻璃仪器等。氢气在国民经济中也有广泛的用途,如用做保护气、携带和还原气。随着航天技术的发展,液氢还作为优良的火箭推进剂和重要的液体燃料。

### 160. 氢气有哪些性质?

**答:**氢是分布最广的一种元素,它在地球上主要以化合态存在于化合物中,如水、石油、煤、天然气以及各种生物的组成中。

氢气是无色、无味、无臭、无毒气体。氢气易燃易爆,化学活性极强,与氧气、空气混合可形成爆炸性气体。氢气扩散性很强,比空气扩散快 3.8 倍。氢气的相对分子质量小、黏度低,渗透性很强,故易泄漏,氢气的泄漏速率约为空气的两倍。因而,氢气生产、储运和使用过程均容易泄漏,这也是一个危险因素。

氢气还是优良的还原剂,高温下化学活性极大。

### 161. 氢气的危险因素有哪些?

**答:**氢气易燃易爆,与氧气、空气混合可形成爆炸性气体。与氧气混合后的爆炸范围为 4.0% ~ 94.0%;与空气混合后的爆炸范围为 4.0% ~ 74.5%,爆炸下限低,爆炸范围广,火焰温度高(氢氧焰 2830℃),火焰传播速度快,最小引燃能量低(0.02mJ),一个看不见的小火花就能引燃,极其危险,极易燃爆。

氢气的制取方法很多,世界上 96% 的氢气是用天然气及石油转化的,水电解制氢只占 4%。冶金工厂中的氢气站,一般均采用水电解制氢，氢气生产与使用的核心是要防止燃烧与爆炸。

**162. 生产氢气的安全注意事项有哪些?**

**答:** 生产氢气的安全注意事项有:

（1）氢气站属甲类火灾危险性建筑物，必须符合《建筑设计防火规范》（GB 50016—2006）的有关要求，一般应单独建于明火热源的上风向的僻静处，与四周隔离，严禁烟火。站内不准堆放易燃易爆或油类物质，不准穿钉鞋进入。

氢气站的建筑结构必须符合耐火等级要求，一般不低于二级。轻质平盖屋顶，氢气不易积于死角，并考虑足够泄压面积。与其他建筑物间有足够的安全间距，一般为 12~16m。氢气储罐与明火或散发火花的地点、民用建筑、易燃可燃液体储罐和易燃材料堆场等之间的安全距离一般为 25~30m。

（2）氢气站的防雷接地要良好，防止静电感应，避免一切火花引爆。氢气站内要用防爆电器，包括防爆电动机、防爆开关、防爆启动器等。

（3）氢气管道要架空敷设，不许敷设在地沟中或直埋土中，以利排除故障和排出泄漏的氢气，避免燃爆。氢气管道不得穿过无关的建筑物和生活区。管道的最低点要设排水装置，最高点设放散吹刷管，管口设阻火器，防止火星或雷击时火花进入管道。管道上应设氮气吹扫口，用氮气置换氢气后才能进行管道的动火作业。为防止氢气流速过高，与管壁摩擦产生火花和静电感应，要选择适当的管道口径，限制氢气的流速（小于 8m/s）。为杜绝因氢气泄漏而引起火灾，氢气管道要做强度试验与气密性试验，合格的方能投入使用。发现泄漏，要及时处理，消除隐患。

（4）氢气站的水封、安全阀、阻火器等安全装置必须完好。在氢气管路、氢气洗涤器出口、氢气储罐进出口、用户入口等处，均应设置水封，防止回火。冬季要防冻，一般通蒸汽保温。

（5）氢气站要有通风换气设施，防止氢气积聚引爆。室内含氢气量要自动检测，超标报警，或定期进行人工检测，室内含氢气量应低于 0.4%。

（6）电解槽体及碱液系统的设备要防止腐蚀，一般采用不锈钢等耐蚀材料制作。

（7）氢气站不仅要严禁烟火，而且要有严密的安全保卫制度，配置足够的消防器材，如干粉灭火器、四氯化碳灭火器、二氧化碳泡沫灭火器、沙、水及消防氮气管道等。

（8）开车前，必须先用氮气置换系统（包括管路、汽水分离器、洗涤器、储罐等）内的空气，开车后再用氢气赶氮气，避免氢气与空气混合形成爆炸气体。开车前，必须检查电解槽的电极接线，对地绝缘电阻应大于 $1M\Omega$。只有在确认电解液配制质量合格（NaOH 20% ~26% 或 KOH 30% ~40%）、电解槽运行正常、氢气纯度合格后，方能将氢气送入系统。发现电源短路、漏电或出现火花，气体纯度急剧下降，氢气、氧气压差过大，漏气、漏电解液严重，电解液停止循环，电压急剧上升等现象时，要立即停车检查。

（9）停车后对设备、管路、储罐进行清洗。检修、焊接之前，必须先用氮气置换氢气，防止氢气与空气混合形成爆炸性气体，并经过检验，含氢气量低于 0.4% 方准动火。

（10）制氢生产中氢侧与氧侧的压力要均衡，最大压差不超过 1000Pa，防止氢氧互窜，形成爆炸性混合气体。

（11）制氢系统要严格试压查漏，防止泄漏氢气、氧气和碱液。

（12）严禁在室内放散氢气，必须用管道引至室外放散，放散口设阻火器。

（13）加强监测工作。氢气纯度若低于98%，要立即采取措施，防止氢中含氧量过高而引起爆炸。每周测一次极间电压，极间电压要均衡正常，一般为 2.0 ~2.2V。室内氢气浓度也要监测，超标报警。

（14）氢压机的安全防爆尤为重要。氢气升压要缓慢，不得带负荷停车（事故状态例外）。运转时要保证冷却与润滑，注意吸排气阀的工作状况，严禁超温超压运行。汽缸应采用无油、无水润滑，要防止传动装置润滑油被拉杆带入填料盒及汽缸，污染氢气，降低纯度。

（15）氢气储柜要防雷，接地良好。水槽设蒸汽管，防止冬季冻坏储柜泄漏氢气。出入口设有安全隔离水封，事故状态时防止火灾蔓延与爆炸。储柜钟罩位置要有标尺显示，并有高低报警，防止超压或抽负压。

（16）中压氢气球罐比氧气球罐的燃爆危险性更大，必须严格遵循国家有关规定。

（17）一旦氢气着火，必须立即切断气源，保持系统正压，防止回火，立即采取冷却、隔离、灭火等措施，防止事态扩大。

## 163. 氢气瓶使用有哪些注意事项？

答：氢气瓶使用注意事项有：

（1）气瓶必须使用符合国家规定厂家的产品。充装、运输、储存必须遵守国家相关规定。

（2）瓶装氢的成品压力在20℃时为13.5±0.5MPa。用于测量的压力表精度不低于2.5级。

（3）返厂氢气瓶的余压不应低于0.05MPa。余压不符合要求的气瓶、水压试验后的气瓶以及新气瓶等充装前应按规定要求进行加热、抽空和置换。

（4）氢气出厂时应附有质量合格证，其内容至少包括：

1）产品名称、生产厂名称。

2）生产日期或批号、成品压力、主要成分及含量。

3）本部分标准号及产品等级、检验员号。

## 164. 氢气使用安全注意事项有哪些？

答：氢气使用安全注意事项有：

（1）氢气的生产、使用以及贮运应符合《危险化学品安全管理条例》和《特种设备安全监察条例》的相关规定。

（2）氢气为无色、无味、易燃易爆气体。氢气中含氯气、氧气、一氧化碳以及空气等混合物有爆炸危险。由于氢气着火点低，爆炸能高，因此在生产、使用和贮运时要严加注意。以下为这些混合物的爆炸限：

1）氢气和氯气1∶1（体积分数）混合时，在光照下即可爆炸。

2）氢气和氧气混合物的爆炸限为氧气中含氢气的体积分数为4%～95%。

3）氢气和一氧化碳混合物的爆炸限为一氧化碳中含氢气的体积分数为13.5%～49%。

4）氢气和空气混合物的爆炸限为空气中含氢气的体积分数为45%～75%。

（3）氢气在室内积聚，当含量达到爆炸限时有发生爆炸的危险。在氢气氛中，人有被窒息的危险。因此在氢气有可能泄漏或氢气含量有可能增加的地方应设置通风装置，必要时应设置氢气报警仪，对氢气含量进行监测。

（4）检修或处理氢气管道、设备、气瓶等之前，必须先用氮气将氢气含量置换到（或用其他方法）符合动火规定后才能开始工作。

（5）氢气从气瓶嘴泄漏或快速排放时有着火的危险，因此瓶装氢气出厂时，应保证瓶嘴和瓶阀无泄漏并旋紧瓶帽；在使用瓶装氢气时，应缓慢开启瓶阀。

（6）瓶装氢气应存放于无明火，远离热源、氧化剂，通风良好的地方。氢气瓶库房的建筑、电气、耐火以及防爆要求等应符合相关的规定。

# 第4章 特种作业常识

## 165. 气焊的基本原理有哪些？

**答**：气焊是利用可燃气体和氧气在焊炬中混合后，由焊嘴中喷出，点火燃烧，产生热量来熔化被焊件接头处与焊丝形成牢固的接头，主要用于薄钢板、有色金属、金属铁件、刀具的焊接以及硬质合金等材料的堆焊和磨损件的补焊。

## 166. 气割的基本原理是什么？

**答**：气割是利用预热火焰将被切割的金属预热到燃点，再向此处喷射高纯度、高速度的氧气流，使金属燃烧形成金属氧化物，即熔渣。熔渣被高速氧气流吹掉，与此同时，燃烧热和预热火焰又进一步加热下层金属，使之达到燃点，并进行燃烧。这种"预热→燃烧→去渣"的过程重复进行，即形成切口，移动割炬就能把金属逐渐割开。

## 167. 什么叫回火？

**答**：回火是在气割作业中，氧气与乙炔气体在割枪的混合气室燃烧，并向乙炔气胶管扩散倒燃的现象。轻则在割枪内发生啪啪的爆炸声，重则会烧化割枪或导致爆炸。

## 168. 引起回火的主要原因有哪些？

**答**：引起回火的主要原因有：
(1) 熔融金属的飞溅物及乙炔的杂质等堵塞割嘴。
(2) 割嘴过热，混合气体受热膨胀，压力增高，流动阻力增大。

（3）割嘴过分接近熔融金属，割嘴喷孔附近的压力增大，混合气体流动不畅。

（4）胶管受压、阻塞或打折等，致使气体压力降低。

（5）当瓶内氧气快用完，压力降低时，无法将乙炔带出来，火焰也会烧进去。

### 169. 回火处理办法有哪些?

**答：**如果操作中发生回火，首先急速关闭切割氧气调节阀，再关闭乙炔调节阀，最后关闭预热氧调节阀。待回火熄灭后，将割嘴放入水中冷却，然后打开氧气吹割嘴内烟灰，再重新点火。此外，在紧急情况下可将割枪上的乙炔管打折或拔下来。

所以，一般要求氧气管必须与割枪连接牢固，而乙炔管与割枪连接以不漏气并容易接上或拔下为准。

### 170. 在密闭容器内气焊、气割有哪些要求?

**答：**除严格遵守焊割作业安全规范外，还要特别注意以下几点：

（1）要有良好的通风。

（2）工作 1h 左右就应换人，出容器休息。

（3）使用的照明必须是 12V 以下的安全电压。

（4）严禁将漏气的割枪带入容器内，以免引发爆炸。

### 171. 为什么气瓶内要存留些剩余气体?

**答：**如果气瓶不留余气，性能相抵触的气体可能侵入。即使当时未爆炸，下一次使用时仍有发生爆炸的危险。所以，乙炔气瓶不低于 0.05MPa 剩余压力，氧气瓶的余压不应低于 0.2MPa。如果已经用到这样的压力，应立即将瓶阀关紧，不让余气漏掉。

### 172. 气焊与气割作业有哪些安全规定?

**答：**气焊与气割作业的安全规定有：

（1）必须经培训合格，持有特种作业操作证上岗。

（2）上岗前必须按规定穿戴好劳护用品，作业时，必须戴好防护眼镜。

（3）乙炔瓶必须装有减压器和回火防止器；开启瓶阀时，焊工应站在阀口侧后方，开启的动作要轻缓，阀门一般情况只开启3/4圈。

（4）氧气管用红色，乙炔管用黑色，无老化、裂纹、扎孔漏气。

（5）乙炔瓶严禁卧放使用。距明火必须保持10m以上，两瓶距离不得小于5m。

（6）两瓶不得同车运输和储存，防震圈必须完好无损。

（7）气瓶嘴严禁有油脂或油污，否则会燃烧。瓶内气体必须留有剩余压力。

（8）夏季室外作业超过40℃时，必须做好遮挡。严禁在气瓶体上进行电焊引弧。

（9）在煤气、带压、带电设备上作业，必须办理动火证，采取可靠措施，派专人监护。

（10）容器具必须先检查、冲洗置换，动火前半小时进行采样分析，合格后再作业。

（11）密闭空间作业，应先打开人孔，使空气流通，检测合格方可作业。设专人监护，无人工作时，割枪拿出。

（12）禁止焊接与切割悬挂在起重机上的工件。

（13）切割工件应垫高100mm以上，不得直接在水泥地面上切割，以防爆炸伤人。

（14）雨雪天、大风6级以上时，禁止露天作业。

（15）高处焊接作业，气瓶不得放在作业正下方，防止飞溅火花引爆气瓶。

## 173. 电焊机的工作原理是什么？

**答：**我国交流手弧焊机空载电压为65～85V，直流手弧焊机为 55～90V。

引弧后，焊条端点与焊接点发射电子，空气被击穿而导电，同时产生耀眼的火花，温度能达到 6000℃以上，使焊条和焊件被溶化，从而实现了焊接。

电焊机空载电压虽然低，而人体所能承受的安全电压为 30～45V，容易触电。

### 174. 电弧焊作业有哪些安全注意事项？

**答：** 电弧焊作业安全注意事项有：

（1）焊工必须经过培训合格，持证上岗。

（2）作业时应穿戴防护用品，高处作业时系安全带。

（3）焊机各接线点必须牢固良好，一次线不准超过 3m。

（4）焊机应设独立的电源开关，做到一机一闸一漏电保护。

（5）焊机外壳必须有良好的接地保护，二次线不准有 3 个以上的接头。

（6）严禁一台焊机接 2 个以上焊钳作业。

（7）禁止用建筑物金属构架和设备等作为焊接回路。

（8）禁止带电处理电焊机故障或接二次线，接一次线必须由电工操作。

（9）焊接暂停时，焊钳必须与焊件分开。作业完成后必须拉闸断电。

（10）清除焊渣应戴防护镜或面罩。更换焊条时，要戴干燥的手套。

（11）危险区、压力管道和容器以及受力构件上严禁焊接和切割。

（12）使用过的容器，应置换清洗，并打开所有孔口，经检测确认安全后方可作业。

（13）在密闭容器内施焊时，应采取通风措施。照明电压不得超过 12V。

（14）施焊地点潮湿，焊工应在干燥的绝缘板或胶垫上作业。

（15）焊接现场 10m 范围内不得堆放易燃易爆物品。

（16）雨雪、风力六级以上天气不得露天作业。

### 175. 为什么在手套、衣服和鞋潮湿时容易触电？

**答：**焊机空载电压为 55～90V，手与焊钳接触，脚穿绝缘鞋，两脚着地的电阻为 5000Ω，加上人体电阻 1000Ω，则通过的人体电流为 12mA，这时，焊工手部会有麻木感觉。

如果在手套、衣服和鞋潮湿的情况下操作，此时通过人体电阻为 1600Ω，手一旦接触焊钳，通过人体的电流为 44mA（人体允许电流一般可按 30mA 考虑），这时，焊工的手部会发生痉挛，不能摆脱焊钳，非常危险。

### 176. 焊割"空"油桶应采取哪些安全措施？

**答：**所谓"空"油桶，其实并非空的，仔细观察，里面尚存留残油。残油虽少，但遇到明火高温，迅速汽化后，也会达到爆炸浓度极限，仍有爆炸的危险。为了防止这类事故发生，也必须进行彻底清洗。清洗方法有以下几种：

（1）一般燃料容器，可用 1L 水加 100g 烧碱仔细清洗，时间可视容器的大小而定，一般约 0.5h，洗后再用强烈水蒸气吹刷。

（2）当洗刷装有不溶于碱液的矿物油的容器时，可采用 1L 水加 2～3g 水玻璃或肥皂的溶液。

（3）汽油容器的清洗可采用水蒸气吹刷，吹刷时间视容器大小而定，一般 2～24h。

如清洗不易进行时，把容器装满水以减少可能产生爆炸混合气体空间，但必须使容器上部的口敞开，防止容器内部压力增高。

### 177. 焊工作业"十不烧"有哪些要求？

**答：**焊工作业"十不烧"的要求如下：

（1）焊工没有操作证，且没有正式焊工在场指导，不能焊割。

（2）凡属特级、一级、二级动火范围的作业，未经审批不得擅自焊割。

（3）不了解作业现场及周围情况，不能盲目焊割。

（4）不了解被焊割件的内部是否安全，不能焊割。

（5）盛装过易燃易爆、有毒物质的容器，未经彻底清洗，不能焊割。

（6）用可燃性材料做保温层的部位及设备未采取可靠的安全措施，不能焊割。

（7）有压力或密封的容器、管道在没有采取有效安全措施之前，不能焊割。

（8）作业点附近有易燃爆物，在未彻底清理或未采取安全措施之前，不能焊割。

（9）作业点与外单位有接触，在未采取安全措施前，不能焊割。

（10）作业点附近有与明火相抵触的工种作业时，不能焊割。

## 178. 焊接电光性眼炎容易发生的情况有哪些？

答：焊接电光性眼炎容易发生的情况有：

（1）初学焊接者。

（2）辅助工在辅助焊接时未戴防护眼镜。

（3）无关人员通过焊接场地，受到临近光的突然强烈照射。

（4）同一场地内几部焊机联合作业。

（5）工作场所照明不足，看不清焊缝，以致有先引弧、后戴面罩的情况。

（6）空间狭小，弧光通过容器内壁的反射，造成对操作人员的间接照射。

（7）防护面罩的镜片破裂而漏光。

**179. 电光性眼炎对人体有何危害?**

**答:**轻症早期仅有眼部异物感和不适。重症则有眼部烧灼感和剧痛、流泪、眼睑痉挛、视物模糊不清,有时伴有鼻塞、流涕症状。

轻症约 12~18h 后可自行稍退,1~2 天内即可恢复。重症病情持续时间较久,可长达 3~5 天。

**180. 电光性眼炎如何治疗?**

**答:**电光眼后,要在第一时间用大量清水冲洗眼睛,注意事项如下:

(1)不要揉眼睛,以免加重损伤。

(2)用新鲜人奶或牛奶滴眼,每分钟 1 次,每次 4~5 滴,数分钟后症状即可减轻。

(3)用冷湿毛巾冷敷眼部。

(4)口服止痛药和镇静药。

(5)用抗菌眼药水或眼膏,以防止眼部感染。

(6)电光眼严重,症状又不缓解时,应及时到医院治疗。

(7)平常可配备电光眼药水和安乃近片剂,以备急用。

(8)急性期治疗应卧床闭目休息,并戴墨镜,以避免光线对眼睛的刺激。

**181. 对电光性眼炎的防护措施有哪些?**

**答:**对电光性眼炎的防护措施如下:

(1)使用符合规定的面罩。一般宜用 3~7 号的黄绿色镜片。

(2)设立不透光的防护屏,屏底距地面应留有不大于 300mm 的间隙。

(3)合理组织劳动和作业布局,以免作业区过于拥挤。

(4)注意眼睛的适当休息。

## 182. 什么叫动火？

**答：** 在易燃易爆物质存在的场所，如有着火源就可能造成燃烧爆炸。在这种场所进行可能产生火星、火苗的操作就叫动火。动火作业类别如下：

（1）一切能产生火星、火苗的作业，如检修时需要进行的电焊、气割、气焊、喷灯等作业。

（2）在煤气、氧气的生产设施、输送管道、储罐、容器和危险化学品的包装物、容器、管道及易燃爆危险区域内的设备上，能直接或间接产生明火的施工作业。

（3）电路上安设刀形开关和非防爆型灯具，使用电烙铁等。

（4）用铁工具进行敲打作业，凿打墙眼和地面。

凡动火作业，需要经过批准，并妥善安排落实保证安全的措施。

## 183. 动火分析合格判定标准是多少？

**答：** 动火检测不宜过早，一般不要早于动火前半小时。如果动火中断半小时以上，应重做动火检测。取样要有代表性，即在动火容器内上、中、下各取一个样，再做综合检测。检测试样要保留到动火之后，检测数据应做记录，检测人员应在分析化验报告单上签字。用测爆仪测试时，不能少于 2 台同时测试，以防测爆仪失灵造成误测而导致动火危险。若当天动火未完，则第二天动火前也必须经动火分析合格，方可继续动火。

（1）如使用 CO 检测仪、$O_2$ 检测仪或其他类似手段时，动火分析的检测设备必须经被测对象的标准气体样品标定合格，被测的气体浓度应小于或等于爆炸下限的 20%。

（2）使用其他分析手段时，被测气体的爆炸下限大于等于 4% 时，其被测浓度小于等于 0.5%；当被测气体的爆炸下限小于 4% 时，其被测浓度小于等于 0.2%。

（3）氧气含量应为 18% ~22%（《工业企业设计卫生标准》

（GB Z1—2010）），在富氧环境下不得大于23%。

（4）动火分析合格后，动火作业须经动火审批的安全主管负责人签字后方可实施。

太钢煤气设备动火检测标准见表4-1。

表4-1 太钢煤气设备动火检测标准

| 置换方式 | 检测方法 | 分析项目 | 合格标准 | 备 注 |
|---|---|---|---|---|
| N₂置换焦炉煤气 | 可燃气体检测仪 | 可燃气体 | CO含量小于0.005%<br>爆炸下限小于爆炸极限的5% | 外部动火检修标准 |
| N₂置换高炉煤气 | CO气体检测仪 | CO含量 | CO含量小于0.005% | 外部动火检修标准 |
| 空气置换N₂ | O₂检测仪 | CO和O₂含量 | CO含量小于0.005%<br>O₂含量大于19.5%<br>爆炸下限（LEL）无 | 进入焦炉煤气设备内部动火检修标准 |
| N₂置换空气 | O₂检测仪 | O₂含量 | O₂含量小于1% | 送煤气标准 |
| 煤气置换N₂ | 测爆筒 | | 筒内无鸣爆声，火焰由筒口向内部缓慢燃烧 | 煤气点火标准 |

**184. 在停产的煤气设备上动火有哪些安全要求？**

**答：** 在停产的煤气设备上动火，应严格遵守以下安全规定：

（1）必须提前办理动火证，确定动火方案、安全措施、责任人，做到"三不动火"，即没有动火证不动火，防范措施不落实不动火，监护人不在现场不动火。

（2）消除动火现场安全隐患，对动火区域火源和热源进行处理，易燃物移离。

（3）可靠地切断煤气来源，堵盲板或封水封。

（4）用蒸汽或氮气吹扫置换设备内部的煤气，不能形成死角，然后用可燃气体检测仪进行测定，CO含量小于0.005%，并取空气样分析氧气含量为18%~22%。必须打开上、下人孔以及放散管等保持设施内自然通风。

（5）在天然气、焦炉煤气、发生炉及混合煤气管道动火，必须向管道内通入大量蒸汽或氮气，在整个作业中不准中断。

（6）将动火处两侧积污清除 1.5～2m，清除的焦油、萘等可燃物要严格妥善处置，以防发生火灾。若无法清除，则应装满水或用砂子来掩盖好。

（7）进入煤气设备内工作时，安全分析取样时间不得早于动火前 30min，检修动火中每 2h 必须重新分析，工作中断后恢复工作前 30min 也要重新分析。取样要有代表性，防止死角。当煤气比重大于空气时，取中、下部各一气样；煤气比重小于空气时，取中、上部各一气样。

（8）经 CO 含量分析后，允许进入煤气设备内工作时，应采取防护措施，并设专职监护人。

（9）动火完毕，施工部位要及时降温，清除残余火种，切断动火作业所用电源，还要验收、检漏，确保工程质量。

### 185. 煤气设备内作业有哪些安全要求？

答：煤气设备内作业的安全要求如下：

（1）安全隔绝。应采取以下措施进行安全隔离：

1）设备上所有与外界连通的管道、孔洞均应与外界有效隔离，可靠地切断气源、水源。管道安全隔绝可采用插入盲板或拆除一段管道进行隔绝。不能用水封或阀门等代替。

2）设备上与外界连接的电源有效切断，并悬挂"设备检修，禁止合闸"的安全警示牌。

3）在距作业地点 40m 以内严禁有火源和热源，并应有防火和隔离措施。

（2）清洗和置换。进入设备内作业前，必须对设备内进行清洗和置换，并要求氧气含量达到 18%～22%，作业场所 CO 的工业卫生标准为 30mg/m³（24ppm），在设备内的操作时间要根据 CO 含量不同而确定。

（3）通风。要采取措施，保持设备内空气良好流通。打开所有人孔、料孔、风门、烟门进行自然通风。必要时，可采取机械通风。采用管道送风时，通风前必须对管道内介质和风源进行分析确认，不准向设备内充氧气或富氧气空气。

（4）定时检测。作业前，必须对设备内气体采样分析，分析合格后办理受限空间作业证，方可进入设备。作业中要加强定时检测，氧气含量如不在 18% ~ 22% 范围内，要及时采取措施并撤离人员。作业现场经处理后，取样分析合格方可继续作业。

（5）照明和防护措施。这些措施主要有：

1）应根据工作需要穿戴合适的劳保用品，不准穿戴化纤织物，佩戴隔离式防毒面具，佩戴安全带等。

2）设备内照明应使用 36V 安全电压，在潮湿、狭小容器内作业照明应使用 12V 以下安全电压。

3）在煤气场所作业必须使用铜质工具，使用超过安全电压的手持电动工具，必须按规定配备漏电保护器，临时用电线路装置应按规定架设和拆除，线路绝缘保证良好。

（6）要继续监护。主要监护措施有：

1）进入容器工作时，容器外必须设专人进行监护，负责容器内工作人员的安全，不得擅自离开，监护人员与设备内作业人员加强联系，时刻注意被监护人员的工作及身体状况，视情况轮换作业。

2）进入设备前，监护人应会同作业人员检查安全措施，统一联系信号。出现事故，救护人员必须做好自身防护，方能进入设备内实施抢救。

## 186. 带煤气抽堵盲板作业有哪些安全要求？

**答**：带煤气抽堵盲板作业有较大的危险性，为确保安全，作业人员应注意遵循以下安全规定：

（1）准备工作。内容包括：

1）准备好盲板胶圈、螺栓等相关的备件和工具以及安全防护器具；抽堵 $DN1200\text{mm}$ 以上盲板时，要考虑起吊装置和防止管道下沉措施。

2）检查盲板电器设备、夹紧和松开器是否合格。旧螺栓提前加油、松动或更换。

（2）抽堵作业。安全要求有：

1）必须经煤气防护部门和施工部门双方全面检查确认安全条件后，方可作业。

2）在抽堵盲板作业区域内严禁行人通过，在作业区 40m 以内禁止有火源和高温源，如在区域内有裸露的高温管道，则应在作业之前将高温管道做绝热处理；抽堵盲板作业区要派专人警戒。

3）煤气压力应保持稳定，不低于 3000Pa；在高炉煤气管道上作业，压力最高不大于 4500Pa；在焦炉煤气管道上作业，压力不大于 3500Pa。

4）在加热炉前的煤气管道进行抽堵盲板作业时，应先在管道内通入蒸汽以保持正压。

5）在焦炉地下室或其他距火源较近的地方进行抽堵盲板作业时，禁止带煤气作业；作业前应事先通蒸汽清扫并在保持蒸汽正压的状态下方可操作。

6）带煤气作业应使用铜质工具，以防产生火花引起着火和爆炸。

7）参加抽堵盲板作业人员所使用的空气呼吸器及防护面罩均应安全可靠，如在作业中呼吸器空气压力低于 5MPa 或发生故障时，应立即撤离煤气区域。

8）参加抽堵盲板作业人员严禁穿带钉鞋。

9）在抽堵盲板作业时，法兰上所有螺栓应全部更新，卸不下来的螺栓可在正压状态下动火割掉，换上新螺栓拧紧，但是禁止同时割掉两个以上螺栓，以防煤气泄漏着火。

10）在抽堵盲板作业区内应清除一切障碍。

11）煤气管道盲板作业（高炉、转炉煤气管道除外）均需设接地线，用导线将作业处法兰两侧连接起来，其电阻应为零。

12）焦炉煤气或焦炉煤气与其他煤气的混合煤气管道，抽堵盲板时应在法兰两侧管道上刷石灰浆 1.5～2.0m，以防止管道及法兰上氧化铁皮被气冲击而飞散撞击产生火花。抽插焦炉煤气盲板时，盲板应涂以黄油或石灰浆，以免摩擦起火。

13）大型作业或危险作业事先应做好救护、消防等项准备工作，遇到雷雨天严禁作业。

## 187. 受限空间作业安全要点有哪些？

答：受限空间作业安全要点有：

（1）受限空间作业前应办理"受限空间安全作业证"。

（2）进行可靠的安全隔绝、置换，检测氧气含量一般为 18%～22%，在富氧气环境下不得大于 23%。

（3）打开人孔、烟道门等自然通风，或者采取强制通风。

（4）在缺氧或有毒的受限空间作业时，应佩戴隔离式防护面具，必要时作业人员应系上救生绳。

（5）在易燃易爆、酸碱的受限空间作业时，应穿防静电、防酸碱劳动保护用品及使用防爆型低压灯具和不发生火花的工具。

（6）受限空间照明电压应小于等于 36V，在潮湿容器、狭小容器内作业电压应小于等于 12V。

（7）使用超过安全电压的手持电动工具作业或进行电焊作业时，应配备漏电保护器。在潮湿容器中，作业人员应站在绝缘板上，同时保证金属容器接地可靠。

（8）受限空间作业，在受限空间外应设有专人监护。

（9）难度大、劳动强度大、时间长、温度高的受限空间作业应采取轮换作业。

（10）作业前后应清点作业人员和作业工器具。离开受限空间，应将作业工器具带出。

（11）作业结束后，由受限空间所在单位和作业单位共同检查受限空间内外，确认无问题后方可封闭受限空间。

## 188. 在电气作业中高压与低压是怎样划分的？

**答**：凡额定电压在 1kV 以下者称为低压；在 1kV 及以上者称为高压；在 330kV 及以上者为超高电压；在 1000kV 及以上者称为特高压。

对地电压在 250V 以上的为高压设备；对地电压在 250V 以下的为低压设备。

## 189. 什么是安全电流？

**答**：电流通过人体时，对人体机能组织不造成伤害的电流值，即为安全电流。

通常取触电时间不超过 1s 的安全电流值为 30mA。在空中、水里等可能因电击造成严重二次事故的场合，人体允许电流应为 5mA。

## 190. 什么是感知电流？

**答**：感知电流是指在一定概率下，通过人体引起人的任何感觉的最小电流。对于不同的人，感知电流是不同的，与个体的生理特征、人体与电极的接触面积等有关。感知电流一般不会对人体造成伤害，但当电流增大时感觉增强，反应变大，可能导致坠落、摔伤等二次事故。小型携带设备最大泄漏电流为 0.5mA，大型移动设备最大泄漏电流为 0.75mA。

对应于概率为 50% 的感知电流，成年男子约为 1.1mA，成年女子约为 0.7mA；对于直流电，约为 5mA。

## 191. 什么是摆脱电流？

**答**：通过人体的电流超过感知电流时，人体肌肉收缩增加，刺痛感觉增强，感觉部位扩展，至电流增大到一定程度，触电者因肌肉收缩产生痉挛而紧抓带电体，不能自行摆脱电极。人触电后能自行摆脱电极的最大电流称为摆脱电流。摆脱电流的能力是随着触电时间的延长而减弱的，如触电者不能及时摆脱电流，后果不堪设想。

对应于概率为50%的摆脱电流，成年男子约为16mA，成年女子约为10.5mA；对于直流电，平均约为50mA。

## 192. 什么是致命电流？

**答**：在较短时间内危及生命的最小电流称为致命电流。一般情况下通过人体的电流超过50mA时，心脏就会停止跳动，出现致命的危险。

## 193. 通过人体电流的大小对人体伤害症状有哪些？

**答**：通过人体电流的大小对人体伤害症状有：

（1）0.5～1mA时，人就有手指、手腕麻或痛的感觉。

（2）8～10mA时，针刺感、疼痛感增强，发生痉挛而抓紧带电体，但终能摆脱带电体。

（3）20～30mA时，会使人迅速麻痹不能摆脱带电体，而且血压升高，呼吸困难。

（4）50mA时，人就会呼吸麻痹，心脏开始颤动，数秒钟就会致命。

## 194. 电流通过人体的途径与危害程度有哪些？

**答**：电流通过人体的途径与危害程度有：

（1）头部：破坏脑神经，使人死亡。

（2）脊髓：破坏中枢神经，使人瘫痪。

（3）肺部：呼吸困难。

（4）心脏：引起心脏颤动或停止跳动而死亡。

通过人体途径最危险的是从手到脚，其次从手到手，危险最小的是从脚到脚。

### 195. 什么是安全电压？

答：安全电压是指人体较长时间接触带电体而不会发生触电危险的电压。我国安全电压额定等级有 42V、36V、24V、12V、6V。

（1）安全电压选用原则：

1）在湿度大、狭窄、行动不便、周围有大面积接地导体的场所（如金属容器内、隧道内、矿井内）使用的手提照明灯安全电压应采用 12V。

2）凡手提一般照明灯、携带式电动工具等，安全电压均采用 24V 或 36V。

（2）使用安全电压注意事项：

1）使用安全电压应由隔离变压器提供。

2）隔离变压器应采用原副线圈分绕的安全隔离电源。

3）采用 12～36V 安全电压的行灯，禁止使用灯头开关。

4）手提行灯在灯泡外面应有可靠的金属保护网。

### 196. 什么是安全距离？

答：为了防止人体、车辆触及或过分接近带电体，避免发生电气事故，在人体与带电体设施之间，均需保持一定距离，称为安全距离。

我们通常以一臂长的距离作为安全距离。

### 197. 什么是短路？

答：在电路中，电流不通过电器，直接连接电源两极，则电源短路。使电流忽然增大，瞬间放热，大大超过线路正常工作时的发热量，不仅能使绝缘烧毁，而且能使金属熔化，引起可燃物燃烧发生火灾。

### 198. 电气短路的原因有哪些？

答：电气短路的原因有：

（1）安装和检修中的接线和操作错误，可能引起短路。

（2）电气设备或线路发生绝缘老化、变质。

（3）由于外壳防护等级不够，导电性粉尘进入电气设备内部。

（4）因防范措施不到位，小动物、真菌及其他植物也可能导致短路。

（5）由于雷击等过电压、操作过电压的作用，电气设备的绝缘遭到击穿而短路。

（6）室外架空线的线路松弛，大风作用下碰撞。

（7）线路安装过低与各种运输物品或金属物品相碰造成短路。

## 199. 安全用电的基本原则有哪些?

**答：** 安全用电的基本原则有：

（1）防止电流经由身体的任何部位通过，工作时应穿长袖工装和绝缘鞋。

（2）防止人身遭受触电危险，必须将电气设备进行有效的接地或接零。

（3）使所在场所不会发生因过热或电弧引起燃烧或灼伤。

（4）故障情况下，能在规定的时间内自动断开电源。

## 200. 电气作业"十不准"是指什么?

**答：** 电气作业"十不准"是指以下方面：

（1）非持证电工不准装接电气设备。

（2）任何人不准玩弄电气设备和开关。

（3）不准使用绝缘损坏的电气设备。

（4）不准利用电热设备和灯泡取暖。

（5）任何人不准启动挂有警告牌的电气设备，或合上拔去的熔断器。

（6）不准用水冲洗、擦拭电气设备。

（7）保险丝熔断时，不准用容量大的熔丝或其他金属丝代替。

（8）不办任何手续，不准在埋有电缆的地方进行打桩和动土。

（9）有人触电，应立即切断电源进行抢救，未脱离电源前不准直接拉扯触电者。

（10）雷雨天气，不准接近避雷器和避雷针。

## 201. 电工作业十五个"不送电"的要点是什么？

答：电工作业十五个"不送电"的要点如下：

（1）线路状态不清楚不送电。

（2）线路走向不清楚不送电。

（3）线路绝缘不良不送电。

（4）线路故障不排除不送电。

（5）变压器油色不良不送电。

（6）变压器漏油不送电。

（7）设备设施绝缘性能不良不送电。

（8）设备接线不可靠不送电。

（9）准备不充分不送电。

（10）操作联络不畅不送电。

（11）高压电源不良不送电。

（12）某一环节有疑点不送电。

（13）未填写操作票不送电。

（14）送电操作程序不清楚不送电。

（15）操作票和送电操作程序未经有关部门审批确认后不送电。

## 202. 电气安全作业二十个"确认"是什么？

答：电气安全作业二十个"确认"是指以下内容：

（1）确认工作任务、详细内容以及完工的时间。

（2）确认工作现场环境、气象条件是否适合开工以及线路倒送电情况。

（3）确认工作小组成员结构是否合理以及员工身体状况。

（4）确认停、送电方案是否合理、安全。

（5）确认操作票是否填写正确。

（6）确认到现场人数及携带工具是否安全可靠。

（7）确认停电时的断路器是否分断、操作电源是否切断。

（8）确认线路、进线刀闸是否彻底分断及分断行程是否安全。

（9）确认验电笔是否正常并验明停电情况。

（10）确认接地线端是否接线可靠及线路放电是否彻底。

（11）确认接地线挂接是否牢固、不易脱落。

（12）确认绝缘隔离板挂靠是否有效。

（13）确认作业区域安全设施是否齐全有效以及留有安全紧急出口。

（14）确认作业人员是否在安全的区域内。

（15）确认作业完毕后，工作人员是否全部退出作业区。

（16）确认所有临时挂接的安全设施清理完毕，数量准确。

（17）确认线路上其他相关场所是否有人"搭车"检修。

（18）确认电气保护装置是否完好。

（19）确认所有送电条件是否具备。

（20）确认送电后一切正常。

**203. 安全停电有哪些步骤?**

**答:** 安全停电步骤如下:

（1）停电。对所有能够给检修送电的线路全部切断，并采取防止误合闸的措施，而且每处至少要有一个明显的断开点。对于多回路的线路，要防止其他方面突然来电，特别要注意防止低压方面的反馈电。

（2）验电。对已停电的线路或设备验电，即使电压表指示无电,也应进行验电。验电时,应按电压等级选用相应的验电器。

(3)放电。放电是消除被检修设备上残存的静电。放电应采用大于 2.5mm 的导线,人手不得与放电导体相接触。电容器和电缆的残存电荷较多,最好用专门的放电设备。

(4)接地线。为了防止意外送电和二次系统意外的反馈电以及消除感应电,应对被检修设备临时接地线。临时接地线的装拆顺序一定不能弄错。装时,先接接地端,拆时,后拆接地端。

(5)设遮栏。在部分停电检修时,应将带电部分遮拦起来,使检修工作人员与带电导体之间保持一定的距离。

(6)挂警牌。在被检修设备的开关上,应挂上"有人工作,禁止合闸"的标示牌;在临近带电部位的遮栏上,应挂上"止步,高压危险"的标示牌。

### 204. 哪些电气设备必须进行接地或接零保护?

**答:** 以下的电气设备必须进行接地或接零保护:

(1)发电机、变压器、电动机、高低压电器和照明器具的底座和外壳。

(2)互感器的二次线圈。

(3)配电盘和控制盘的框架。

(4)电动设备的传动装置。

(5)室内外配电装置的金属架构,混凝土架和金属围栏。

(6)电缆头和电缆盒外壳,电缆外皮与穿线钢管。

(7)电力线路的杆塔和装在配电线路电杆上的开关设备及电容器。

### 205. 企业对临时用电安全有哪些管理规定?

**答:** 企业对临时用电安全有以下一些管理规定:

(1)用电部门申请,经有关部门审批后,由电工进行作业。

(2)临时用电线路架空时,不能采用裸导线。架空高度在室内不得低于 2.5m，户外不得低于 3.5m，穿越道路不得低于 5m。严禁在树上或脚手架上架设临时用电线路。

（3）临时用电设施必须安装符合规范要求的漏电保护器。移动工具、手持式电动工具应一机一闸一保护。

（4）所有的电气设备外壳必须有良好的接地线。

（5）临时用电线路使用不得超过 15 天。

**206. 什么是人体触电？人体触电有几种形式？**

**答：**由于人体组织有 60％ 以上是由含有导电物质的水分组成，所以人体是电的良导体。当人体触及带电部位而构成电流回路时，电流通过人体，造成人体器官组织损伤甚至死亡，称为触电，分别为单相触电、两相触电、跨步电压触电和接触电压触电。

（1）单相触电。单相触电是指人体直接接触带电设备或线路的一相导体时，电流通过人体而发生的触电（如图 4-1 所示）。据统计，单相电击事故占全部触电事故的 70％ 以上。

（2）两相触电。人体同时触及两相带电体而发生的触电，称为两相触电（如图 4-2 所示）。两相触电作用在人体上的电压为线电压，所以其触电的危险性最大。

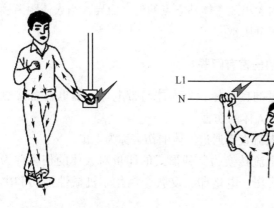

图 4-1　单相触电　　　　　　　图 4-2　两相触电

（3）跨步电压触电。当电线断落在地面时，电流就会从电线的着地点向四周扩散。这时如果人站在高压电线着地点附近（20m 以内），人的两脚之间（0.8m 左右）就会有电压，并有电流通过人体造成触电，这种触电称为跨步电压触电（如图 4-3 所示）。

图 4-3　跨步电压触电

（4）接触电压触电。接触电压是指人站在发生接地短路故障设备的旁边，触及漏电设备的外壳时，其手、脚之间所承受的电压。接触电压的大小随人体站立点的位置而异，当人体距离接地体越远时，接触电压越大。

**207. 电流对人体的伤害有哪些？**

**答：** 人体是电的良导体，当人体与带电体、漏电设备接触时，均可能导致对人体的伤害。

（1）电击。电流直接通过人体的伤害称为电击。

（2）电伤。电流转换为其他形式的能量对人体的伤害称为电伤，主要有电灼伤、电烙印、皮肤金属化、机械性损伤和电光眼。

（3）电磁场生理伤害。电磁场生理伤害是指在高频电磁场的作用下，使人呈现头晕、乏力、记忆力衰退、失眠、多梦等神经系统的症状。

### 208. 触电事故有哪些规律？

**答：** 为防止触电事故，应当了解触电事故的规律。根据对触电事故的分析，从触电事故的发生率上看，可找到以下规律：

（1）触电事故季节性明显。统计资料表明，每年 2～3 季度事故多。特别是 6～9 月，事故最为集中。主要原因：一是这段时间天气炎热，人体衣单而多汗，触电危险性较大；二是这段时间多雨、潮湿，地面导电性增强，容易构成电击电流的回路，而且电气设备的绝缘电阻降低，容易漏电。

（2）低压设备触电事故多。其主要原因是低压设备远远多于高压设备，与之接触的人比与高压设备接触的人多得多，而且都比较缺乏电气安全知识。应当指出，在专业电工中，情况是相反的，即高压触电事故比低压触电事故多。

（3）携带式设备和移动式设备触电事故多。其主要原因是这些设备是在人的紧握之下运行，不但接触电阻小，而且一旦触电就难以摆脱电源；设备需要经常移动，工作条件差，设备和电源线都容易发生故障或损坏；此外，单相携带式设备的保护零线与工作零线容易接错，也会造成触电事故。

（4）电气连接部位触电事故多。统计资料表明，很多触电事故发生在接线端子、缠接接头、压接接头、焊接接头、电缆头、灯座、插销、插座、控制开关、接触器、熔断器等分支线、接户线处。主要是由于这些连接部位机械牢固性较差、接触电阻较大、绝缘强度较低以及可能发生化学反应。

（5）错误操作和违章作业造成的触电事故多。统计资料表明，有 80% 以上的事故是由于错误操作和违章作业造成的。其主要原因是由于安全教育不够、安全制度不严和安全措施不完善、操作者素质不高等。

（6）不同行业触电事故不同。冶金、矿业、建筑、机械行业触电事故多。由于这些行业的生产现场经常伴有潮湿、高温、现场混乱、移动式设备和携带式设备多以及金属设备多等不安全因素，以致触电事故多。

（7）不同年龄段的人员触电事故不同。中青年工人、非专业电工、合同工和临时工触电事故多。其主要原因是由于这些人是主要操作者，经常接触电气设备；而且，这些人经验不足，又比较缺乏电气安全知识，其中有的责任心还不够强，以致触电事故多。

从造成事故的原因上看，很多触电事故都不是由单一原因，而是由两个以上的原因造成的。但触电事故的规律不是一成不变的，例如，低压触电事故多于高压触电事故在一般情况下是成立的，但对于专业电气工作人员来说，情况往往是相反的。

### 209. 预防触电的安全技术有哪些？

答：预防触电的安全技术如下所述：

（1）预防直接触电的安全措施。主要有：

1）绝缘。绝缘是用绝缘物把带电体封闭起来。电气设备的绝缘不得受潮，不得有裂纹、破损或放电痕迹，运行时不得有异味；任何情况下绝缘电阻不得低于每伏工作电压 $1000\Omega$，并应符合专业标准的规定。

2）屏护。屏护是采用遮栏、护罩、护盖、箱闸等将带电体同外界隔绝开来。屏护装置应与带电体保证足够的安全距离，遮栏与低压裸导体的距离不应小于 0.8m；网眼遮栏与裸导体之间的距离，低压设备不宜小于 0.15m，10kV 设备不宜小于 0.35m。屏护装置应安装牢固。金属材料制成的屏护装置应可靠接地（或接零）。遮栏、栅栏应根据需要挂标示牌。遮栏出入口的门上应根据需要安装信号装置和连锁装置。

3）间距。间距是将可能触及的带电体置于可能触及的范围之外。其安全作用与屏护的安全作用基本相同。安全距离的大小决定于电压高低、设备类型、环境条件和安装方式等因素。在低压操作中，人体及其所携带工具与带电体的距离不应小于0.1m。

（2）保护接地与保护接零是防止间接接触电击最基本的措施，正确掌握应用，对防止事故的发生十分重要。

（3）其他电击预防技术。

1）双重绝缘和加强绝缘。

2）安全电压。

3）电气隔离。

4）漏电保护（剩余电流保护）。

**210. 为什么说电伤中电弧烧伤最危险？**

答：电弧烧伤是由弧光放电造成的烧伤，是最危险的电伤。直接电弧烧伤是带电体与人体之间发生电弧，有电流流过人体的烧伤；间接电弧烧伤包含熔化了的炽热金属溅出造成的烫伤。电弧温度高达8000℃，可造成大面积、大深度的烧伤甚至烧焦、烧毁四肢及其他部位。

**211. 为什么禁止将自来水管作为保护线使用？**

答：用暖气管、煤气管、自来水管作保护线是非常危险的，因为这些管线的连接电阻很大，不能达到要求的电阻值（小于4Ω），一旦发生漏电现象，漏电流因为接地电阻太大而很小，不能达到漏电保护器的动作要求，漏电保护电路就不能起保护作用，使人触电。

**212. 手持电动工具易发生触电的原因有哪些？**

答：手持电动工具易发生触电的原因有：

（1）人手紧握电动工具，人与工具之间的电阻小。一旦工具外露部分带电，将有较大的电流通过人体，容易造成严重后果。

（2）人手紧握电动工具，一旦触电，由于肌肉收缩而难以摆脱带电体，容易造成严重后果。

（3）手持电动工具移动范围大，其电源线容易受拉、磨而漏电，电源线连接处容易脱落而使金属外壳带电，导致触电事故。

（4）采用 220V 单相交流电源，由一条相线和一条工作零线供电。如错误地将相线接在金属外壳上或错误地将保护零线断路，均会造成金属外壳带电，导致触电事故。

### 213. 发生电烧伤应如何急救？

**答**：发生电烧伤应采用以下措施进行急救：

（1）立即用自来水冲洗或浸泡烧伤部位 10～20min，也可使用冷敷方法。冲洗或浸泡后尽快脱去或剪去着火的衣服或被热液浸渍的衣服。

（2）对轻度烧伤，用清水冲洗后揾干，局部涂烫伤膏，无须包扎。面积较大的烧伤创面可用干净的纱布、被单、衣服暂时覆盖，并及时送医院救治。尽量不挑破烧伤的水泡。较大的水泡可用缝衣针经火烧烤几秒钟或用 75% 酒精消毒后刺破水泡，放出疱液，但切忌剪除表皮。寒冷季节还应注意保暖。烧伤创面上切不可使用药水或药膏等涂抹，以免掩盖烧伤程度。

（3）发生窒息，应尽快设法解除。如果呼吸停止，立即进行心肺复苏。

（4）密切观察伤员有无进展性呼吸困难，并及时护送到医院进一步诊断治疗。千万不要给口渴伤员喝水。

### 214. 低压电源触电如何脱离？

**答**：研究表明，如果触电后 1min 开始救治，触电者 90% 可以救活；如果从触电后 6min 开始救治，触电者仅有 10% 的救活机会；而从触电后 12min 开始救治，生还的可能性极小。

遇到触电现象，应正确使用脱离低压电源的方法：

（1）"拉"——迅速拉下电源开关，拔出插头，使触电者脱离电源。

（2）"切"——用带有绝缘的利器迅速切断电源线。切断时应防止带电导线断落触及周围的人体。

（3）"挑"——如果导线搭落在触电者身上时，可用干燥的木棒、竹竿等挑开导线，或用干燥的绝缘绳拉开导线，使触电者与之分离。

（4）"拽"——可用干燥绝缘物品拖拽触电者，使之脱离电源。如果触电者的衣裤是干燥的，又没有紧缠在身上，可直接用一只手抓住触电者不贴身的衣裤，将触电者拖离电源，但要注意拖拽时切勿触及触电者的体肤。救护者亦可站在干燥的木板或橡胶垫等绝缘物品上，戴上干燥手套把触电者拉开。

（5）"垫"——如果触电者由于痉挛，手指紧握导线或导线缠绕在身上，救护者可先用干燥的木板塞进触电者身下使其与地绝缘来隔断电源，然后再采取其他办法把电源切断。

## 215. 高压电源触电如何脱离？

**答**：在有人触及高压电时，必须尽快抢救。通常的做法是：

（1）立即通知有关供电部门拉闸停电。

（2）如果电源开关距触电现场不太远，则可戴上绝缘手套，穿好绝缘靴，拉开高压断路器，或用绝缘棒拉开高压跌落保险以切断电源。

（3）可往架空线路抛挂裸金属导线，人为造成线路短路，从而使电源开关跳闸。抛挂前，将短路电线的一端先固定在铁塔或接地线上，另一端系上重物。抛掷短路电线时，注意不要危及人身安全。

（4）如果触电者触及断落在地上的带电高压导线，尚且未确认线路无电之前，救护人员不可进入断线落地点 10m 的范围内，以防止跨步电压触电。救护人员应穿上绝缘靴或临时双脚并拢跳跃。触电者脱离带电导线后，应迅速将其带至 10m 以外立即进行触电急救。在确认线路无电的情况下，可在触电者离开触电导线后就地急救。

### 216. 触电者现场急救原则和方案有哪些?

答：通过对触电者脱离电源后的观察处理并做出正确的判断后，应根据不同情况，采取正确的救护方法，迅速进行抢救。

（1）现场急救原则。根据国内外现场抢救触电者的经验，现场触电急救的原则可总结为"迅速，就地，准确，坚持"八个字。

（2）现场急救方案。

1）触电者神志尚清醒，但感觉头晕、心悸、出冷汗、恶心、呕吐等，应让其静卧休息，减轻心脏负担。

2）触电者神志有时清醒，有时昏迷，应一方面请医生救治，一方面让其静卧休息，密切注意其伤情变化，做好万一恶化的抢救准备。

3）触电者已失去知觉，但有呼吸、心跳。应在迅速请医生的同时，解开触电者的衣领裤带，平卧在阴凉通风的地方。如果出现痉挛，呼吸衰弱，应立即施行人工呼吸，并送医院救治。如果出现"假死"，应边送医院边抢救。

4）触电者呼吸停止但心跳尚存，则应进行人工呼吸；如果触电者心跳停止，呼吸尚存，则应采取胸外心脏按压法；如果触电者呼吸、心跳均已停止，则必须同时采用人工呼吸法和胸外心脏按压法进行抢救。

### 217. 触电者脱离后首先进行哪些工作?

答：触电者脱离后首先进行的工作如下：

（1）触电的应急处置。触电者如果神志清醒，应使其就地平躺，严密观察，暂时不要站立或走动；触电者如果神志不清，应就地仰面平躺，且确保气道通畅，呼叫伤员或轻拍其肩部，以判定伤员是否意识丧失，禁止摇动伤员头部。需要抢救的，必须立即就地抢救，并同时通知医务人员到现场救护，医院做好急救准备，并做好送触电者去医院的准备工作。

（2）观察呼吸、心跳情况。触电者如果意识丧失，应在10秒内，用"看"、"听"、"试"的方法，判定触电者呼吸心跳情况。"看"——看伤员的胸部、腹部有无起伏动作；"听"——用耳贴近伤员的口鼻处，听有无呼气声音；"试"——试测口鼻有无呼气的气流。再用两手指轻试一侧（左或右）喉结旁凹陷处的颈动脉有无搏动。若看、听、试结果，既无呼吸又无颈动脉搏动，可判定呼吸心跳停止。

## 218. 带电灭火的安全技术要求有哪些？

**答**：带电灭火的关键问题是在带电灭火的同时，防止扑救人员发生触电事故。

（1）不得用泡沫灭火器，应使用二氧化碳灭火器、化学干粉灭火器。

（2）所使用的消防器材与带电部位的安全距离不小于1m。

（3）对架空线路等高空设备灭火时，人体与带电体之间的仰角不应大于45°，并站在线路外侧，以防导线断落造成触电。

（4）高压电气及线路发生短路时，在室内扑救人员不得进入距离故障点4m以内，在室外扑救人员不得进入距离故障点8m以内范围。凡是进入人员，必须穿绝缘靴。接触电气设备外壳及架构时，应戴绝缘手套。

（5）使用喷雾水枪灭火时，应穿绝缘靴、戴绝缘手套，挂接地线。

（6）未穿绝缘靴的扑救人员，要防止因地面水渍导电而触电。

## 219. 配电室防鼠有哪些要求？

**答**：配电室防鼠要求如下：

（1）配电室和值班室要分开，相互独立，严禁携带食物入内。

（2）室外门窗、玻璃要完好，室内应注意封堵墙内缝隙，洞、缝、眼都要封堵严密。

（3）配电室内过线地沟槽等出入口要用干细沙覆盖，防止鼠类打洞。

（4）配电室内严禁堆放杂物，通向室外的门应向外开，出入时要注意关好门窗，并按规定在门口加装 450mm 高的防鼠隔板。

（5）配电室内要常年放置鼠药或粘鼠板，并定期更换，保证药物有效。

## 220. 电缆防火五项措施有哪些内容？

答：电缆防火五项措施如下：

（1）"封"——采用防火槽盒对电缆做封闭保护。

（2）"堵"——采用防火堵料或阻火包等封堵孔洞；在电缆沟的适当位置设置阻火墙。

（3）"隔"——采用耐火隔板对电缆进行层间阻火分隔，用耐火隔板分隔区间。

（4）"涂"——采用电缆防火涂料对电缆做防火阻燃处理。

（5）"包"——采用防火包带对电缆做防火阻燃处理。

## 221. 天车作业主要的安全隐患有哪些？

答：天车作业主要的安全隐患有：

（1）重物坠落。

（2）起重机失稳倾翻。

（3）金属结构的破坏。

（4）造成人员夹挤伤害。

（5）高处跌落。

（6）触电。

## 222. 起重机为什么严禁超载作业？

答：起重机严禁超载作业的原因如下：

（1）超载可产生过大的应力，使钢丝绳、吊钩断裂，重物高空坠落。

（2）超载可使起重机传动部件损坏，也可导致制动器失效。

（3）超载可使起重机电动机因过载而烧毁。

（4）超载会导致起重机金属结构受力变形。

（5）超载破坏了起重机的稳定性，造成寿命缩短或整机倾覆的恶性事故。

### 223. 为什么起重作业中不能"斜拉歪拽"？

答：起重作业中不能"斜拉歪拽"的原因是：

（1）会造成起重机超负荷。

（2）会造成吊物摆动。

（3）会造成起重机受损。

### 224. 作业中应当注意的"七字方针"是什么？

答：作业中应当注意的"七字方针"是：

（1）"稳"——必须做到启动、运行、停车都要平稳，确保吊物不出现游摆。

（2）"准"——吊物应做到落点准确、到位准确、估重准确。

（3）"快"——在稳、准的基础上，调节好各相应机构动作，缩短时间，提高效率。

（4）"安全"——严格执行安全操作规程，不发生人身或设备事故。

（5）"合理"——做到合理控制，正确地操纵，使运转既安全又经济。

### 225. 起重机操作中"十不吊"、"两不撞"指什么？

答：起重机操作中"十不吊"、"两不撞"分别指以下内容：

（1）"十不吊"。

1）安全装置不齐全、不灵敏、失效不吊。

2）指挥信号不明，光线暗淡不吊。

3）工件或吊物捆绑不牢、不平衡不吊。

4）吊物上站人或有浮动物件不吊。

5）工件埋在地下或与其他物件钩挂不吊。

6）斜拉歪拽、拖拉吊运不吊。

7）超负荷、不知物体重量不吊。

8）满罐液体不吊。

9）棱角物品无防切割措施不吊。

10）六级以上强风不吊。

（2）"两不撞"。

1）不得撞击相邻的起重机。

2）不得用吊物撞击地面设备、建筑物和其他物件。

## 226. "一辨二看三慢"吊运操作要领有哪些?

**答**："一辨二看三慢"吊运操作要领如下:

一辨：吊运物件时，进行危险源辨识，做到预知预控。

二看：做到"车动集中看，瞭望不间断，环境勤监视，操作紧联系"。

三慢：（1）起吊点动要慢；（2）关键时刻要慢（如煤气管道上方、立体交叉作业）；（3）靠近人或物品，落起钩要慢。

## 227. 在什么情况下，起重机司机应发出警告信号?

**答**：在下列情况下，起重机司机应发出警告信号:

（1）起重机送启动后，即将开动前。

（2）接近同层的其他起重机时。

（3）在起吊下降吊物时。

（4）吊物在吊运中接近地面工作人员时。

（5）起重机在吊运通道上方吊物运行时。

（6）起重机在吊运过程中设备发生故障时。

（7）吊运过程中被吊物件发生异常时。

## 228. 地面人员发出紧急停车信号时，起重机司机该怎么办？

**答：** 地面人员发出紧急停车信号时，起重机司机应采取以下措施：

（1）在有多人同时工作的环境，司机应服从专人指挥，严禁随意开车。

（2）当指挥人员的信号与司机意见不一致时，应发出询问信号，在确认信号与指挥意图一致时方能继续起吊和运行。

（3）操作中的起重机接近人员时，应示以断续的铃声或报警，以示避开。

（4）地面任何人员发出紧急信号时，司机都应立即停车，待问清楚后方可继续操作。

## 229. 起重机检修时，应注意什么？

**答：** 起重机检修时，应注意以下几点：

（1）将起重机停在不影响生产流程的安全地点。

（2）拉断总电源，挂好"禁止合闸"的安全警示牌。

（3）所有参加检修的人员都应遵守检修安全规定。

（4）在高处作业要系好安全带。

（5）工作中要选择好安全站位。

（6）如需临时移动起重机时，所有人员必须撤离起重机。

（7）技术、安全管理人员必须到场，指导和监督作业。

## 230. 起重机司机在工作完毕后的主要职责有哪些？

**答：** 起重机司机在工作完毕后的主要职责有：

（1）应将吊钩升至接近上极限位置的高度，不准吊挂吊具、吊物等。

（2）将小车停在主梁远离大车滑线的一端，不得置于跨中；大车应开到固定停放位置。

（3）电磁吸盘和抓斗起重机应将吸盘和抓斗放在地面或专用平台上，不得悬在空中。

（4）控制器手柄应回到零位，将紧急开关扳转断路，拉下保护柜刀开关，关闭司机室门后下车。

（5）露天作业的起重机的大小车，特别是大车应采取措施固定牢靠，以防被大风刮跑。

（6）司机下班时应进行检查，将发生的问题和检查结果记录，并交班。

### 231. 什么是压力容器？

**答：**容器器壁两边（即内、外部）存在着一定压力差的所有密闭容器，均可称作压力容器，也称作受压容器。压力容器较为广泛地存在于现代社会中，小到日常生活中的抽真空罐头、汽水瓶、保温瓶、家用压力锅、液化石油气罐、杀虫喷雾剂瓶等，大到冶炼、医药、化工、热电、核电厂等生产装备中的压力容器，交通储运的罐车、气瓶甚至万吨巨轮、深水潜艇、大型高空喷气式飞机和导弹、火箭等军事装备以及"神七"返回舱等航空航天设备。

容器的压力来源有四种：

（1）各种类型的气体压缩机和泵产生的压力。

（2）蒸汽锅炉、废气热锅炉产生的压力。

（3）液化气体的蒸发压力。

（4）化学反应、核反应产生的压力。

### 232. 为什么将压力容器定为特殊设备？

**答：**压力容器器壁两边所存在的压力差称作压力载荷，这种压力载荷等于人为地将能量进行提升、积蓄，使容器具备了能量随时释放的可能性和危险性，也就是会泄漏的爆炸。

例如，在常温下，一个容积为 $10m^3$、工作压力 1.1MPa 的容器，工作介质盛装空气和盛装水时，它爆破时所释放的能量，前者为后者的 6000 倍。

再如，将容器内介质水升温超过沸点，形成气液并存的饱和状态，此时爆破所释放的能量，要比常温时提高几千倍。

### 233. 压力容器应同时具备哪些条件？

**答**：我国目前完全纳入《压力容器安全技术监察规程》适用范围的压力容器应同时具备下列三个条件：

（1）高工作压力，$p_w \geqslant 0.1\text{MPa}$（不含液体静压）。

（2）内直径（非圆形截面指其最大尺寸）不小于 $0.15\text{m}$，且容积 $V \geqslant 0.025\text{m}^3$。

（3）盛装介质为气体、液化气体或最高工作温度高于或等于标准沸点的液体。

部分纳入《压力容器安全技术监察规程》适用范围的压力容器如下：

（1）与移动压缩机一体的非独立的容积不大于 $0.15\text{m}^3$ 的储罐、锅炉房内的分气缸。

（2）容积小于 $0.025\text{m}^3$ 的高压容器。

（3）深冷装置中非独立的压力容器、直燃型吸收式制冷装置中的压力容器、空分设备中的冷箱。

（4）螺旋板换热器。

（5）水力自动补气气压给水（无塔上水）装置中的气压罐、消防装置中的气体或气压给水（泡沫）压力罐。

（6）水处理设备中的离子交换或过滤用压力容器、热水锅炉用的膨胀水箱。

（7）电力行业专用的全封闭式组合电器（电容压力容器）。

（8）橡胶行业使用的轮胎硫化机及承压的橡胶模具。

### 234. 按生产工艺用途如何对压力容器进行划分？

**答**：根据压力容器在生产工艺过程中所起的作用可以将其归纳为反应压力容器、换热压力容器、分离压力容器、储存压力容器四大类。

(1) 反应压力容器（代号 R），主要用于完成介质的物理、化学反应。这类容器的压力源于两种反应，即加压反应和反应升压。常用的反应容器有各种反应器、反应釜、合成塔、变换炉、蒸煮锅、蒸球、蒸压釜、煤气发生炉等。

(2) 换热压力容器（代号 E），主要用于完成介质的热量交换，达到生产工艺过程所需要的将介质加热或冷却的目的。其主要工艺过程是物理过程，按传热的方式分为蓄热式、直接式和间接式三种，较为常用的是直接式和间接式。常用的换热压力容器有管壳式余热锅炉、热交换器、冷却器、冷凝器、蒸发器、加热器、消毒锅、染色器、烘缸、蒸炒锅、预热锅、溶剂预热器、蒸锅、蒸脱机、电热蒸汽发生器等。

(3) 分离压力容器（代号 S），主要是用于完成介质的流体压力平衡缓冲和气体净化分离。分离容器的名称较多，按容器的作用命名为分离器、净化塔、回收塔等；按所用的净化方法命名为吸收塔、洗涤塔、过滤器等。

(4) 储存压力容器（代号 C，其中球罐代号为 B），主要用于储存或盛装气体、液体、液化气体等介质，保持介质压力的稳定。常用的压缩气体储罐、压力缓冲罐、消毒锅、印染机、烘缸、蒸锅等都属于这类容器。

## 235. 按压力等级如何对压力容器进行划分？

**答：**压力是压力容器最主要的一个工作参数。从安全角度考虑，容器的工作压力越大，发生爆炸事故时的危害也越大。因此，必须对其设计压力进行分级，以便对压力容器进行分级管理与监督，具体的划分标准如下：

(1) 低压（代号 L），$0.1\text{MPa} \leqslant p < 1.6\text{MPa}$。

(2) 中压（代号 M），$1.6\text{MPa} \leqslant p < 10.0\text{MPa}$。

(3) 高压（代号 H），$10.0\text{MPa} \leqslant p < 100.0\text{MPa}$。

(4) 超高压（代号 U），$p \geqslant 100.0\text{MPa}$。

外压容器中，当容器的内压力小于一个绝对大气压（约 0.1MPa）时，又称为真空容器。

## 236. 对压力容器操作和检验有哪些规定?

答：对压力容器操作和检验的规定如下：

（1）操作工必须持有效证件上岗。

（2）特种作业证按期复审。

（3）操作人员经常接受安全教育。

（4）新投用压力容器必须有使用许可证，容器上应有明显的 Ⅰ、Ⅱ、Ⅲ 类器标志。

（5）压力容器周期检验情况检查：

1）安全状况等级为 1~2 级的，每隔 6 年至少检验一次。

2）安全状况等级为 3 级的，每隔 3 年至少检验一次。

## 237. 压力容器本体安全检查项有哪些?

答：压力容器本体安全检查项有：

（1）筒体、人孔、手孔、封头（端盖）等处无泄漏。

（2）外表面无腐蚀严重现象。

（3）法兰、接管连接处应无跑、冒、滴、漏现象。

（4）本体垂直安装在基础面上，不得倾斜。

（5）支架应牢固，不得有活动现象。

（6）易燃易爆罐体应有可靠接地装置。

## 238. 压力容器与外部连接安全检查项有哪些?

答：压力容器与外部连接安全检查项有：

（1）容器与连接管道、构件间应无异常振动、响声、摩擦。

（2）易燃物料的连接管道应有防静电跨接，安全色标应正确。

（3）与外部管道连接处不得有松动、错位现象。

### 239. 安全附件安全检查项有哪些?

答：安全附件安全检查项有：

（1）直读式的液位计其液位应当显示清楚，便于观察，而且最高、最低液位有明显标志，防止假液位现象。

（2）安全阀的安装位置应在容器的顶部位置。

（3）安全阀应每年检验一次，铅封应完好，记录应齐全，应有安全阀台账。

（4）安全阀开启压力不得大于设计压力，但应大于最高工作压力。

（5）安全阀出口应引至安全地点，无泄漏、无锈蚀。

（6）压力表极限刻度值为工作压力的 1.5~3 倍，最好为 2 倍，表盘直径不小于 100mm，压力表的精度符合规定，经校验并在有效期内。

（7）在压力表和压力容器之间装设三通旋塞或者针形阀，而且有开启标记及锁紧装置；用于水蒸气介质的压力表应装有存水弯管。

（8）同一系统上的各压力表的读数应一致。

（9）低压容器压力表精度不低于 2.5 级，中高压容器压力表精度不低于 1.6 级。

（10）压力表表盘玻璃完好、刻度清晰、完好运行。

（11）按规定装设温度计，而且完好、灵敏可靠。

### 240. 压力容器运行安全检查项有哪些?

答：压力容器运行安全检查项有：

（1）设备的运行参数，包括压力、温度等在允许范围内，不存在超压、超温运行。

（2）所运行仪器仪表运行参数正常，计算机数据与直读水位表、压力表等一致。

（3）运行记录上的各项参数记录与实际一致，在允许的范围内。

（4）检修时，必须卸完所有压力，温度到常温时，方可更换附件及维修。

（5）危险区域有醒目的安全警示标牌。

### 241. 压力管道安全检查项有哪些?

答：压力管道安全检查项有：

（1）压力管道的巡回检查应和机械设备一并进行。

（2）机械和设备出口的工艺参数不得超过压力管道设计或缺陷评定后的许用工艺参数，压力管道严禁在超温、超压、强腐蚀和强振动条件下运行。

（3）检查管道、管件、阀门和紧固件，应无严重腐蚀、泄漏、变形、移位和破裂，检查保温层的完好程度。

（4）检查管道应无强烈振动，管与管、管与相邻件应无摩擦，管卡、吊架和支承应无松动或断裂。

（5）检查管内应无异物撞击或摩擦的声响。

（6）安全附件、指示仪表应无异常，发现缺陷及时报告，妥善处理，必要时停机处理。

（7）重要部位的压力管道，穿越公路、桥梁、铁路、河流、居民点的压力管道，输送易燃易爆、有毒和腐蚀性介质的压力管道，工作条件苛刻的管道，存在交变载荷的管道，应重点进行维护和检查。

（8）压力管道严禁下列作业：

1）利用压力管道作电焊机的接地线或吊装重物受力点。

2）压力管道运行中严禁带压紧固或拆卸螺栓。开停车有热紧要求者，应按设计规定热紧处理。

3）带压补焊作业。

4）热管线裸露运行。

5）压力管道每年至少进行一次在线检测。

6）Ⅰ、Ⅱ、Ⅲ类管道每3～6年至少进行一次全面检测。

### 242. 机械钳工作业安全要点有哪些?

**答:** 机械钳工作业安全要点分工作前、工作中、工作后分别介绍。

(1) 工作前:

1) 工作场地要清理整洁,检修的机械设备外部特别是手扶脚蹬的地方不得有油脂污垢。

2) 设备大修需要移位时,必须联系电气人员切断电源,把导线裸露部分用胶布缠好。

3) 对所检修的设备,必须首先有效切断电源,关闭风、气、油、水等动力阀门,并挂上"有人工作,严禁合闸"等警示标志牌,实行"挂牌上锁"。

(2) 工作中:

1) 不得站在容易滚动的工作物件旁边或脚蹬在活动的地方。

2) 对大型或不稳定的零部件,下面必须用方木垫平,不得有活动或滚动的情况。

3) 使用吊具拆卸机械上的较重机件时,必须捆绑牢固后再松螺栓;装配时,也要紧好螺栓再松捆绑钢丝绳。

4) 丝杠、光杠或铁棍、撬棍等,不得斜立在机械设备上。

5) 铲刮作业时,被铲、刮的工件必须稳固。

6) 有压力的机械,在检修前必须打开安全阀泄压。有冷却装置的机械,必打开排水管排出积水,关闭进水阀停止进水。

7) 检修有易燃、易爆或有毒危险等设备时,必须彻底清除干净后,方可开始检修。

8) 机械设备拆卸解体如分上下两部分同时进行作业时,不准上下两部分在垂直方向同时进行工作,以防工件或工具坠落伤人。

9) 使用搬运车时,机械零部件要捆绑牢固。推车时,要注意瞭望。装卸车时,防止偏载伤人。车轮要用方木掩住,以防滚动。

10）用人力移动工件，参加人员要密切配合，一人指挥，协调动作；所用工具安全可靠。

11）拆卸齿轮时，手不得扶在齿轮的滚动处。

12）安装时，不准将手指伸入转动的螺孔里摸试，以防挤伤。

13）组装机械设备时，要检查各部件是否有裂纹、各部件安装是否牢固、有无机件遗留在传动部位里。

14）使用风管吹扫工件时，不可直对人吹，周围有人或有需防尘的工件时必须安排妥当后方可吹扫。

15）用油清洗零部件时，距工作地点 5m 以内严禁烟火。废油必须妥善处理，不得乱倒。严禁用汽油清洗零部件。

（3）工作后：必须撤离岗位上的所有检修人员，设备操作人员必须到现场确认无人员在设备内或设备上，方可开机。

### 243. 修理装配钳工作业安全要点有哪些？

**答：**修理装配钳工作业安全要点分工作前、工作中分别介绍。

（1）工作前：对所修理装配的设备，必须切断电源、风、气、油、水等动力开关，并挂上安全警示标志牌，实行"挂牌上锁"。

（2）工作中：

1）装拆机械设备时，手脚不得放在或蹬在机床转动的部位。

2）多人装配和拆卸零部件时，必须由专人指挥，行动一致，密切配合。

3）使用钻床不准戴手套、围巾，不准手握棉纱。工件要装卡牢固，不得用手扶，钻下的和钻头上的铁屑不得用手拿或用嘴吹。

4）刮剔、錾锉工件时，要注意周围环境，防止铁屑、刀刃伤人。

5）拆卸有弹性的零件时，要防止突然弹出伤人。

6）递接材料、零部件时，禁止投掷。

7）当轴类零件插入机床组合时，禁止用手指引导或用手插入孔内探测。

8）工作结束后，对修理装配未完的机械设备，应采取可靠的安全防护措施。

### 244. 管道钳工作业安全要点有哪些?

**答：**管道钳工作业安全要点如下：

（1）在地沟内工作时：

1）沟、井盖掀起后，必须妥善存放。进地沟前要检查，要办理进入受限空间作业证。确认无可燃和有害气体，无塌方、下沉现象后，方可进入施工。

2）进入地沟工作时，外面必须有人监护，随时联系。

3）在接近行人、车辆通行的地沟内工作时，必须根据环境设置遮拦，并挂上安全警示标志。

（2）在室内外工作时：

1）开风、水、汽等阀门必须缓慢进行，身体和头部要躲开正面，以免迸出伤人。

2）禁止在有压力的气、管道及设备上进行作业，厂房内暖气和水管冻裂时禁止用火烤。

3）多人搬运沉重物件时，要有专人统一指挥，密切配合。

（3）使用工具。

1）套丝时，先检查后挡。使用时要注油。套丝时用力要均衡。

2）拉锯时，用力不要过猛和过快，以免锯条折断伤人。

3）使用管钳必须符合规定，不准用加力管。

4）水压试验，压力表要校对好。管子或部件水压试验时，不准超过规定标准。升压要缓慢进行。

（4）工作后。将井盖、沟盖盖好，清除现场作业垃圾，防止行人跌伤。

### 245. 什么叫特种作业和特种设备作业？

**答**：特种作业是指容易发生事故，对操作者本人、他人的安全健康及设备、设施的安全可能造成重大危害的作业。

根据 2010 年 7 月 1 日起施行的《特种作业人员安全技术培训考核管理规定》的特种作业目录，特种作业主要包括 10 大类 51 个小类：（1）电工作业；（2）焊接与热切割作业；（3）高处作业；（4）制冷与空调作业；（5）煤矿安全作业；（6）金属非金属矿山安全作业；（7）石油天然气司钻作业；（8）冶金（有色）生产煤气作业；（9）危险化学品安全作业；（10）烟花爆竹安全作业。

《中华人民共和国特种设备安全法》自 2014 年 1 月 1 日起施行。特种设备一般具有在高压、高温、高空、高速条件下运行的特点，易燃、易爆、易发生高空坠落等，对人身和财产安全有较大危险性。法规规定的特种设备具体有：（1）锅炉；（2）压力容器；（3）压力管道；（4）电梯；（5）起重机械；（6）客运索道；（7）大型游乐设施；（8）场（厂）内专用机动车辆。

### 246. 特种作业人员的考核发证有哪些规定？

**答**：特种作业人员的考核包括考试和审核两部分。考试由考核发证机关或其委托的单位负责；审核由考核发证机关负责。

考核发证机关或其委托的单位应当按照安全监管总局、煤矿安监局统一制定的考核标准进行考核。

特种作业操作资格考试包括安全技术理论考试和实际操作考试两部分。考试不及格的，允许补考 1 次。经补考仍不及格的，重新参加相应的安全技术培训。

特种作业操作证有效期为 6 年，每 3 年复审一次，在全国范围内有效，由安全监管总局统一式样、标准及编号。特种作业操作证遗失的，应当向原考核发证机关提出书面申请，经原考核发证机关审查同意后，予以补发。

特种作业操作证所记载的信息发生变化或者损毁的，应当向原考核发证机关提出书面申请，经原考核发证机关审查确认后，予以更换或者更新。

# 第5章 设备维护常识

**247. 新工上岗前设备维护培训内容有哪些?**

答:新工上岗前设备维护培训内容有:
(1)各种设备管理的规章制度。
(2)本岗位使用设备的性能、结构、技术规范。
(3)设备的操作方法、安全操作规程。
(4)设备维护保养知识。
(5)异常情况处理常识。

**248. 什么是设备管理?应遵循哪些方针?**

答:设备管理是以设备为研究对象,追求设备综合效率和设备寿命周期费用的经济性,应用一系列理论、方法(如系统工程、价值工程、设备磨损及补偿的理论、设备的可靠性和维修性的理论、设备状态监测和诊断技术等),通过一系列技术、经济、组织措施,对设备的物质运动和价值运动进行全过程(从规划、设计、制造、选型、购置、安装、使用、维护、修理、改造、报废直至更新)的科学管理。

企业的设备管理应当实行技术进步、促进生产发展和预防为主的方针;坚持设计、制造与使用相结合,维护与计划检修相结合,修理与更新相结合,专业管理与群众管理相结合,技术管理与经济管理相结合的原则。

**249. 设备管理的目的是什么?**

答:设备管理的目的是减少设备事故的发生,保持、提高设备的性能、精度,降低维修费用,提高企业的生产能力和经济效益。

### 250. 防范设备事故的主要措施有哪些？

答：预防事故发生的措施有很多，主要有以下几个方面：

（1）操作人员必须经培训合格后上岗。

（2）严格执行各项标准和岗位责任制、安全操作规程。

（3）做好日常点检、维护、紧固工作。

（4）加强设备的定期点检工作。

（5）认真做好计划检修工作。

1）提高检修质量；

2）按备件消耗规律准备好必要的备件；

3）做好设备的润滑工作，保证润滑良好；

4）进行预想事故演练，提高处理事故的应变能力；

5）做好处理突发事故的预案。

### 251. 设备使用"三好"指什么？

答：设备使用"三好"是指"管好"、"用好"、"养好"。

（1）管好：操作者对设备负有保管责任。设备、仪表、安全防护装置等必须保持完整无损。发现隐患及时上报。

（2）用好：严格执行操作规程，精心爱护设备，不准带病运转，禁止超负荷使用设备。

（3）养好：按照保养规定，进行清洁、润滑、调整、紧固，保持设备性能良好。

### 252. 操作工使用设备"四会"指什么？

答：操作工使用设备"四会"指"会使用"、"会维护"、"会检查"、"会排除故障"。

（1）会使用：要熟悉设备结构、性能、传动原理、功能范围，严格执行安全操作规程，操作熟练，动作正确、规范。

（2）会维护：能准确、及时、正确地做好维修保养工作，做到润滑五定，保证油路畅通。

（3）会检查：必须熟知设备开动前和使用后的检查项目内容，正确进行检查操作。通过看、听、摸、嗅的感觉和仪表判断设备运转状态，分析并查明异常产生的原因。会使用检查工具和仪器检查、检测设备。

（4）会排除故障：能正确分析判断一般常见故障，并可承担排除故障工作，排除不了的疑难故障，应该及时报检、报修。

### 253. 设备维护的"四项基本要求"有哪些？

答：设备维护的"四项基本要求"如下：

（1）整齐。工具、工件放置整齐，安全防护装置齐全，线路管道完整。

（2）清洁。设备清洁，环境干净，各滑动面无油污、无碰伤。

（3）润滑。按时加油换油，油质符合要求，油具齐全清洁，油路畅通。

（4）安全。及时排除故障及一切危险因素，预防事故。

### 254. 设备维护的"四有四必"指什么？

答：设备维护的"四有四必"指有轮必有罩，有台必有栏，有洞必有盖，有轴必有套。

### 255. 设备维护的"五项纪律"有哪些？

答：设备维护的"五项纪律"有：

（1）凭操作证使用设备，遵守安全操作规程。

（2）保持设备整洁，润滑良好。

（3）严格执行交接班制度。

（4）随机附件、工具、文件齐全。

（5）发生故障，立即排除或报告。

### 256. 使用设备的"六不准"是什么？

**答：**使用设备的"六不准"是指：

（1）不准拼设备，严禁超载、超压、超速、超温等超负荷运行。

（2）不准乱开、乱拆、乱焊、乱割。

（3）不准随意改动设定值，严禁取消安全装置。

（4）不准无润滑状态下运行。

（5）不准考试不合格人员上岗操作及独立从事维护工作。

（6）不准无证人员操作及检修设备。

### 257. 设备安全运行操作规程有哪些规定？

**答：**规程规定操作过程该干什么，不该干什么，或设备应该处于什么样的状态，是操作人员正确操作设备的依据，是保证设备安全运行的规范。主要内容有：

（1）开动设备、接通电源以前应清理好工作现场，仔细检查各种手柄位置是否正确、灵活，安全装置是否齐全可靠。

（2）开动设备前首先检查油池、油箱中的油量是否充足，油路是否畅通，并按润滑图表卡片进行润滑。

（3）要经常保持润滑工具及润滑系统的清洁，不得敞开油箱、油眼盖，以免灰尘、铁屑等异物进入。

（4）设备外露基准面或滑动面上不准堆放工具、产品等，以免滑落碰伤。

（5）严禁超性能、超负荷使用设备。

（6）采取自动控制时，首先要调整好限位装置，以免超越行程造成事故。

（7）设备运转时操作者不得离开工作岗位，并应经常注意各部位有无异常（异音、异味、发热、振动等），发现故障应立即停止操作，及时排除。凡属操作者不能排除的故障，应及时通知相关人员排除。

（8）操作者离开设备时，对设备进行调整、清洗或润滑时，都应停止并切断电源。

（9）不得随意拆除设备上的安全防护装置。

（10）调整或维修设备时，要正确使用拆卸工具，严禁乱敲乱拆。

（11）人员思想要集中，穿戴要符合安全要求，站立位置要安全。

（12）工作中要切实做到"四有四必"（即有轮必有罩，有台必有栏，有洞必有盖，有轴必有套）。

## 258. 检修前安全要求有哪些?

**答：** 检修前安全要求有：

（1）外来检修施工单位应具有国家规定的相应资质，并在其等级许可范围内开展检修施工业务。

（2）在签订设备检修合同时，应同时签订安全管理协议。

（3）检修施工单位应制定设备检修方案，检修方案应经设备使用单位审核。检修方案中应有安全技术措施，并明确检修项目安全负责人。检修施工单位应制定专门负责整个检修作业过程的具体安全工作。

（4）检修前，设备使用单位应对参加检修作业的人员进行安全教育。安全教育主要包括：

1）有关检修作业的安全规章制度。

2）检修作业现场和检修过程中存在的危险因素和可能出现的问题及相应对策。

3）检修作业过程中所使用的个体防护器具的使用方法及使用注意事项。

4）相关事故案例和经验、教训。

（5）检修现场应设立相应的安全标志。

（6）检修项目负责人应组织检修作业人员到现场进行检修方案交底。

（7）检修前施工单位要做到检修组织落实、检修人员落实和检修安全措施落实。

（8）当设备检修涉及高处、动火、动土、断路、吊装、抽堵盲板、受限空间等作业时，须按相关作业安全规范的规定执行。

（9）临时用电应办理用电手续，并按规定安装和架设。

（10）设备使用单位负责设备的隔绝、清洗、置换，合格后交出。

（11）检修项目负责人应与设备使用单位负责人共同检查，确认设备、工艺处理等满足检修安全要求。

（12）应对检修作业使用的脚手架、起重机械、电气焊用具、手持电动工具等各种工器具进行检查；手持式、移动式电气工器具应配有漏电保护装置。凡不符合作业安全要求的工器具不得使用。

（13）检修设备上的电器电源，应采取可靠的断电措施，并签字确认无电后在电源开关处设置安全警示标牌和加锁，加锁的钥匙应由检修人员自己保管。检修完成后，检修人员自己亲自开锁。

（14）对检修作业使用的气体防护器材、消防器材、通信设备、照明设备等应安排专人检查，并保证完好。

（15）对检修现场的梯子、栏杆、平台、箅子板、盖板等进行检查，确保安全，尤其注意孔洞上的盖板必须固定。

（16）对有腐蚀性介质的检修场所应备有应急用冲洗水源和相应防护用品。

（17）对检修现场存在的可能危及安全的坑、井、沟、孔、洞等应采取有效防护措施，设置警示标志，夜间应设警示红灯。

（18）应将检修现场影响检修安全的物品清理干净。应检查、清理检修现场的消防通道、行车通道，保证畅通。

（19）需夜间检修的作业场所，应设满足要求的照明装置。

（20）检修场所涉及的放射源，应事先采取相应的处置措施，使其处于安全状态。

### 259. 检修作业中的安全要求有哪些?

答：检修作业中的安全要求有：

（1）参加检修作业的人员应按规定穿戴好劳动保护用品。

（2）检修作业人员应遵守本工种安全技术规程的规定。

（3）从事特种作业的检修人员应持有特种作业操作证。

（4）多工种、多层次交叉作业时，应统一协调，采取相应的防护措施。

（5）在生产和储存化学危险品的场所进行检修作业时，应通知现场有关操作、检修人员避让，确认好安全防护间距，按照国家有关规定设置明显的警示标志，并设专人监护。

（6）夜间检修作业及特殊天气的检修作业，须安排专人进行安全监护。

（7）检修单位不得擅自变更作业内容，扩大作业范围或转移作业地点。

（8）当生产装置出现异常情况可能危及检修人员安全时，设备使用单位应立即通知检修人员停止作业，迅速撤离作业场所。经处理，异常情况排除且确认安全后，检修人员方可恢复作业。

（9）对检修安全作业审批手续不全、安全措施落实不到位、作业环境不符合安全要求的，作业人员有权拒绝作业。

### 260. 检修作业结束后的安全要求有哪些?

答：检修作业结束后的安全要求有：

（1）检修项目负责人应会同有关检修人员检查检修项目是否有遗漏、工器具和材料等是否遗漏在设备内。

（2）检修项目负责人应会同设备技术人员、工艺技术人员根据生产工艺要求检查盲板抽堵情况。

（3）因检修需要而拆移的盖板、箅子板、扶手、栏杆、防护罩等安全设施要恢复正常。

（4）检修所用的工器具应搬走，脚手架、临时电源、临时照明设备等应及时拆除。

（5）设备、屋顶、地面上的杂物、垃圾等应清理干净。

## 261. 什么是设备点检？

**答**：设备点检是一种科学的设备管理办法，它是利用人的感官或简单的仪器工具，按照标准点定期地对设备进行检查，找出设备的异状，发现隐患，掌握设备故障的初期信息，以便及时采取对策，将故障消灭在萌芽阶段的一种管理方法。

（1）日常点检：依靠人的五感（目视、耳听、鼻嗅、手摸、口尝）或借助于简易工器具对设备进行外观的点检；结合日常维护和生产操作，对设备进行的清扫、紧固、调整等工作。

（2）专业点检：靠人的五感或借助于简单的仪表对设备重点部位详细地进行静（动）态的外观点检和内部检查，并掌握设备劣化趋势。

（3）精密点检：利用精密仪器对设备运行状况进行检查、检测和诊断；对设备运行中发现的疑难问题做精细的测试、分析，并根据分析结果，提出解决和处理方案，使设备达到规定的性能和精度。

## 262. 日常点检内容有哪些？

**答**：日常点检是检查与掌握设备的压力、温度、流量、泄漏、给油脂状况、异音、振动、龟裂（折损）、磨损、松弛等十大要素。

## 263. 日常点检方法有哪些？

**答**：日常点检主要以"目视、耳听、鼻嗅、手摸、口尝"五感为基本方法，有些重要部位借助于简单仪器、工具来测量或用专用仪器进行精密点检测量。

**264. 日常点检部位有哪些?**

答: 设备点检的部位一般是设备上可能发生故障和老化的部位, 主要有滑动部分、回转部分、传动部分、与原材料接触部分、荷重支撑部分、受介质腐蚀部分六个部位。

**265. 设备定期点检的内容有哪些?**

答: 设备定期点检的内容有:
(1) 设备的非解体定期检查。
(2) 设备解体检查。
(3) 劣化倾向。
(4) 设备精度测试。
(5) 系统的精度检查及调整。
(6) 油箱油脂的定期成分分析、添加或更换。
(7) 零部件更换, 劣化部位的修复。

**266. 设备技术诊断的内容有哪些?**

答: 由专业点检员委托专业技术人员来承担对设备的定量测试分析。
(1) 机械检测——振动、噪声、铁谱分析。
(2) 电器检测——绝缘、介质损耗。
(3) 油质检测——污染、黏度、油料分析。
(4) 温度检测——点温、热图像。

**267. 设备检查 "三字法" 有哪些内容?**

答: 设备检查 "三字法" 分别指 "推"、"敲"、"听" 等内容。
(1) "推": 俗称为盘车, 以此来确定机械是否有卡阻现象。操作时注意以下安全事项:
1) 切断电机的电源并挂上警示牌。

2）松开设备的制动装置。

3）设专人监护并统一指挥。

4）盘车时产生惯性动作的，要做好安全防范，以防止设备突然动作或滑脱伤人。

（2）"敲"：即用小锤敲打设备的金属部件，通过敲击的声音来判断部件的正常与否，这是巡检人员设备检查时的重要手段。例如，用小锤敲打车体的主梁、弹簧等，判断其部件是否有裂纹；用小锤敲打法兰上的螺栓，看其是否松动；用小锤敲打装有液体的管道以判断其内部是否有液体。用敲的方法检查设备时应注意下列事项：

1）敲打的力量要适度，敲打的部位要准确。

2）检查时应有重点（即易损坏的部件与重要构件）。

3）对于装有可燃气体或液体的管道与容器不准采用此方法。

（3）"听"：即是观察动态设备的一种常见方法。例如，用听音棒，将棒的一侧顶在减速机的轴承箱上，另一侧触及耳旁，正常情况下只有轻微沙沙声，当轴承损坏时，会发出咯吱声响。采用听的方法检查设备应注意：

1）事先一定要与操作人员联系好。

2）检查站位要安全。

## 268. 能用手触摸设备来判断温度吗？

答：一些有经验的工人，在设备上触摸一下便能判断温度的高低，"手触法"判别温度的标准是：

（1）平热（40℃）——手触后可长期触摸。

（2）微热（70℃）——手触后可耐 2~3s。

（3）强热（90℃）——手触后不能触摸。

（4）激热（150℃）——不可靠近。

## 269. 点检定修制的定义是什么？

答：点检定修制是一套加以制度化的、比较完善的科学管理方式。它要求按规定的检查周期和方式，对设备进行预防性检查，取得准确的设备状态情报，制定有效的维修对策，并在适当的时间里进行恰当的维修，以有限的人力完成设备所需要的全部检修工作量，把维修工作做在设备发生故障之前，使设备始终处于最佳状态，其实质就是以预防维修为基础，以点检为核心的全员维修制。

### 270. 设备劣化的主要表现形式和原因是什么？

**答**：设备劣化的主要表现形式有机械磨损、裂纹、塑性变形和脆性变形、腐蚀、蠕变、元器件老化。主要原因有润滑不良、灰尘沾污、螺栓松动、受热、潮湿、保温不良。

### 271. 岗位工的点检作业内容是什么？

**答**：岗位工的点检作业内容是：

（1）班中，岗位工必须按日常点检表的内容逐项进行点检，并认真做好记录。

（2）当发现设备异常时，应及时填入日常点检表及交接班记录中，需要紧急处理的要及时处理，不能处理的要尽快通知当班机电人员。

（3）交接班时，应将当班点检情况向下一班交接清楚。

（4）当出现事故和故障时，应参加分析与处理。

（5）根据给油脂计划表进行给油脂作业。

（6）根据分工原则进行小件设备的更换和简单的调整工作。

### 272. 什么是润滑和润滑剂？

**答**：两个机械零件接触表面在做相对运动时，存在着摩擦现象。所谓润滑，是在相对运动的两个接触表面之间加入润滑剂，从而使两个摩擦面之间形成油膜，将直接接触的表面分隔开来，变直接摩擦为润滑剂分子间的内摩擦，达到减少摩擦、降低磨损、延长机械设备使用寿命的目的。润滑可分为液体润滑、半液体润滑、固体润滑、气体润滑等几种。

能起到降低接触面间摩擦阻力的物质叫润滑剂（也称减摩剂、润滑材料）。

润滑材料有润滑油、润滑脂和固体材料三大类。其中润滑油和润滑脂应用最为广泛。

### 273. 什么是锂基润滑脂？

**答：** 锂基脂采用羟基脂肪酸锂皂稠化精制矿物油并加有抗氧防锈等添加剂，生产过程中脱水，水分极少，适用于多种润滑方式，具有优良的机械安定性和氧化安定性、良好的抗水淋性和防锈性，具有多效、通用、长寿命的特点，适用于各种机械设备的滚动轴承和滑动轴承及其他摩擦部位的润滑，可适用于潮湿和与水接触的润滑部位。锂基润滑脂的使用温度范围为 $-20 \sim 120℃$。

锂基脂分为通用锂基脂、极压锂基脂、二硫化钼锂基脂、复合锂基脂等。

### 274. 什么是钙基润滑脂？

**答：** 钙基脂由动物脂肪酸和硬脂酸钙皂稠化矿物油制成，由于含有动物脂肪的成分，所以有大约 2% 的水分，即使再加水 10% 也能使用，具有良好的耐水性、胶体安定性及润滑性能，适用于低转速、重负荷机械设备的润滑，能在潮湿多水的条件下使用。钙基润滑脂的使用温度范围为 $-20 \sim 60℃$。

### 275. 钙基润滑脂和锂基润滑脂有何区别？

**答：** 颜色方面，钙基脂为亮黄色均匀油膏，锂基脂为亮棕色均匀油膏。使用温度方面，钙基脂为 $-20 \sim 60℃$，锂基脂为 $-20 \sim 120℃$。钙基脂抗水性好，因为本身含有水分，与少量水能互溶。

综合所有因素，锂基脂肯定要比钙基脂性能优越，锂基脂相当于是钙基脂的升级产品。

## 276. 什么是润滑"五定"？

**答**：润滑"五定"是指定点、定质、定量、定时、定人。

（1）定点：规定润滑部位名称及加油点。

（2）定质：规定所加润滑油脂的牌号。

（3）定量：规定每次加油的数量。

（4）定时：规定加油的周期。

（5）定人：规定每个加油点的责任人。

## 277. 润滑油中水分对油品质量有何影响？

**答**：水分是指油品的含水量（用百分数表示）。在油品中大多数品种只允许有痕迹水分（水含量在0.3%以下），还有部分油品不许有水分。因为水可以使润滑油乳化，使添加剂分解，促进油品的氧化及增强低分子有机酸对机械的腐蚀，影响油品低温流动性。

油品中水分的来源主要是容器密封不严进入的明水或由于容器呼吸进入的凝析水，也有输转设备、储存器皿不洁造成的。

## 278. 润滑的主要作用是什么？

**答**：润滑的主要作用如下：

（1）降低摩擦系数。在两个相对摩擦面之间加入润滑剂，形成润滑膜，减少摩擦面之间金属的直接接触，从而降低摩擦系数，减少摩擦阻力和功率消耗。

（2）减少摩擦。摩擦面之间具有一定强度的润滑膜，能够支撑负荷，避免或减少金属面直接接触，从而减轻接触表面的塑性变形、熔化焊接剪断、再粘接等各种程度的黏着磨损。

（3）降低温度。润滑油能够降低摩擦系数，减少摩擦热的产生。

（4）密封隔离。润滑剂特别是润滑覆盖于摩擦表面或其他金属表面，可隔离水汽、湿气和其他有害介质与金属接触，从而减轻腐蚀磨损，防止生锈，保护金属表面。

（5）减轻振动。润滑油能将冲击振动的机械能转变为液压能，减缓冲击，吸收噪声。

（6）清洁冲洗。利用润滑剂的流动性，可以把摩擦表面的磨粒带走，从而减少磨损。

轴承加油多了易发热损坏轴承，所以加油越多越好的说法是错误的。用探油针能探到或玻璃刻度上能见到油即达到要求。

## 279. 怎样选择润滑油？

**答**：润滑油要根据机器各部位工作情况的不同进行选择。一般应考虑以下因素：

（1）摩擦面间的压力大，选择润滑油的黏度也应大些，反之则选择黏度小的润滑油。

（2）速度高时选择黏度较小的润滑油，速度低则选择黏度大的润滑油。

（3）温度高时选择黏度较大的润滑油，温度低则选择黏度小的润滑油。

（4）当表面粗糙、间隙较大时，选用黏度大的润滑油。反之则选择黏度小的润滑油。

（5）循环润滑和用油芯、油毡润滑时，选用润滑油的黏度要小。对飞溅式的润滑，应选用化学稳定性好的油，以防止经常与空气接触引起氧化变质。

（6）对受冲击载荷和往复运动的机件，应选用黏度较大的润滑油。

## 280. 怎样选择润滑脂？

**答**：润滑脂是浓稠化了的膏状润滑油，俗称黄干油、干油。

常用的润滑脂的性能，根据所用稠化剂皂基的不同，有很大差别，我们常选择的如下：

（1）钙基质润滑脂。抗水性好，耐热性差，使用寿命短，使用温度范围为 - 20 ~ 60℃，适用于工作温度不高的润滑和开式齿轮或与空气、水分易接触的摩擦部件上。

（2）钠基润滑脂。耐热性好，抗水性差，有较高的极压减磨性能，使用温度可达 120℃，适用于不太潮湿条件下的滚动轴承。

（3）钙-钠基润滑脂。耐热性与抗水性介于上述两者之间，使用温度不高于 100℃，不宜低温下使用，适用于不太潮湿条件下的滚动轴承。

（4）复合钙基润滑脂。有良好的机械安定性、胶体安定性、耐热性好，有较好的抗湿性和化学稳定性，适用于较高温度和潮湿条件下大负荷工作的润滑部件，如水蒸气系统、水压系统等润滑部位上，温度可达 150℃。

（5）通用锂基润滑脂。具有良好的抗水性、机械性安定性、防锈性、氧化安定性，温度范围为 - 20 ~ 120℃，是一种高效润滑脂，适用于各种设备润滑部位，不易变质，是一种长寿命通用润滑脂。

（6）精密机床主轴润滑脂。由锂皂稠化精制，性能良好，能延长主轴使用寿命。

常用润滑脂名称、代号、性能和用途可查阅有关资料。

## 281. 设备润滑加油原则有哪些?

**答：**设备润滑加油原则如下：

（1）轴承瓦座有油孔的每周注油一次；没有油孔的每月检修，把盖打开加油一次。油脂必须保持干净，不许有杂质或变质，油脂应选用锂基脂或钙基脂。

（2）减速机一般加 15 ~ 22 号双曲线中负荷齿轮油，加油量应在油镜或油尺的 2/3 处。油量过多易渗漏，且不易散热。新减速机初次运转 200h 更换一次，日工作 10h 以上的更换周期一般为 3 ~ 6 个月。

（3）电动滚筒加油一般采用工业机油或 15 号中负荷齿轮

油。标准加油应在滚筒直径的 1/3 处。禁止超过滚筒直径的 1/2，作用是内部齿轮润滑和内部电机冷却。加油过多不易冷却。

（4）摆线针轮减速机一般采用汽轮机油。加油标准应在油镜的 2/3 处。

（5）散齿轮室齿圈加油应采用标号低的锂基脂（冬季采用 0 号锂基脂）。每天白班加油一次，应在 10min 左右。油量不需过多，油量过多会使温度升高。

## 282. 设备更换油脂有哪些规定？

答：设备更换油脂有如下规定：

（1）当设备油位不足需补充时，必须对添加油和油箱内的油按不同比例做 2~3 个混合实验，确认油质不会发生变化时才能补充新油。

（2）不同厂家生产的同类、同型号油品不能混合使用。

## 283. 设备清洗换油有哪些规定？

答：设备清洗换油的规定如下：

（1）清洗换油由润滑工、操作工、维修工配合，并做记录。

（2）有计划换油，避免油脂变质及严重缺油，时间与设备定期维护和计划修理一致。

（3）对大储油箱应先抽样进行化验，如油符合要求，可将油过滤，清洗油箱底部后重新使用。

（4）重点设备定期检查润滑油消耗及油质情况，定期换油。

（5）新设备与大修设备第一次清洗、换油应安排在运转 15 天后进行，第二次在 2 个月后进行，第三次按规定进行。

## 284. 设备漏油形式有哪几种？

答：设备漏油形式有以下几种：

（1）渗油。油迹不明显，油迹被擦，5min 内出现新油迹。

（2）漏油。油迹明显，有的形成油滴，油迹或油滴被擦后，

5min 后出现油迹或油滴。

（3）漏油点。有一条明显油迹或一个油滴。

（4）严重漏油。一个漏油点，一分钟滴油数超过 10 滴。

（5）一般漏油。凡有漏油现象，而不够严重漏油程度。

（6）不漏油。静结合面不渗油，动结合面不渗油。

## 285. 液压传动用油应当具备哪些性质？

**答：** 选择液压油要具备以下性质：

（1）合适的黏度和黏度指数，在剪切力的作用下，黏度的变化值要小。

（2）有稳定的物理性能和化学性能，在使用过程中不会因受热和氧化而变质，不产生淤渣，黏度含酸量也不会增加。

（3）良好的润滑性。

（4）对金属的腐蚀性小，防锈性能好。

（5）抗挤压和抗泡沫能力强。

（6）闪点要高，凝固点要低。

（7）杂质少，能迅速分离水和渣滓之类的不溶物。

（8）不会造成密封材料的膨胀和硬化。

## 286. 常用的液压用油有哪些？

**答：** 常用的液压用油有以下几种：

（1）机械油。10 号、20 号、30 号、40 号、50 号、70 号、90 号液压用油应用较普遍，但氧化安定性差，常用于要求不高的液压系统。

（2）汽轮机油（透平油）。22 号、32 号、46 号、68 号液压用油的抗空气氧化性强，容易分离混入的水分，抗乳化性高，酸性低，灰分少，常用于安装要求较高的液压系统中。

（3）变压器油。25 号液压用油有高度抗氧化性，无杂质和灰分，黏度较低，无任何酸碱值。

（4）普通油。高速机械油 5 号、7 号，汽缸油 11 号，柴油机油等，都可用于一般液压系统。

以上是普通液压油，此外，还有一些专用的液压油。

### 287. 油脂储存的管理有哪些规定？

**答**：油脂储存的管理有以下一些规定：

（1）油品由物资部门统一管理存放，油品入库前必须取样化验，不合格者不准入库，存放期超过一年的油脂，发放前应取样化验，确认合格后方可发放使用。

（2）妥善保管好润滑油脂及其他润滑材料，要做到专桶专用，标志明显，分类（牌号、品种）存放，严禁露天存放，做好安全防范工作。

（3）油库内严禁吸烟和使用明火，一切设施必须符合安全规定。

（4）油料如发现问题，应立即通知有关部门组织人员分析处理。

（5）领入、发出油料必须登记入账。

### 288. 润滑工的职责有哪些？

**答**：润滑工的职责如下：

（1）按规定对设备润滑，记好润滑台账。

（2）熟悉所管各种设备的润滑情况和所需油脂、油量要求。

（3）执行设备"润滑五定"制度，调整和执行设备清洗换油计划，填写换油记录单。

（4）检查设备各润滑部位润滑情况，按规定加油以保证设备正常运转。

（5）对不合格油品有权拒绝使用。

（6）新安装设备必须彻底清洗干净，才能加入润滑油。

### 289. 为何风机在启车前进行盘车？

**答**：因为转数较高的轴、瓦传动一般采用稀油润滑，在轴、瓦之间形成油膜，而较长时间停机后，轴、瓦间的油膜会自行消失，这样在再次启机前必须在开启润滑油泵后进行盘车，以形成润滑油膜，保证轴和轴承不被损坏。

## 290. 风机停转和备用叶轮存放为什么要盘车？

答：风机停转后一般还在热态下，由于叶轮自重，很容易造成轴弯曲。同时备用叶轮存放时间会很长，也会弯曲，所以要定期进行盘车：

（1）风机在热态状态下停机，停稳后，在最短时间，用附盘设备盘车，一直到转子温度达到自然温度停止。

（2）停止后，用附盘设备盘车 1/4 圈。长时间停车每班盘车 1~2h。

（3）备用转子需要 10~15 天盘车一次，1/4 圈。

（4）风机转子在安装前必须做静、动平衡试验，在自由状态下转子动平衡水平振动双振幅要小于 0.05mm/s。

（5）备用转子支撑架支撑点距叶轮不得超过 200mm，每月定期盘车一次。

## 291. 对安全防护装置有哪些要求？

答：对安全防护装置的要求如下：

（1）性能可靠，安装牢固，并有足够的强度和刚度。

（2）适合机器设备操作条件，不妨碍生产和操作。

（3）经久耐用，不影响设备调整、修理、润滑和检查等。

（4）耐腐蚀，不易磨损，能抗冲击和震动。

（5）防护装置本身不应给操作者造成危害。

（6）机器异常时，防护装置具有防止危险的功能。

（7）自动化防护装置的电气、电子、机械组成部分，要求动作准确，性能稳定，并有检验线路性能是否可靠的方法。

# 第6章 个人防护和救护

**292. 什么是燃烧？燃烧三要素是指什么？**

**答：**燃烧俗称"着火"，是可燃物与助燃物作用发生的一种发光、发热的氧化反应，通常伴有火焰、发光或发烟现象。

可燃物要进行燃烧，必须有助燃物的参与，并且由点火源提供能量。可燃物、助燃物和点火源是燃烧的三个基本要素。这三个要素必须同时具备，并且相互作用，才能发生燃烧。缺少三个要素中的任何一个，燃烧便不会发生。

燃烧三要素是燃烧发生的必要条件，而不是充分必要条件。三要素同时存在也不一定能发生燃烧，如果助燃物质的数量不足、火源提供的温度或热量不足，就不会发生燃烧。

（1）可燃物。一般来说，凡是能与助燃物发生氧化反应而燃烧的物质，就称为可燃物。根据可燃物物理状态可分为气体可燃物、液体可燃物和固体可燃物；按其组成可分为无机可燃物和有机可燃物，有机可燃物占比例更大。无机可燃物包括钠、铝、碳、磷、一氧化碳、二硫化碳等；有机可燃物种类很多，大部分含有碳、氢、氧元素，也有的含有磷、硫等元素。同一物质在不同的状态下，其燃烧性能是不同的。

（2）助燃物。凡能与可燃物发生氧化反应并引起燃烧的物质称为助燃物。氧气是一种常见的助燃物。同一种物质对有些可燃物来说是助燃物，而对另一些可燃物则不是，如钠可以在氯气中燃烧，则氯气就是钠的助燃物。除氧气外，其他常见的助燃物有氟、氯、溴、碘、硝酸盐、氯酸盐、重铬酸盐、高锰酸盐及过氧化物等。

（3）点火源。点火源是指供给可燃物与助燃物发生燃烧反应的能量来源，如热能、化学能、电能、机械能等。

### 293. 什么是火灾？如何传播？

**答**：火灾是火在时间上或空间上失去控制而形成灾害的燃烧现象。火灾的发展既是一个燃烧蔓延的过程，也是一个能量传播的过程。热传播是影响火灾发展的决定性因素。热传播的方式有热传导、热对流、热辐射三种。

（1）热传导。由于温度梯度的存在，引起了介质内部之间的能量传递，即所谓的热传导过程。热传导主要是与固体相关的一种传热现象，液体中也有发生。影响热传导的主要因素是温差、导热系数和导热物体的厚度和截面积。导热系数越大、厚度越小，传导的热量越多。

（2）热对流。热对流指燃烧处的气体或液体受热膨胀上升，上升受到阻挡时，热的气体或液体会流向四周，将热量带到了四周；而由于燃烧处的气体或液体上升了，这附近的气体或液体变得稀薄，在压力的作用下，周围的气体或液体会流向燃烧处，这样就形成了一个对流系统。这个对流系统建立后，会持续不断地将热量传播到四周。

（3）热辐射。热辐射是物体因其自身温度而发射出的一种电磁辐射，它以光速传播。当火灾处于发展阶段时，热辐射成为热传播的主要形式。

### 294. 如何对火灾划分？火灾分为几类？

**答**：按照一次火灾事故所造成的人员伤亡、受灾户数和直接财产损失，火灾等级划分为特大火灾、重大火灾和一般火灾三类。

按照可燃物质的燃烧形式，可将火灾分为以下几类：

（1）A 类火灾：固体物质火灾，如木材、棉、毛、麻、纸张火灾等。

（2）B 类火灾：液体和可熔化的固体物质火灾，如汽油、煤油、原油、沥青等。

（3）C 类火灾：指气体火灾，如煤气、天然气、甲烷、丙烷、氧气火灾等。

（4）D 类火灾：指金属火灾，如钾、钠、镁、钛、锆、铝镁合金火灾等。

（5）E 类火灾：指物体带电燃烧的火灾，如发电机、电缆、家用电器火灾等。

（6）F 类火灾：指烹饪器具内的烹饪物火灾，如动植物油脂火灾等。

## 295. 发生火灾的危害有哪些?

**答**：发生火灾的危害如下：

（1）火焰。火焰可以烧毁财物，烧伤皮肤，严重的烧伤不仅损伤皮肤，还可深达肌肉、骨骼。人体被烧伤后，由于多种免疫功能低下，最容易引发严重感染。当人体被大面积烧伤时，由皮肤和黏膜共同构成的机体的第一道防线遭到破坏，皮肤的屏障作用丧失，一些病原体便会乘虚而入，并且免疫功能也会明显下降，导致严重感染。

（2）热量。随着火灾的发展，所产生的热量也会不断增加，那么火灾环境中的温度必然会不断地升高，如果温度在逃生人员未逃离火灾现场之前就达到或超过逃生人员所能承受的极限温度，就会威胁人的生命。温度如果超过建筑构件所承受的温度，则会毁掉建筑结构。

（3）烟气。火灾过程燃烧产生的烟气包括完全燃烧产物和不完全燃烧产物，会造成人员烟气窒息。不少新型合成材料在燃烧后会产生毒性很大的烟气，有的甚至含有剧毒成分。近几年烟气中毒成为火灾致死的主要原因，超过烟气窒息。

（4）缺氧。燃烧消耗氧气的能力要远远大于人的呼吸能力，如果是在通风不通畅的情况下，随着燃烧的进行，燃烧产物不断增加，氧气浓度会不断减少。如果氧气的浓度低于逃生人员所需

要的极限浓度时，会使人员的呼吸困难，甚至发生窒息，从而威
胁生命。

## 296. 引起火灾原因有哪些?

**答:** 有句谚语说得好: 贼偷一半，火烧精光。平时学点消防
知识，会在碰上火灾时救我们一命，会为我们挽回一些损失。引
起火灾的主要原因如下:

(1) 违反电气安装安全规定。

1) 导线选用、安装不当。

2) 变电设备、用电设备安装不符合规定。

3) 使用不合格的保险丝，或用铜、铁丝代替保险丝。

4) 没有安装避雷设备或安装不当。

5) 没有安装除静电设备或安装不当。

(2) 违反电气使用安全规定。

1) 发生短路。

2) 超负荷。

3) 接触不良。

4) 其他原因，如电热器接触可燃物、电气摩擦打火、忘记
切断电源等。

(3) 违反安全操作规定。

1) 违章使用电焊气焊。

2) 违章烘烤。

3) 违章熬炼。

4) 化工生产违章作业。

5) 储存运输不当。

(4) 其他原因。

1) 设备缺乏维修保养。

2) 违章吸烟，乱扔烟头、火柴杆或烧荒。

3) 物品受热自燃。

4) 自然原因，如雷击起火。

### 297. 防火的基本原理有哪些?

**答:** 引发火灾也就是燃烧的三个条件,即可燃物、助燃物(氧化剂)和点火源同时存在,并且相互作用。因此只要采取措施避免或消除燃烧三要素中的任何一个要素,就可以避免发生火灾事故。

### 298. 防止燃烧的基本技术措施有哪些?

**答:** 防止燃烧的基本技术措施如下:

(1)消除着火源。可燃物(作为能源和原材料)以及氧化剂(空气)广泛存在于生产和生活中,因此,消除着火源是防火措施中最基本的措施。消除着火源的措施很多,如安装防爆灯具、禁止烟火、接地避雷、静电防护、隔离和控温、电气设备的安装应由电工安装维护保养、避免插座负荷过大等。

(2)控制可燃物。消除燃烧三个基本条件中的任何一条,均能防止火灾的发生。如果采取消除燃烧条件中的两个条件,则更具安全可靠性。控制可燃物的措施主要有如下几方面:

1)以难燃或不燃材料代替可燃材料,如用水泥代替木材建筑房屋或降低可燃物质(可燃气体、蒸气和粉尘)在空气中的浓度,如在车间或库房采取全面通风或局部排风,使可燃物不易积聚,从而不会超过最高允许浓度。

2)防止可燃物的跑、冒、滴、漏,对那些相互作用能产生可燃气体的物品,加以隔离、分开存放等。保持工作场地整洁,避免积聚杂物、垃圾。

3)易燃物的存放量和地点必须符合法规和标准,并要远离火源。

(3)隔绝空气。在必要时可以使生产置于真空条件下进行,或在设备容器中充装惰性介质保护。如在检修焊补(动火)燃料容器前,用惰性介质置换;隔绝空气储存,如钠存于煤油中,磷存于水中，二硫化碳用水封存放等。

（4）防止形成新的燃烧条件。设置阻火装置，如在乙炔发生器上设置回火防止器，一旦发生回火，可阻止火焰进入乙炔罐内，或阻止火焰在管道里的蔓延。在车间或仓库里筑防火墙或防火门，或在建筑物之间留防火间距，一旦发生火灾，不便形成新的燃烧条件，从而防止火灾范围扩大。

**299. 主要灭火方法有哪些？**

**答：**所有灭火的措施都是为了破坏燃烧的条件，根据这一原理，主要灭火方法分成以下四类：

（1）隔离灭火法。把可燃物与点火源或助燃物隔离开来，燃烧反应就会自动中止。例如当火灾发生时，关闭有关阀门，切断流向着火区的可燃气体和液体的通道；拆除与火源相连的易燃建筑物，造成阻止火焰蔓延的空间地带。

（2）窒息灭火法。大多可燃物的燃烧都必须在其最低氧气浓度以上进行，否则燃烧不能持续进行。因此，通过降低燃烧物周围的氧气浓度可以起到灭火的作用。例如用石棉布、湿棉被、湿帆布等不燃或难燃材料覆盖燃烧物；用水蒸气或惰性气体灌注容器设备；封闭起火的建筑、设备的孔洞等。

（3）冷却灭火法。对一般可燃物来说，能够持续燃烧的条件之一就是它们在火焰或热的作用下达到了各自的着火温度。因此，对一般可燃物火灾，将可燃物冷却到其燃点或闪点以下，燃烧反应就会中止。用水冷却灭火是常用的灭火方法。二氧化碳灭火效果也很好，二氧化碳灭火剂喷出的 $-18℃$ 的雪花状固体二氧化碳，在汽化时吸收大量的热，从而降低燃烧区的温度，使燃烧停止。

（4）抑制灭火法。使用灭火剂与链式反应的中间体自由基反应，从而使燃烧的链式反应中断，致使燃烧不能持续进行。常用的干粉灭火剂、卤代烷灭火剂的主要灭火机理就是化学抑制作用。

**300. 为什么保险丝不能用铜丝、铁丝代替？**

**答：** 因为铜丝、铁丝的熔点比保险丝的熔点高，在电流突然增大时，不能即刻熔断，起不到切断电流的保险作用，会使电气设备因短路或过载而起火。

**301. 发生火灾如何报火警？**

**答：** 报警时首先拨火警电话号 119，向接警人员讲清下列内容：

（1）讲清街道门牌号、单位、着火的部位。

（2）讲清什么物品着火。

（3）讲清火势大小。

（4）讲清报警用的电话号码和报警人姓名。

**302. 常用的灭火剂有哪几种？**

**答：** 能够有效地破坏燃烧条件，达到抑制燃烧或中止燃烧的物质，称为灭火剂。常用的灭火剂有五大类十多个品种。不同的火灾，燃烧物质的性质都不同，需要的灭火剂肯定也不同。因此需要正确选择灭火剂的种类，这样才能发挥灭火剂的效能，更好地灭火，否则适得其反，造成更大的损失。常见的灭火剂有如下几种：

（1）水灭火剂。水主要依靠冷却和窒息作用进行灭火。但是下列火灾不能用水来扑救：密度小于水或不溶于水的易燃液体的火灾，如汽油、煤油、柴油、苯等；遇水燃烧物的火灾，如金属钾、钠、铝粉、电石等，使用砂土灭火效果较好；电气火灾未切断电源前不能用水扑救，容易造成触电；精密仪器设备和贵重文件档案淋湿后会造成损坏；灼热的金属和其他物体一旦遇水会爆炸；强酸可能会使酸飞溅伤人。

（2）干粉灭火剂。干粉灭火剂是一种干燥易于流动的粉末。干粉灭火剂主要是化学抑制和窒息作用灭火。干粉灭火剂主要通过在加压气体的作用下喷出的粉雾与火焰接触、混合时发生的物理、化学作用灭火。干粉灭火剂的主要缺点是对于精密仪器易造成污染。

（3）泡沫灭火剂。泡沫灭火剂是通过与水混合、采用机械或化学反应的方法产生泡沫的灭火剂。泡沫灭火剂的灭火机理主要是冷却、窒息作用，即在着火的燃烧物表面上形成一个连续的泡沫层，通过泡沫本身和所析出的混合液对燃烧物表面进行冷却，以及通过泡沫层的覆盖作用使燃烧物与氧隔绝而灭火。

（4）二氧化碳灭火剂。二氧化碳比空气重，不燃烧也不助燃。二氧化碳灭火剂是一种气体灭火剂，它是以液态二氧化碳充装在灭火器内。固体二氧化碳（干冰）的温度可达到 -78.5℃。它喷到可燃物上面后，能使其温度下降，并隔绝空气和降低空气中的氧气含量，使火熄灭。二氧化碳灭火机理主要依靠窒息作用和部分冷却作用。二氧化碳灭火剂适用范围：各种易燃液体火灾、电气设备、精密仪器、贵重生产设备、图书档案等火灾。二氧化碳灭火剂不适用范围：金属及其氧化物的火灾；本身含氧的化学物质的火灾，如硝化棉、赛璐珞（即硝化纤维塑料，如电影胶片）、火药等。

（5）卤代烷灭火剂。卤代烷是由以卤素原子取代烷烃分子中的部分氢原子或全部氢原子后得到的一类有机化合物的总称。卤代烷灭火剂灭火机理是破坏和抑制燃烧的链式反应，即靠化学抑制作用灭火。另外，还有稀释氧气和冷却作用。卤代烷灭火剂的主要缺点是会破坏臭氧层，已开始禁止使用。卤代烷灭火剂的适用范围主要有：各种易燃液体、电气设备、精密仪器、贵重生产设备、图书档案等火灾。卤代烷灭火剂不适用于扑灭活泼金属、金属氢氧化物和能在惰性介质中自身供氧燃烧的物质火灾。

## 303. 常用的灭火器有哪些类型和型号？

**答：**按所充装的灭火剂种类可将灭火器分为泡沫灭火器、干粉灭火器、卤代烷灭火器、二氧化碳灭火器、酸碱灭火器、清水灭火器等几类。按其移动方式可分为手提式灭火器和推车式灭火器。按驱动灭火剂动力来源分为储气瓶式灭火器、储压式灭火器、化学反应式灭火器。

我国灭火器的型号由类、组、特征代号及主要参数几部分组成。常见的灭火器有 MP 型、MPT 型、MF 型、MFT 型、MFB 型、MY 型、MYT 型、MT 型、MTT 型。其中第一个字母 M 表示灭火器；第二个字母 F 表示干粉，P 表示泡沫，Y 表示卤代烷，T 表示二氧化碳；有第三个字母 T 的是表示推车式，B 表示背负式，没有第三个字母的表示手提式。

正确、合理地选择灭火器是成功扑救初起火灾的关键之一，应根据不同种类火灾选择不同类型的灭火器：

（1）扑救 A 类火灾应选用水型灭火器、泡沫灭火器、磷酸铵盐干粉灭火器。

（2）扑救 B 类火灾应选用干粉灭火器、泡沫灭火器、二氧化碳灭火器。这里值得注意的是化学泡沫灭火器不能灭 B 类极性溶剂火灾。因为醇、醛、酮、醚、酯等都属于极性溶剂，化学泡沫与有机溶剂接触，泡沫的水分会被迅速吸收，使泡沫很快消失，这样就不能起到灭火作用。

（3）扑救 C 类火灾应选用干粉灭火器、二氧化碳灭火器。

（4）扑救带电火灾应选用磷酸铵盐干粉灭火器、二氧化碳灭火器。

（5）扑救 D 类火灾的灭火器应由设计部门和当地公安消防机构协商解决。对于灭 D 类火灾，即金属燃烧火灾，可采用干沙或铸铁粉末。

### 304. 泡沫灭火器的使用方法和注意事项有哪些？

**答：** 手提筒体上部的提环，迅速跑到火场。应注意在奔跑过程中不得使灭火器过分倾斜，更不可颠倒，以免两种药剂混合而提前喷出。当距离着火点 10m 左右，即将筒体颠倒，一只手紧握提环，另一只手扶住筒体的底圈，让射流对准燃烧物。

在扑救可燃液体火灾时，如呈流淌状燃烧，则泡沫应由远向近喷射，使泡沫完全覆盖在燃烧液面上；如在容器内燃烧，应将泡沫射向容器内壁，使泡沫沿着内壁流淌，逐步覆盖着火液面。切忌直接对准液面喷射，以免由于射流的冲击，反而将燃烧的液体冲散或冲出容器，扩大燃烧范围。

在扑救固体物质的初起火灾时，应将射流对准燃烧最猛烈处。灭火时，随着有效喷射距离的缩短，使用者应逐渐向燃烧区靠近，并始终将泡沫溅射在燃烧物上，直至扑灭时始终保持倒置状态，否则将会中断喷射，不可将筒底对准下巴或其他人，否则容易伤人。

**305. 干粉灭火器使用方法和注意事项有哪些？**

**答：** 因为干粉灭火器中干粉的主要成分是 $NaHCO_3$（碳酸氢钠），长期不使用会出现干粉板结的现象，如在使用前，先将筒体上下摇动几次，使干粉松动，然后再开气喷粉，则效果更佳。灭火器使用示意图如图 6-1 所示。

图 6-1 灭火器使用示意图

对于手提式灭火器，其使用方法是先拔去保险销，一只手握住喷嘴，另一只手提起提环（或提把），按下压柄就可喷射（注意不可倒置使用）。扑救地面油火时，要采取平射的姿势，左右摆动，由近及远，快速推进。

使用推车式灭火器时，将其后部向着火源（在室外应置于上风方向），先取下喷枪，展开出粉管（切记不可有打折现象），再提起进气压杆，使二氧化碳进入贮罐，当表压升至 0.7 ~ 1.0MPa 时，放下进气压杆停止进气。这时打开开关，喷出干粉，由近至远扑火。如扑救油类火灾时，不要使干粉气流直接冲击油渍，以免溅起油面使火势蔓延。

使用背负式灭火器时，应站在距火焰边缘 5 ~ 6m 处，右手紧握干粉枪把，左手扳动转换开关到"3"号位置（喷射顺序为3、2、1），打开保险机关，将喷枪对准火源扣扳机，干粉即可喷出。如喷完一瓶干粉未能将火扑灭，可将转换开关拨到 2 号或1 号的位置，连续喷射，直到射完为止。

使用干粉灭火器的注意事项如下：

（1）干粉灭火无毒性，也无腐蚀作用。可以用于扑灭液体、燃油及气体的火灾。

（2）干粉是不导电的，可用于扑灭带电设备的火灾。

（3）干粉灭火器应防潮、防曝晒，应存放在通风、阴凉、易取之处。

（4）使用过程中不能倒置使用，也不能对着人。

## 306. 二氧化碳灭火器使用方法和注意事项有哪些？

**答：** 二氧化碳灭火器使用方法和注意事项如下：

（1）使用方法。使用手轮式灭火器时，应手提提把，翘起喷嘴，打开启闭阀即可。使用鸭嘴式灭火器时，用右手拔出鸭嘴式开关的保险销，握住喷嘴根部，左手将上鸭嘴往下压，二氧化碳即可以从喷嘴喷出。

（2）注意事项。

1）由于 $CO_2$ 灭火剂绝缘性好，灭火后不留痕迹，因此，适用于扑救贵重仪器、图书资料、仪器仪表及 600V 以下的带电设备的初始火灾，扑救油类火灾也有较好的效果。但 $CO_2$ 不适用于扑救某些工厂产品（如金属钾、钠等）的火灾，因为这类活泼金属能夺取 $CO_2$ 中的氧起化学反应，而继续燃烧。

2）使用 $CO_2$ 灭火器时，不要用手持金属导管，也不要把喷嘴对准人，以防冻伤。

3）使用灭火器时要站在上风向，以避免伤及自己。

## 307. 卤代烷灭火器使用方法和注意事项有哪些?

**答:** 1211 灭火器是使用最广的一种卤代烷灭火剂（1211 是二氟一氯一溴甲烷的代号）。使用时，首先拔掉安全销，然后握紧压把，通过压杆迫使密封阀开启，1211 灭火剂在氮气作用下，通过虹吸管从喷嘴以雾状喷出，并立即汽化。当拉开压把时，压杆在弹簧的作用下复位，阀门关闭，灭火剂停止喷出，因此可以间歇喷射。

灭火时要保持直立位置，不可水平或颠倒使用，喷嘴应对准火焰根部，由近及远，快速向前推进；要防止回火复燃，零星小火则可采用点射。如遇可燃液体在容器内燃烧时，可使 1211 灭火剂的射流由上而下向容器的内侧壁喷射。如果扑救固体物质表面火灾，应将喷嘴对准燃烧最猛烈处，左右喷射。

## 308. 消火栓系统使用方法和注意事项有哪些?

**答:** 消火栓系统包括水枪、水带和消火栓。使用时，将水带的一头与消火栓连接，另一头连接水枪，现有的水带水枪接口均为卡口式的，连接中应注意槽口，然后打开室内消火栓开关，即可由水枪开关来控制射水。

## 309. 扑救电气火灾用哪种灭火器?

**答:** 扑救电气火灾用干粉灭火器、$CO_2$ 灭火器效果最好，因为这两种灭火器的灭火药剂绝缘性能好，不会发生触电伤人事故。

### 310. 不能用水扑救的火灾有哪些?

**答**: 在生产过程中如果发生如下性质的火灾不能用水扑救:

(1) 碱性金属的金属锂、钠、钾等, 碱土金属类的金属镁、锶等。

(2) 碳化物类的碳化钙等, 其他碳化碱金属如碳化钾、碳化钠等。

(3) 氢化物类的氢化钠等。

(4) 三酸 (硫酸、硝酸、盐酸)。

(5) 轻于水和不溶解于水的易燃液体。

(6) 熔化的铁水、钢水。

(7) 高压电气装置的火灾, 在没有良好接地设备或没有切断电源的情况下引起的火灾等。

### 311. 烟头能引起火灾吗?

**答**: 燃着的烟头的表面温度为 200～300℃, 其中心温度可达 700～800℃, 而纸张、棉花、木材、涤纶、纤维等一般可燃物的燃点为 130～139℃, 极易引起火灾。可燃气体和易燃液体的着火点一般为 300～600℃。所以烟头极易引起火灾。

### 312. 火灾现场如何自救互救?

**答**: 火灾现场应采取以下措施进行自救互救:

(1) 熟悉环境, 暗记出口。处在陌生的环境时, 为了自身安全, 务必留心疏散通道、安全出口及楼梯方位等, 以便关键时候能尽快逃离现场。

(2) 保持冷静, 明辨方向, 迅速撤离。突遇火灾, 面对浓烟和烈火, 首先要保持镇静, 迅速判断危险地点和安全地点, 决定逃生的办法, 尽快撤离险地。千万不要盲目地跟从人流和相互拥挤、乱冲乱窜。撤离时要注意, 朝明亮处或外面空旷地方跑, 要尽量往楼层下面跑, 若通道已被烟火封阻, 则应背向烟火方向离开，通过阳台、气窗、天台等往室外逃生。

（3）不入险地，不贪财物。身处险境，应尽快撤离，不要因害羞或顾及贵重物品而把逃生时间浪费。已经逃离险境的人员，切莫重返险地。

（4）简易防护，蒙鼻匍匐。逃生者多数要经过充满浓烟的走廊等地方。逃生时，可把毛巾或衣物浸湿，叠起来捂住口鼻。穿越烟雾区时，要低身前行，即使感到呼吸困难，也不能将毛巾从口鼻上拿开，否则就有中毒的危险。

（5）善用通道，莫入电梯。着火时，应根据火势情况，优先选用最便捷、最安全的通道和疏散设施逃生。逃生过程中，要一路关闭所有你背后的门，它能减低火和浓烟的蔓延速度。如无其他救生器材，可考虑利用建筑的阳台、屋顶、避雷线、落水管等脱险。火灾时千万不要乘坐电梯。

（6）缓降逃生，滑绳自救。可以迅速利用身边的绳索或床单、窗帘、衣服等自制简易救生绳，并用水打湿，从窗台或阳台沿绳缓滑到下面楼层或地面，安全逃生。

（7）避难场所，固守待援。假如用手摸房门已感到烫手，此时一旦开门，火焰与浓烟势必迎面扑来。逃生通道被切断且短时间内无人救援，首先应关紧迎火的门窗，打开背火的门窗，用湿毛巾或湿布塞堵门缝或用水浸湿棉被蒙上门窗然后不停地用水淋透房间，防止烟火渗入，固守在房内，直到救援人员到达。

（8）缓晃轻抛，寻求援助。被烟火围困暂时无法逃离的人员，应尽量待在阳台、窗口等易于被人发现和能避免烟火近身的地方。在白天，可以向窗外晃动鲜艳衣物，或外抛轻型晃眼的东西；在晚上即可以用手电筒不停地在窗口闪动或者敲击东西，及时发出有效的求救信号，引起救援。

（9）身已着火，切勿惊跑。发现身上着了火，千万不可惊跑或用手拍打。应赶紧设法脱掉衣服或就地打滚，压灭火苗；能及时跳进水中或让人向身上浇水、喷灭火剂更加有效。

（10）跳楼有术，虽损求生。如果被火困在楼房的二层，若无条件采取其他自救方法或短时间内得不到救助，在烟火威胁、万不得已的情况下，也可以跳楼逃生。但在跳楼之前，应先向地面扔一些棉被、枕头、床垫、大衣等柔软物品，以便"软着陆"。然后再用手扒窗台，身体下垂，头上脚下，自然下滑，以缩小跳落高度，并使双脚首先着落在柔软物上。落地前要双手抱紧头部，身体弯曲卷成一团，以减少伤害。

### 313. 身上着火烧伤如何自救？

**答：**身上着火烧伤应采用下列方法自救：

（1）迅速脱离热源，衣服着火时应立即脱去，用水浇灭或就地躺下，滚压灭火。冬天身穿棉衣时，有时明火熄灭，暗火仍燃，衣服如有冒烟现象应立即脱下或剪去，以免继续烧伤。

（2）身上起火不可惊慌奔跑，以免风助火旺。不要站立呼叫，免得造成呼吸道烧伤。

（3）若有烧烫伤可对烫伤部位用自来水冲洗或浸泡。在可以耐受的前提下，水温越低越好。一方面，可以迅速降温，减少烫伤面积，还可以减少热力向组织深层传导，减轻烫伤深度；另一方面，可以清洁创面，减轻疼痛。

（4）不要给烫伤口涂有颜色的药物如红汞、紫药水，以免影响对烫伤深度的观察和判断，也不要将牙膏、油膏等油性物质涂于烧伤创面，以减少伤口污染的机会和增加就医时处理的难度。

（5）如果出现水泡，要注意保留，不要将泡皮撕去，避免感染。

（6）应首先注意眼睛，尤其是角膜有无损伤，并优先予以冲洗，尤其是碱烧伤。

### 314. 爆炸的基本原理和特征有哪些？

**答：**爆炸是物质的一种非常剧烈的物理、化学变化，也是大量的能量在短时间内迅速释放或急剧转化成机械功的现象。它通常借助于气体的膨胀来实现。

从物质运动的表现形式看，爆炸就是物质剧烈运动的一种表现。物质运动急剧增速，由一种状态迅速地转变成另一种状态，瞬间释放出大量的能量。

一般来说，爆炸现象具有以下特征：

（1）爆炸过程进行得很快。

（2）爆炸点附近瞬间压力急剧升高，产生冲击波。

（3）发出或大或小的响声，很多还伴随有发光。

（4）周围介质发生振动或邻近物质遭受破坏。

除爆炸物品外，可燃气体（或蒸汽）与空气（或氧气）的混合物以及可燃物质的粉尘与空气或氧气的混合物，在一定浓度下都能发生爆炸。

### 315. 如何对爆炸进行分类？

**答：**可以按照爆炸能量来源的不同、爆炸反应相的不同、爆炸瞬时燃烧速度的不同，分别对爆炸进行分类。

（1）按照爆炸能量来源的不同，爆炸可以分为物理性爆炸、化学性爆炸、核爆炸三类。

1）物理性爆炸。这是由物理变化（温度、体积和压力等因素）引起的。在物理性的爆炸前后，物质的性质及化学成分均不改变。锅炉的爆炸就是典型的物理性爆炸，其原因是过热的水迅速蒸发出大量蒸汽，使蒸汽压力不断提高，当压力超过锅炉的极限强度时，就会发生爆炸。

2）化学性爆炸。这是物质在短时间内完成化学变化，形成其他物质，同时产生大量气体和能量的现象。

3）核爆炸。这是某些物质的原子核发生裂变反应或聚变反应时，释放出巨大能量而发生的爆炸，如原子弹、氢弹的爆炸。

（2）按照爆炸反应相的不同，爆炸可分为气相爆炸、液相爆炸、固相爆炸三类。

1）气相爆炸。它包括可燃性气体和助燃性气体混合物的爆炸、气体的分解爆炸、液体被喷成雾状在急剧燃烧时引起的爆炸（称喷雾爆炸）、飞扬于空气中的可燃粉尘引起的爆炸等。

2）液相爆炸。它包括聚合爆炸、蒸发爆炸以及由不同液体混合所引起的爆炸。

3）固相爆炸。它包括爆炸性化合物及其他爆炸性物质的爆炸；导线因电流过载，由于过热，金属迅速气化而引起的爆炸等。

（3）按照爆炸瞬时燃烧速度的不同，爆炸可分为轻爆、爆炸、爆轰三类。

1）轻爆。轻爆即物质爆炸时的燃烧速度为每秒数米，爆炸时无多大破坏力，声响也不大。

2）爆炸。爆炸即物质爆炸时的燃烧速度为每秒十几米至数百米，爆炸时能在爆炸点引起压力激增，有较强的破坏力，有震耳的声响。可燃性气体混合物在多数情况下的爆炸以及被压榨火药遇火源引起的爆炸等即属于此类爆炸。

3）爆轰。爆轰即物质爆炸时燃烧速度为 $1000 \sim 7000 \mathrm{m/s}$。爆轰的特点是突然引起极高压力并产生超音速的"冲击波"。

### 316. 可燃物质化学性爆炸的条件有哪些？

答：可燃物质的化学性爆炸必须同时具备下列三个条件才能发生：

（1）存在着可燃物质，包括可燃气体、蒸气或粉尘。

（2）可燃物质与空气（或氧气）混合并且达到爆炸极限，形成爆炸性混合物。

（3）爆炸性混合物在火源的作用下。

### 317. 爆炸的破坏作用有哪些？

答：爆炸的破坏作用如下：

（1）冲击波。爆炸形成的高温、高压、高能量密度的气体产物，以极高的速度向周围膨胀，强烈压缩周围的静止空气，使其压力、密度和温度突然升高，像活塞运动一样推向前进，产生波状气压向四周扩散冲击。这种冲击波能造成附近建筑物的破坏，其破坏程度与冲击波能量的大小有关，与建筑物的坚固程度及其与产生冲击波的中心距离有关。

（2）碎片冲击。爆炸的机械破坏效应会使容器、设备、装置以及建筑材料等的碎片，在相当大的范围内飞散而造成伤害。碎片四处飞散距离一般可达 100 ~ 500m。

（3）震荡作用。爆炸发生时，特别是较猛烈的爆炸往往引起短暂的地震波。在爆炸波及的范围内，这种地震波会造成建筑物的震荡、开裂、松散倒塌等事故。

（4）造成二次事故。发生爆炸时，如果车间、库房里存有可燃物质，会造成火灾；高空作业人员受冲击波或震荡作用，会造成高空坠落事故；粉尘作业场所的冲击波会使积存于地面上的粉尘扬起，造成更大范围的二次爆炸等。

## 318. 防止爆炸的基本原理有哪些?

答：引发爆炸的条件是爆炸品（内含还原剂和氧化剂）或可燃物（可燃气、蒸气或粉尘）与空气混合物和起爆能量同时存在、相互作用。因此只要采取措施消除爆炸品或爆炸混合物与起爆能量中的任何一方，就不会发生爆炸。

## 319. 防止爆炸的基本技术措施有哪些?

答：防止爆炸的基本技术措施如下：

（1）以爆炸危险性小的物质代替危险性大的物质。如果所用的材料都是难燃烧或不燃烧物质或所用的材料都是不容易爆炸的，则爆炸危险性也会大大减少。

（2）加强通风排气。对于可能产生爆炸混合物的场所，良好的通风可以降低可燃气体（蒸气）或粉尘的浓度；对于易燃易爆固体，储存或加工场所应配置良好的通风设施，使起爆能量不易积累；对于易燃易爆液体，良好的通风除降低其蒸气和空气的混合物的浓度外，也可使起爆能量不易积累。

（3）隔离存放。对相互作用能发生燃烧或爆炸的物品应分开存放，相互之间离开一定的安全距离，或采用特定的隔离材料将它们隔离开来。

（4）采用密闭措施。对易燃易爆物质进行密闭存放可以防止这些物质与氧气的接触，并且还可以起到防止泄漏的作用。

（5）充装惰性介质保护。对闪点较低或一旦燃烧或爆炸会出现严重后果的物质，在生产或贮存时应采取充装惰性介质的措施来保护，惰性介质可以起到冲淡混合浓度、隔绝空气的作用。

（6）隔绝空气。对于接触到空气就会发生燃烧或爆炸的物质，则必须采取措施，使之隔绝空气，可以放进与其不会发生反应的物质中，如储存于水、油等物质之中。

（7）控制着火源。例如采用防爆电机电器，进行静电防护，采取不产生火花的铜制工具或镀铜合金工具，严禁明火，保护性接地或接零线以及采取防雷技术措施等。

（8）安装监测报警装置。在易燃易爆的场所安装相应的监测装置，一旦出现异常就立即通过报警器报警或将信息传递到监测人员的监控器上，以便操作人员及时采取防范措施。

### 320. 安全阻火隔爆装置有哪些？

**答：**阻火隔爆是通过某些隔离措施防止外部火焰窜入存有可燃爆炸物料的系统、设备、容器及管道内，或者阻止火焰在系统、设备、容器及管道之间蔓延。按照作用机理，可分为机械隔爆和化学抑爆两类。机械隔爆是依靠某些固体或液体物质阻隔火焰的传播；化学抑爆主要是通过释放某些化学物质来抑制火焰的传播。

机械阻火隔爆装置主要有工业阻火器、主动式隔爆装置和被动式隔爆装置等。其中工业阻火器装于管道中，形式最多，应用也最为广泛。其他阻火隔爆装置，主要有单向阀、阻火阀门、火星熄灭器（防火罩、防火帽）。

化学抑爆是在火焰传播显著加速的初期通过喷洒抑爆剂来抑制爆炸的作用范围及猛烈程度的一种防爆技术。它可用于装有气相氧化剂中可能发生爆燃的气体、油雾或粉尘的任何密闭设备。

**321. 安全防爆泄压装置有哪些？**

**答：**防爆泄压设施主要包括安全阀、爆破片、防爆门和放空管等。

（1）安全阀主要用于防止设备超压引起爆裂。

（2）爆破片主要用于防止有突然超压或发生瞬时分解爆炸危险物料的反应设备的爆炸。

（3）在加热炉上安设防爆门和防爆球阀主要用于防止加热炉发生爆炸。

（4）放空管主要用来紧急排泄有超温、超压、爆聚和分解爆炸的物料。

有的化学反应设备除应设置紧急排放管外，还应相应设置安全阀、爆破片或事故储槽等。

**322. 为什么说"加强通风"是防爆的重要措施？**

**答：**爆炸危险场所是指能够散发可燃气体、蒸气和粉尘，并易与空气混合形成爆炸性混合物的场所。为了不使泄漏和扩散的可燃物料积累达到爆炸浓度范围，这种爆炸危险场所必须采取有效的通风措施。通风可分为自然通风和机械通风（也称强制通风）两类，其中机械通风又可分为排风和送风两种。具体要求是：

（1）正确设置通风口的位置。比空气轻的可燃气体和蒸气的排风口应设在建筑物的上部，比空气重的可燃气体的排风口应设在建筑物的下部。

（2）合理选择通风方式。通风方式一般应采取自然通风，但自然通风不能满足要求时应采用机械通风。

（3）散发可燃气体或蒸气的场所内空气不可再循环使用，

其排风和送风设施应设独立的通风室；散发有可燃粉尘或可燃纤维厂房内的空气需要循环使用时，应经过净化处理。

### 323. 扑救危险化学品火灾总的要求有哪些？

答：扑救危险化学品火灾总的要求有：

（1）扑救人员应占领上风或侧风地点。

（2）位于火场一线人员应采取针对性防护措施，如穿戴防护服、佩戴防护面具或面罩等。应尽量佩戴隔绝式面具，因为一般防护面具对一氧化碳无效。

（3）首先应迅速查明燃烧物品、范围和周边物品的主要危险特性以及火势蔓延的主要途径。

（4）尽快选择最适当的灭火剂和灭火方法。如果该场所内的危险化学品品种较为固定，平时就应有针对性地配备灭火剂和消防设施。

（5）在平时，针对发生爆炸、喷溅等特别危险情况，拟定紧急应对方案（包括撤退方案），并进行演练。

### 324. 压缩或液化气体火灾的扑救要点有哪些？

答：压缩或液化气体总是被储存在不同的容器内，或通过管道输送。其中储存在较小钢瓶内的气体压力较高，受热或受火焰熏烤容易发生爆裂。气体泄漏后遇着火源已形成稳定燃烧时，其发生爆炸或再次爆炸的危险性与可燃气体泄漏未燃时相比要小得多。压缩或液化气体火灾一般应采取以下基本对策：

（1）切忌盲目扑灭火势，即使在扑救周围火势以及冷却过程中不小心把泄漏处的火焰扑灭了，在没有采取堵漏措施的情况下，也必须立即用长点火棒将火点燃，使其恢复稳定燃烧。否则，大量可燃气体泄漏出来与空气混合，遇着火源就会发生爆炸，后果将不堪设想。

（2）首先应扑灭外围被火源引燃的可燃物火势，切断火势蔓延途径，控制燃烧范围，并积极抢救受伤和被困人员。

（3）如果火势中有压力容器或有受到火焰辐射热威胁的压力容器，能疏散的应尽量在水枪的掩护下疏散到安全地带，不能疏散的应部署足够的水枪进行冷却保护。为防止容器爆裂伤人，进行冷却的人员应尽量采用低姿射水或利用现场坚实的掩蔽体防护。对卧式储罐，冷却人员应选择储罐四侧角作为射水阵地。

（4）如果是输气管道泄漏着火，应设法找到气源阀门。阀门完好时，只要关闭气体的进出阀门，火势就会自动熄灭。

（5）储罐或管道泄漏而且阀门无效时，应根据火势判断气体压力和泄漏口的大小及其形状，准备好相应的堵漏材料（如软木塞、橡皮塞、气囊塞、黏合剂、弯管工具等）。

（6）堵漏工作准备就绪后，即可用水扑灭火势，也可用干粉、二氧化碳、卤代烷灭火器灭火，但仍需用水冷却烧烫的罐或管壁。火扑灭后，应立即用堵漏材料堵漏，同时用雾状水稀释泄漏出来的气体。

（7）一般情况下完成了堵漏也就完成了灭火工作，但有时一次堵漏不一定能成功，如果二次堵漏失败，再次堵漏需一定时间，应立即用长点火棒将泄漏处点燃，使其恢复稳定燃烧，以防止较长时间泄漏出来的大量可燃气体与空气混合后形成爆炸性混合物，从而潜伏发生爆炸的危险，并准备再次灭火堵漏。

（8）如果确认泄漏口非常大，根本无法堵漏，只需冷却着火容器及其周围容器和可燃物品，控制着火范围，直到燃气燃尽，火势自动熄灭。

（9）现场指挥应密切注意各种危险征兆，遇有火势熄灭后较长时间未能恢复稳定燃烧或受热辐射的容器安全阀火焰变亮耀眼、尖叫、晃动等爆裂征兆时，指挥员必须适时做出准确判断，及时下达撤退命令。现场人员看到或听到事先规定的撤退信号后，应迅速撤退至安全地带。

（10）气体储罐或管道阀门处泄漏着火时，在特殊情况下，只要判断阀门尚有效，也可违反常规，先扑灭火势，再关闭阀门。一旦发现关闭已无效，一时又无法堵漏时，应迅速点燃，恢复稳定燃烧。

### 325. 易燃液体火灾基本的扑救要点有哪些？

**答：**易燃液体通常也是储存在容器内或用管道输送的。与气体不同的是，液体容器有的密闭，有的敞开，一般都是常压。液体不管是否着火，如果发生泄漏或溢出，都将顺着地面（或水面）漂散流淌，而且，易燃液体还有相对密度和水溶性等涉及能否用水和普通泡沫扑救的问题以及危险性很大的沸溢和喷溅问题，因此，遇易燃液体火灾，一般应采取以下基本对策：

（1）首先应切断火势蔓延的途径，冷却和疏散受火势威胁的压力及密闭容器和可燃物，控制燃烧范围，并积极抢救受伤和被困人员。如有液体流淌时，应筑堤拦截或挖沟导流。

（2）及时了解和掌握着火液体的品名、相对密度、水溶性、喷溅等危险性，以便采取相应的灭火和防护措施。

（3）对较大的储罐或流淌液体火灾，应准确判断着火面积。

1）小面积（一般 $50m^2$ 以内）液体火灾，一般可用雾状水扑灭。用灭火器一般更有效。

2）大面积液体火灾则必须根据其相对密度、水溶性和燃烧面积，选择正确的灭火剂扑救。

3）比水轻又不溶于水的液体（如汽油、苯等），用直流水、雾状水灭火往往无效。可用普通泡沫灭火剂扑灭，最好用水冷却罐壁。

4）比水重又不溶于水的液体（如二硫化碳）起火时可用水扑救，水能覆盖在液面上灭火。用泡沫也有效，最好用水冷却罐壁。

5）具有水溶性的液体（如醇类、酮类等），虽然从理论上讲能用水稀释扑救，但用此法要使液体闪点消失，水必须在溶液中占很大的比例，这不仅需要大量的水，也容易使液体溢出流淌，而普通泡沫又会受到水溶性液体的破坏，因此，最好用抗溶性泡沫扑救，也需用水冷却罐壁。

（4）扑救毒害性、腐蚀性或燃烧产物毒害性较强的易燃液体火灾，扑救人员必须佩戴防护面具，采取防护措施。

（5）扑救原油和重油等具有沸溢和喷溅危险的液体火灾，如有条件，可采用放水、搅拌等防止发生沸溢和喷溅的措施，同时必须注意计算可能发生沸溢、喷溅的时间和观察是否有喷溅的征兆，指挥员发现危险征兆时应迅速做出准确判断及时下达撤退命令，避免造成人员伤亡和装备损失。扑救人员看到或听到统一撤退信号后，应立即撤至安全地带。

（6）遇易燃液体管道或储罐泄漏着火，在把火势限制在一定范围内的同时，应设法关闭输送管道进、出口阀门。如果管道阀门已损坏或是储罐泄漏，应迅速准备好堵漏材料，然后先用泡沫、干粉、二氧化碳或雾状水等扑灭地上的流淌火焰，为堵漏扫清障碍，其次再扑灭泄漏口的火焰，并迅速采取堵漏措施。与气体堵漏不同的是，液体一次堵漏失败，可连续堵几次，只要用泡沫覆盖地面，堵住液体流淌和控制好周围着火源，不必点燃泄漏口的液体。

### 326. 爆炸物品火灾的扑救要点有哪些？

**答**：爆炸物品一般都有专门或临时的储存仓库。这类物品由于内部结构含有爆炸性基因，受摩擦、撞击、震动、高温等外界因素激发，极易发生爆炸，遇明火则更危险。遇爆炸物品火灾时，一般应采取以下基本对策：

（1）迅速判断和查明再次发生爆炸的可能性和危险性，紧紧抓住爆炸后和再次发生爆炸之前的有利时机，采取一切可能的措施，全力制止再次爆炸的发生。

（2）切忌用沙土盖压，以免增强爆炸物品爆炸时的威力。

（3）如果有疏散可能，人身安全上确有可靠保障，应迅速组织力量及时疏散着火区域周围的爆炸物品，使着火区周围形成一个隔离带。

（4）扑救爆炸物品堆垛时，水流应采用吊射，避免强力水流直接冲击堆垛，以免堆垛倒塌引起再次爆炸。

（5）灭火人员应尽量利用现场现成的掩蔽体或尽量采用卧姿等低姿射水，尽可能地采取自我保护措施。

（6）灭火人员发现有发生再次爆炸的危险时，应立即向现场指挥报告，现场指挥应迅速做出准确判断，确有发生再次爆炸征兆或危险时，应立即下达撤退命令。灭火人员看到或听到撤退信号后，应迅速撤离至安全地带，来不及撤退时，应就地卧倒。

### 327. 遇湿易燃物品火灾的扑救要点有哪些？

**答：**遇湿易燃物品（如金属钠、钾等）能与水或湿气发生化学反应，这类物品在达到一定数量时，绝对禁止用水、泡沫、酸碱等湿性灭火剂扑救，这就为其发生火灾时的扑救带来很大困难。通常情况下遇湿易燃物品火灾的扑救要点如下：

（1）首先要了解遇湿易燃物品的品名、数量，是否与其他物品混存，燃烧范围及火势蔓延途径等。

（2）如果只有极少量（一般在 50g 以内）遇湿易燃物品着火，则无论是否与其他物品混存，仍可以用大量水或泡沫扑救。水或泡沫刚一接触着火物品时，瞬间可能会使火势增大，但少量物品燃尽后，火势就会减小或熄灭。

（3）如果遇湿易燃物品数量较多，而且未与其他物品混存，则绝对禁止用水、泡沫、酸碱等湿性灭火剂扑救，而应该用干粉、二氧化碳、卤代烷扑救，只有轻金属（如钾、钠、铝、镁等）用后两种灭火剂无效。遇湿易燃物品应该用水泥（最常用）、干砂、干粉、硅藻土及蛭石等覆盖。对遇湿易燃物品中的粉尘如镁粉、铝粉等，切忌喷射有压力的灭火剂，以防将粉尘吹扬起来，与空气形成爆炸性混合物而导致爆炸。

（4）如遇有较多的遇湿易燃物品与其他物品混存，则应先查明是哪类物品着火，遇湿易燃物品的包装是否损坏。如果可以确认遇湿易燃物品尚未着火，包装也未损坏，应立即用大量水或泡沫扑救，扑灭火势后立即组织力量将遇湿易燃物品疏散到安全地点。如果确认遇湿易燃物品已经着火或包装已经损坏，则应禁止用水或湿性灭火剂扑救。若是液体应该用干粉等灭火剂扑救；若是固体应该用水泥、干沙扑救；如遇钾、钠、铝、镁等轻金属火灾，最好用石墨粉、氯化钠以及专用的轻金属灭火剂扑救。

（5）如果其他物品火灾威胁到相邻的较多遇湿易燃物品，应考虑其防护问题。可先用油布、塑料布或其他防水布将其遮盖，然后在上面盖上棉被并淋水；也可以考虑筑防水堤等措施。

**328. 易燃固体、自燃物品火灾的扑救要点有哪些？**

答：相对于其他危险化学品而言，易燃固体、自燃物品火灾的扑救较为容易，一般都能用水和泡沫扑救。但是有少数物品的扑救比较特殊，需要注意如下几点：

（1）甲醚、二硝基萘、萘等能够升华的易燃固体，受热会放出易燃蒸气，能在上层空间与空气形成爆炸性混合物，尤其在室内，容易发生爆燃。因此在扑救此类物品火灾时，应注意，不能以为明火扑灭即完成灭火工作，而要在扑救过程中不时向燃烧区域上空及周围喷射雾状水，并用水浇灭燃烧区域及周围的所有火源。

（2）黄磷是自燃点很低，在空气中极易氧化并自燃的物品。扑救黄磷火灾时，首先应切断火势蔓延途径，控制燃烧范围。对着火的黄磷应该用低压水或雾状水扑救。高压水流冲击能使黄磷飞溅，导致灾害扩大。已熔融黄磷流淌时，应该用泥土、沙袋等筑堤阻截并用雾状水冷却。对磷块和冷却后已凝固的黄磷，应该用钳子夹到储水容器中。

（3）少数易燃固体和自燃物品，如三硫化二磷、铝粉、烷基铝、保险粉等，不能用水和泡沫扑救，应根据具体情况分别处理，一般宜选用干砂和非压力喷射的干粉扑救。

**329. 氧化剂和有机过氧化物火灾的扑救要点有哪些？**

答：从灭火角度来说，氧化剂和有机过氧化物是一个杂类。

不同的氧化剂和有机过氧化物物态不同，危险特性不同，适用的灭火剂也不同。因此，扑救此类火灾比较复杂，其扑救要点如下：

（1）首先要迅速查明着火的氧化剂和有机过氧化物以及其他燃烧物品的品名、数量、主要危险特性，燃烧范围、火势蔓延途径，能否用水和泡沫扑救等情况。

（2）能用水和泡沫扑救时，应尽力切断火势蔓延途径，孤立火区，限制燃烧范围，同时积极抢救受伤及受困人员。

（3）不能用水、泡沫和二氧化碳扑救时，应该用干粉扑救或用水泥、干沙覆盖。用水泥、干沙覆盖时，应先从着火区域四周特别是下风方向或火势主要蔓延方向覆盖起，形成孤立火势的隔离带，然后逐步向着火点逼近。需注意的是，由于大多数氧化剂和有机过氧化物遇酸会发生化学反应甚至爆炸，所以不能用水、泡沫和二氧化碳扑救。因此，专门生产、使用、储存、经营、运输此类物品的单位及场所不要配备酸碱灭火器，对泡沫和二氧化碳灭火剂也要慎用。

## 330. 毒害品、腐蚀品火灾的扑救要点有哪些？

**答：**毒害品、腐蚀品火灾扑救不很困难，但是此类物品对人体都有一定危害。毒害品主要经口、呼吸道或皮肤使人体中毒；腐蚀品是通过皮肤接触灼伤人体。所以在扑救此类火灾时要特别注意对人体的保护。

（1）灭火人员必须穿着防护服，佩戴防护面具。一般情况下穿着全身防护服即可，对有特殊要求的物品，应穿着专用防护服。在扑救毒害品火灾时，最好使用隔绝式氧气或空气面具。

（2）限制燃烧范围，积极抢救受伤及受困人员。

（3）应尽量使用低压水流或雾状水，避免毒害品和腐蚀品溅出；遇酸类或碱类腐蚀品，最好配制相应的中和剂进行中和。

（4）遇毒害品和腐蚀品容器设备或管道泄漏，在扑灭火势后应采取堵漏措施。

（5）浓硫酸遇水能放出大量的热，会导致沸腾飞溅，需要特别注意防护。扑救有浓硫酸的火灾时，如果浓硫酸数量不多，可用大量低压水快速扑救；如果浓硫酸数量很大，应先用二氧化碳、干粉、卤代烷等灭火，然后迅速将浓硫酸与着火物品分开。

**331. 放射性物品火灾的扑救要点有哪些？**

答：放射性物品是一类能放射出严重危害人体健康甚至生命的射线或中子流的特殊物品。扑救此类火灾必须采取防护射线照射的特殊措施。生产、使用、储存、经营及运输放射性物品的单位和消防部门应配备一定数量的防护装备和放射性测试仪器。此类火灾的扑救要点如下：

（1）首先要派人测试火场范围和辐射（剂）量，测试人员应采取防护措施。

（2）对辐射（剂）量超过 0.0387C/kg 的区域，灭火人员不能深入辐射区域实施扑救；对辐射（剂）量低于 0.0387C/kg 的区域，可快速用水或泡沫、二氧化碳、干粉、卤代烷扑救，并积极抢救受伤及受困人员。

（3）对燃烧现场包装没有破坏的放射性物品，可在水枪掩护下设法疏散；无法疏散时，应就地冷却保护，防止扩大破损程度，增加辐射（剂）量。

（4）对已破损的容器切忌搬动或用水流冲击，以防止放射性污染范围扩大。

（5）灭火人员必须穿戴防护服及配备必要的防护装备。

**332. 为什么特殊物质扑救需专业消防人员？**

答：特殊物质扑救需专业消防人员的原因如下：

（1）扑救金属粉末物质，如镁粉、铝粉、钛粉、锆粉等金属元素的粉末，不可用水施救。

（2）扑救硫的磷化物，如三硫化四磷、五硫化二磷等，由于其遇水或潮湿空气，可分解产生易燃有毒的硫化氢气体，不可用水施救。

（3）遇湿易燃物品能与水发生化学反应，产生可燃气体和热量，有时即使没有明火也能自动着火或爆炸，如金属钾、钠等。因此，这类物品有一定数量时，绝对禁止用水、泡沫、酸碱灭火器等湿性灭火剂扑救。

（4）氧化剂和有机过氧化物从灭火角度讲是一个杂类。有些氧化剂本身不燃，但遇可燃物品或酸碱能着火和爆炸。有机过氧化物本身就能着火、爆炸，危险性特别大，扑救时要注意人员防护。

（5）绝大部分有机毒害品都是可燃物，且燃烧时能产生大量的有毒或极毒的气体，所以做好毒害品着火时的应急、灭火措施是十分重要的。

（6）腐蚀品着火，一般可用雾状水和干沙、泡沫、干粉扑救，不宜用高压水扑救，以防腐蚀液四处飞溅，伤害扑救人员。灭火人员要注意防腐、防毒气，应戴防护面具，穿橡胶雨衣、长筒胶鞋，戴防腐手套等。

### 333. 粉尘爆炸的机理有哪些?

**答**：当可燃性固体呈粉体状态，粒度足够细，飞扬悬浮于空气中，并达到一定浓度，在相对密闭的空间内，遇到足够的点火能量，就能发生粉尘爆炸。具有粉尘爆炸危险性的物质较多，常见的有金属粉尘（如镁粉、铝粉等）、煤粉、粮食粉尘、饲料粉尘、棉麻粉尘、烟草粉尘、纸粉、木粉、火炸药粉尘和大多数含有 C、H 元素及与空气中氧气反应能放热的有机合成材料粉尘等。

### 334. 粉尘爆炸过程有哪些特点?

**答**：从粉尘爆炸过程可以看出，粉尘爆炸有如下特点：

（1）粉尘爆炸速度或爆炸压力上升速度比爆炸气体小，但燃烧时间长，产生的能量大，破坏程度大。

（2）爆炸感应期较长。粉尘的爆炸过程比气体的爆炸过程复杂，要经过尘粒的表面分解或蒸发阶段及由表面向中心延烧的过程，所以感应期比气体长得多。

（3）有产生二次爆炸的可能性。因为粉尘初次爆炸产生的冲击波会将堆积的粉尘扬起，悬浮在空气中，在新的空间形成达到爆炸极限浓度范围内的混合物，而飞散的火花和辐射热成为点火源，引起第二次爆炸。这种连续爆炸会造成严重的破坏。粉尘有不完全燃烧现象，在燃烧后的气体中含有大量的 CO 及粉尘（如塑料粉）自身分解的有毒气体，会造成死亡的事故。

## 335. 粉尘爆炸的条件和预防措施有哪些？

答：粉尘爆炸的条件主要有：
（1）粉尘本身具有可燃性。
（2）粉尘虚浮在空气中并达到一定浓度。
（3）有足以引起粉尘爆炸的起始能量。

通过对粉尘爆炸条件的分析，可以看出预防粉尘爆炸的措施其实很简单，主要是对生产过程中产生的粉尘气体进行回收，通过布袋除尘器进行净化。其次，加强通风，降低环境粉尘含量。第三，设备有效接地，作业现场采取动火措施，避免产生静电、火花、明火和热源。

## 336. 静电是如何产生的？

答：静电事故是工艺过程中或人们活动中产生的，相对静止的正电荷和负电荷形式的能量造成的事故。从传统的观点来看，它是化工、石油、粉碎加工等行业引起火灾、爆炸等事故的主要诱发因素之一，也是亚麻、化纤等纺织行业加工过程中的质量及安全事故隐患之一，还是造成人体电击危害的重要原因之一。

最常见产生静电的方式是接触-分离起电。当两种物体接触，其间距离小于 $25 \times 10^{-8}$ cm 时，将发生电子转移，并在分界面两侧出现大小相等、极性相反的两层电荷。当两种物体迅速分离时即可能产生静电。下列工艺过程比较容易产生和积累危险静电：

（1）固体物质大面积的摩擦。

（2）固体物质的粉碎、研磨过程，粉体物料的筛分、过滤、输送、干燥过程，悬浮粉尘的高速运动。

（3）在混合器中搅拌各种高电阻率物质。

（4）高电阻率液体在管道中高速流动、液体喷出管口、液体注入容器。

（5）液化气体、压缩气体或高压蒸气在管道中流动或由管口喷出时。

（6）穿化纤布料衣服、穿高绝缘鞋的人员在操作、行走、起立等。

### 337. 静电有哪些特点？

答：静电的特点有：

（1）静电电压高。固体静电可达 200kV 以上，液体静电和粉体静电可达数万伏，气体和蒸气静电可达 10kV 以上，人体静电也可达 10kV 以上。

（2）静电泄漏慢。由于积累静电的材料的电阻率都很高，其静电泄漏很慢。

（3）绝缘导体与静电非导体的危险性。带有相同数量静电荷和表面电压的绝缘的导体要比非导体危险性大。

（4）远端放电。根据感应起电原理，静电可以由一处扩散到另一处，并可在预想不到的地方放电，或使人受到电击。

（5）尖端放电。静电电荷在导体表面上的分布同导体的几何形状有密切关系，因此在导体尖端部分电荷密度最大，电场最强，能够产生尖端放电。

（6）静电屏蔽。可以用接地的金属网、容器等将带静电的物体屏蔽起来，不使外界遭受静电危害。

（7）静电的影响因素多。静电的产生和积累受材质、杂质、物料特征、工艺设备、工艺参数、湿度和温度等因素的影响，事故的随机性强。

### 338. 静电有哪些危害？

答：静电的危害有：

（1）引起爆炸和火灾。静电能量虽然不大，但因其电压很高而容易发生放电，出现静电火花，在有可燃液体的作业场所，可能由静电火花引起火灾；在有气体、蒸气爆炸性混合物或有粉尘纤维爆炸性混合物的场所，可能由静电火花引起爆炸。此外，在带电绝缘体与接地体之间产生的表面放电导致着火的概率也很高。

（2）静电电击。静电造成的电击，可能发生在人体接近带电物体的时候，也可能发生在带静电电荷的人体接近接地体的时候。电击程度与所储存的静电能量有关，能量愈大，电击愈严重。但由于一般情况下，静电的能量较小，虽然不会直接使人致命，但会在电击后产生恐惧心理，工作效率下降。

（3）静电妨碍生产。在某些生产过程中，如不消除静电，将会妨碍生产或降低产品质量。

### 339. 设备、设施防止静电的技术措施有哪些？

答：设备、设施防止静电的技术措施有：

（1）环境危险程度控制。静电引起爆炸和火灾的条件之一是有爆炸性混合物存在。为了防止静电的危险，可采用取代易燃介质、降低爆炸性混合物的浓度、减少氧化剂含量等控制所在环境爆炸和火灾危险程度的措施。

（2）采用工艺法控制静电的产生。工艺控制法就是从工艺流程、设备结构、材料选择和操作管理等方面采取措施，限制静电的产生或控制静电的积累，使之达不到危险的程度。比如限制输送物料流速，选用合适的材料，改变灌注方式，加速静电电荷的消散方式等。

（3）泄漏导走法。泄漏导走法即在工艺过程中，采用空气增湿、加抗静电添加剂、静电接地和规定静止时间的方法，将带电体上的电荷向大地泄漏消散，以期得到安全生产的保证。

（4）采用静电中和器。静电中和器又叫静电消除器，是能产生电子和离子的装置。由于产生了电子和离子，物料上的静电电荷得到异性电荷的中和，从而消除静电的危险。静电中和器主要用来消除非导体上的静电。

（5）加强静电安全管理。静电安全管理包括制定静电安全操作规程、制定静电安全指标、静电安全教育、静电检测管理等内容。

### 340. 人体防止静电的技术措施有哪些？

**答：**人体防静电主要是防止带电体向人体放电或人体带静电所造成的危害，既可利用接地、穿防静电鞋、防静电工作服等具体措施，减少静电在人体上积累，又要加强规章制度和安全技术教育，保证静电安全操作。具体措施如下：

（1）人体接地。在人体必须接地的场所，应装设金属接地棒等消电装置。工作人员随时用手接触接地棒，以清除人体所带有的静电。

（2）工作地面导电化。采用导电性地面是一种接地措施，不仅能导走设备上的静电，而且有利于导除积累在人体上的静电。用洒水的方法使混凝土地面、嵌木胶合板湿润，使橡皮、树脂和石板的黏合面以及涂刷地面能够形成水膜，增加其导电性。

（3）确保安全操作。在工作中，应尽量不做与人体带电有关的事情，如接近或接触带电体；在有静电危险的场所，不得携带与工作无关的金属物品，如钥匙、硬币、手表、戒指等，也不许穿钉子鞋等进入现场。

### 341. 什么是雷电？种类有哪些？

**答：**雷电是一种自然现象，它产生的强电流、高电压、高温、高热具有很大的破坏力和多方面的破坏作用，给电力系统、人类造成严重灾害。如对建筑物或电力设施的破坏，对人畜伤害，引起大规模停电、火灾或爆炸等。

雷电放电现象可分为雷云对大地放电和云间放电两种情况。即当电荷积聚到一定程度时，产生云和云间以及云和大地间的放电，同时发出光和声的现象。

根据雷电的形成机理及侵入形式，雷电可分为下面几种：

(1) 直击雷。当雷云较低时，就会在地面较高的凸出物上产生静电感应，感应电荷与雷云所带电荷相反而发生放电，这种直接的雷击称为直击雷。

(2) 感应雷。感应雷有静电感应雷和电磁感应雷两种。由于雷云接近地面时，在地面凸出物顶部感应出大量异性电荷。当雷云与其他雷云或物体放电后，地面凸出物顶部的感应电荷失去束缚，以雷电波的形式沿地面极快地向外传播，在一定时间和部位发生强烈放电，形成静电感应雷。电磁感应雷是在发生雷电时，巨大的雷电流在周围空间产生强大的变化率很高的电磁场，可在附近金属物上发生电磁感应产生很高的冲击电压，其在金属回路的断口处发生放电而引起强烈的火光和爆炸。

(3) 球形雷。球形雷是雷击时形成的一种发红光或白光的火球，通常以 2m/s 左右的速度从门、窗或烟囱等通道侵入室内，在触及人畜或其他物体时发生爆炸、燃烧而造成伤害。

(4) 雷电侵入波。雷电侵入波是雷击时在电力线路或金属管道上产生的高压冲击波，沿线路或管道侵入室内，或者破坏设备绝缘窜入低压系统，危及人畜和设备安全。

### 342. 雷击的伤害有哪些?

**答：**雷击损伤一般伤情较重，非死即伤。主要造成灼伤、神经系统损伤、耳鼓膜破裂、爆震性耳聋、白内障、失明、肢体瘫痪或坏死，重则呼吸心跳停止、休克、死亡等。雷击与高压电击伤类似。

（1）雷电致人伤害的因素。

1）高电压。打雷时正负电位差可达几千万甚至几亿伏特，遭遇雷击时的电压足以致人死亡。

2）强电流。超出人体忍受强度的电流即可对人造成伤害。电流越强，伤害越大。雷击的电流足以致人休克或死亡。

3）雷击部位与触电时间。一般雷击电流通过大脑、心脏等重要器官者危害大，触电时间长者危害更大。

（2）雷击造成的主要伤害。

1）大脑神经系统损伤致昏迷、休克、惊厥、神经失能、痉挛、伤后遗忘等。

2）心血管系统损伤造成心脏停搏，血管灼伤、断裂，形成血栓供血中断等。

3）呼吸系统损伤。由于脑、神经传导及呼吸肌的痉挛等，造成呼吸功能失常，导致呼吸停止或异常。

4）运动系统损伤。由于昏迷、休克、惊厥，或肌肉灼伤，可致运动功能丧失；高空作业者从高处坠落，伤亡更重。

（3）雷击的特点。雷击（电击）损伤瞬间发生，伤情严重，生命危在旦夕，必须立即施救。多数患者要给予心肺复苏、脑复苏抢救，有心室纤颤、心律异常者，应给予除颤整律治疗。雷击损伤较为复杂，要求多学科综合救治。重点在于维持呼吸、稳定血压、纠正酸中毒、医治烧灼伤等。

### 343. 容易遭受雷击的建筑物有哪些？

答：容易遭受雷击的建筑物有：

（1）旷野孤立的或高于 20m 的物体。

（2）金属屋面、砖木结构的物体。

（3）河边、湖边、土山顶部的物体。

（4）地下水露头处、特别潮湿处，地下有导电性矿藏处或土壤电阻率较小处的物体。

（5）在建筑物群中高于 25m 的建筑物。

**344. 室内防雷措施有哪些?**

答:室内防雷措施有:

(1) 不要开门窗,以防侧击雷和球雷侵入。

(2) 切断家用电器的电源,并拔掉电话插头。

(3) 不要接触煤气管道、自来水管道以及各种带电装置。

(4) 不要使用座机、手机,不要上网。

(5) 不要穿潮湿衣服。

(6) 不要靠近潮湿的墙壁。

(7) 不要紧靠电源线、电话线、广播线。

(8) 不要用喷头冲凉,因为巨大的雷电会沿着水流袭击淋浴者。

**345. 户外防雷措施有哪些?**

答:户外防雷措施有:

(1) 不要靠近建筑物的避雷针及其接地线。

(2) 不要靠近各种杆、塔、天线、烟囱等高耸的建筑物。

(3) 不要在山丘、海滨、河边、池旁停留,不进入孤立的棚屋、岗亭。

(4) 不要在大树下躲避,如万不得已,则与树干保持 3m 距离,下蹲并双腿靠拢。

(5) 不要触摸金属晒衣绳、铁丝网、电线。

(6) 打雷时,头颈有蚂蚁爬行感,头发竖起,说明将发生雷击,应赶紧趴在地上,并拿去身上的金属饰品和发卡等。

(7) 在户外避雨时,不要用手撑地,应双手抱膝,胸口紧贴膝盖,尽量低下头,不要与人拉在一起。

(8) 不要在旷野行走,如有急事,应穿不浸水的雨衣,不要用金属杆的雨伞。

(9) 雷雨时不要骑车在雨中狂奔。

(10) 不要把带有金属杆的工具如铁锹、铁钎等扛在肩上行走。

（11）看到高压线遭雷击断，断点附近存在跨步电压，千万不要跑动，而应双脚并拢，跳离现场。

（12）如果遇见球形雷，千万不要跑动，因为球形雷一般跟随气流飘动。在野外，可拾起身边的石块使劲向远处扔去，将球形雷引开，以免误伤人群。

### 346. 常见的防雷保护装置有哪些？

**答**：常用的避雷装置是基于将雷电流引入大地这种思路设计的，有避雷针、避雷线、避雷网、避雷带和避雷器等。

为防止跨步电压伤人，防直击雷接地装置（如图 6-2 所示）距建筑物出入口和人行道的距离不小于 3m。距电气设备接地装置要求在 5m 以上。其工频接地电阻一般不大于 $10\Omega$，如果防雷接地与保护接地合用接地装置时，接地电阻不应大于 $1\Omega$。

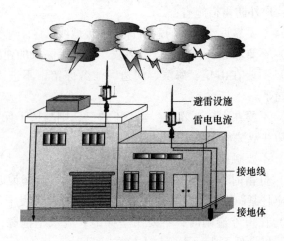

避雷设施

雷电电流

接地线

接地体

图 6-2　防雷接地装置

### 347. 发生雷击事故时如何急救？

**答**：当人体被雷击中后，往往会觉得遭雷击的人身上还有电，不敢抢救而延误了救援时间，其实这种观念是错误的。如果出现了因雷击昏倒而"假死"的状态时，可以采取如下的救护方法：

（1）伤者就地平卧，松解衣扣、乳罩、腰带等。

（2）进行口对口人工呼吸。雷击后进行人工呼吸的时间越早，对伤者的身体恢复越好，因为人脑缺氧时间超过十几分钟就会有致命危险。另外，如果能在 4min 内以心肺复苏法进行抢救，让心脏恢复跳动，可能还来得及救活。

（3）对伤者进行心脏按压，并迅速通知医院进行抢救处理。如果遇到一群人被闪电击中，那些会发出呻吟的人可暂时放开，应先抢救那些已无声息的人。

（4）如果伤者遭受雷击后引起衣服着火，此时应马上让伤者躺下或滚动灭火，以使火焰不致烧伤面部，并往伤者身上泼水，或者用厚外衣、毯子等把伤者裹住以隔绝空气，尽快扑灭火焰。

（5）送医院急救。

## 348. 什么是电磁辐射？

随着现代科技的高速发展，一种看不见、摸不着的污染源日益受到各界的关注，这就是被人们称为"隐形杀手"的电磁辐射。常见的电磁辐射源主要有：

（1）天然的电磁辐射。天然的电磁辐射是某些自然现象引起的。最常见的是雷电，除了可能对电气设备、飞机、建筑物等直接造成危害外，也会在广大地区从几千赫到几百兆赫的极宽频率范围内产生严重电磁干扰。火山喷发、地震和太阳黑子活动引起的磁暴等都会产生电磁干扰。天然的电磁辐射对短波通信的干扰特别严重。

（2）人为的电磁辐射。人为的电磁辐射主要有：

1）脉冲放电。例如切断大电流电路时产生的火花放电，其瞬时电流变化频率很大，会产生很强的电磁干扰。它在本质上与雷电相同，只是影响区域较小。

2）工频交变电磁场。例如在大功率电机、变压器以及输电线等附近的电磁场，它并不以电磁波形式向外辐射，但在近场区会产生严重电磁干扰。

3）射频电磁辐射。例如无线电广播、电视、微波通信等各种射频设备的辐射，频率范围宽广，影响区域也较大，能危害近场区的工作人员。目前，射频电磁辐射已经成为电磁辐射环境的主要因素。

一般来说，雷达系统、电视和广播发射系统、射频感应及介质加热设备、射频及微波医疗设备、各种电加工设备、通信发射台站、卫星地球通信站、大型电力发电站、输变电设备、高压及超高压输电线、地铁列车及电气火车以及大多数家用电器等都是可以产生各种形式、不同频率、不同强度的电磁辐射源。

### 349. 电磁辐射对人体有哪些危害？

**答：** 电磁辐射对人体有以下危害：

（1）热效应。人体中的水分子受到电磁波辐射后相互摩擦，引起机体升温，从而影响到体内器官的正常工作。

（2）非热效应。人体的器官和组织都存在微弱的电磁场，它们是稳定和有序的，一旦受到外界电磁场的干扰，处于平衡状态的微弱电磁场即将遭到破坏，人体也会遭受损伤。

（3）累积效应。热效应和非热效应作用于人体后，对人体的伤害尚未来得及自我修复之前，再次受到电磁波辐射的话，其伤害程度就会发生累积，久而久之会成为永久性病态，危及生命。

对于长期接触电磁波辐射的群体，即使功率很小，频率很低，也可能会诱发想不到的病变，应引起警惕。

多种频率电磁波特别是高频波和较强的电磁场作用人体的直接后果是在不知不觉中导致人的精力和体力减退，容易产生白内障、白血病、脑肿瘤、心血管疾病、大脑机能障碍以及妇女流产和不孕等，甚至导致人类免疫机能的低下，从而引起癌症等病变。

### 350. 电磁辐射的防护措施有哪些？

**答**：电磁辐射传播途径有两条：一是通过空间直接辐射；二是借助电磁耦合由线路传导。防护措施主要有电磁屏蔽、接地等。

（1）电磁屏蔽。电磁辐射的防护手段是在电磁场传递的途径中安设电磁屏蔽装置，使有害的电磁场强度降低至允许范围以内。电磁屏蔽装置一般为金属材料制成的封闭壳体。一般来说，频率越高，壳体越厚，材料导电性能越好，屏蔽效果也就越大。

（2）接地。所谓接地，就是在两点间建立传导通路，以便将电子设备或元件连接到某些通常叫做"地"的参考点上。接地和屏蔽有机地结合起来，就能解决大部分电磁干扰问题。

（3）其他措施。控制电磁辐射，除采用上述电磁屏蔽措施外，还应积极采取其他综合性的防治对策。例如改进电气设备，实行遥控和遥测，减少接触高强度电磁辐射的机会等。

### 351. 什么是高处作业？如何分类？

**答**：高处作业是指距坠落高度基准面 2m 及其以上、有可能坠落的高处进行的作业。

高处作业分为一级、二级、三级和特级高处作业：作业高度符合 $2m \leqslant h < 5m$ 时，称为一级高处作业；作业高度符合 $5m \leqslant h < 15m$ 时，称为二级高处作业；作业高度符合 $15m \leqslant h < 30m$ 时，称为三级高处作业；作业高度 $h \geqslant 30m$ 以上时，称为特级高处作业。

从事高处作业应办理"作业证"，落实安全防护措施后方可作业。

### 352. 构成坠落的基本要素有哪些？

**答**：坠落事故的基本要素一般由以下四个方面构成：

（1）人的因素（不安全行为）。违反安全操作规程，作业人员的失误动作，作业人员身体疲劳过度，作业人员身体方面存在某些缺陷。

（2）物的因素（不安全状态，物质条件的不可靠性、不安全性）。设施结构不良、材料强度不够或磨损、老化，物的设置、定位不合要求，外部的、自然的不安全状态，外部存在有害物质或危险物，防护用品、用具失效或有缺陷，防护方法不当，作业方法不安全。

（3）环境的因素（环境条件和管理条件）。工艺布置不合理，作面窄小，作业环境颜色、照明、振动、噪声及温度、通风等的不合理。

（4）管理上的因素。技术上的缺陷，如设计、选材、维修工艺流程、操作规程等不合格或不合理；对作业人员的培训、教育不够，作业人员的安全知识、技术知识或安全意识不够；劳动组合不合理，劳动纪律松弛；对上岗作业前作业人员的身体状态及心理状态不了解。

## 353. 高处作业人员应注意哪些事项？

答：高处作业人员应注意的事项有：

（1）高处作业人员一般每年需要进行一次体格检查。患有心脏病、高血压、精神病、癫痫病的人，不可从事这类作业。

（2）高处作业人员的衣着要符合规定，不可赤膊裸身。脚下要穿软底防滑鞋，决不能穿拖鞋、硬底鞋和带钉易滑的靴鞋。操作时要严格遵守各项安全操作规程和劳动纪律。

（3）攀登和悬空作业（如架子工、结构安装工等）人员危险性都比较大，因而对此类人员应该进行培训和考试，取得合格证后再持证上岗。

（4）高处作业中所用的物料应该堆放平稳，不可放置在临边或周口附近，也不可妨碍通行和装卸。

### 354. 对安全带的性能要求有哪些？

**答**：安全带的性能要求主要分材料要求与外观、结构和尺寸要求。

（1）材料要求。安全带必须用锦纶、维纶、蚕丝等具有一定强度的材料制成。此外，用于制作安全带的材料还应具有重量轻、耐磨、耐腐蚀、吸水率低和耐高温、抗老化等特点。电工围杆带可用黄牛皮带制作。金属配件用普通碳素钢、合金铝等具有一定强度的材料制成。包裹绳子的绳套要用皮革、人造革、维纶或橡胶等耐磨抗老化的材料制成。电焊时使用的绳套应阻燃。

（2）外观、结构和尺寸要求。

1）腰带必须是一条整带，宽度为 40～50mm，长度必须大于或等于 1.3m。

2）安全绳的直径应大于等于 13mm，吊绳、安全钩或一端加钩，另一端压股扦花，电焊工用绳须全部加套，其他悬挂绳可部分加套，吊绳不必加套。

3）金属配件表面光洁，不得有尖刺麻点、裂纹、夹渣、气孔；边缘要呈圆弧列，表面必须防锈。金属圆环、半圆环、三角环、8 字环、品字环、三道联不许焊接，边缘要呈圆弧形。

4）腰带宽度大于等于 80mm，长度必须保持在 600～700mm之间，接触部分应垫有柔软材料，外层用织带或轻革包好，边缘圆无尖角。

5）安全带各部分，如腰带、胸带、背带、护腰带、腿带、胯带等均应用同一材料制作，线缝均匀，材质一致，颜色一致。

6）安全钩要有自锁装置（铁路调车员带除外），自锁钩用在钢丝绳上，钩舌与钩体不能偏斜。

### 355. 安全带使用应注意哪些事项？

**答**：安全带使用应注意的事项有：

（1）应当检查安全带是否经质检部门检验合格，在使用前应仔细检查各部分构件是否完好无损。

（2）使用安全带时，围杆绳上要有保护套，不允许在地面上拖着绳走，以免损伤绳套影响主绳。使用安全绳时不允许打结，并且在安全绳的使用过程中不能随意将绳子加长，这样有潜在的危险。

（3）架子工单腰带一般使用短绳比较安全。如需使用长绳，以选用双背式安全带比较安全。悬挂安全带不得低挂，应高挂低用或水平悬挂，并应防止安全带的摆动、碰撞，避开尖锐物体。

（4）不得私自拆换安全带上的各种配件。单独使用 3m 以上的长绳时应考虑补充措施。如在绳上加缓冲器、自锁钩或速差式自控器等。

（5）作业时应将安全带的钩、环牢固地挂在系留点上，卡好各个卡子并关好保险装置，以防脱落。

（6）低温环境中使用安全带时应注意防止安全绳变硬割裂。

### 356. 高空作业如何正确使用安全绳？

**答：** 为保证高空作业人员在移动过程中始终有安全保证，当进行特别危险的作业时，要求在系好安全带的同时，系挂安全绳，也叫手扶水平安全绳。

手扶水平安全绳的设置及使用要求有以下几个方面：

（1）手扶水平安全绳宜采用带有塑胶套的纤维芯钢丝绳，符合国家标准。

（2）钢丝绳两端应固定在牢固可靠的构架上，在构架上缠绕不得少于 2 圈，与构架棱角处相接触时应加衬垫。

（3）钢丝绳端部绳卡压板应在钢丝绳长头的一端，绳卡数量应不少于 3 个，绳卡间距不应小于钢丝绳直径的 6 倍。

（4）钢丝绳固定高度应为 1.1～1.4m，每间隔 2m 应设一个固定支撑点。

（5）手扶水平安全绳仅作为高处作业特殊情况下，为作业人员行走时的扶绳，严禁作安全带悬挂点使用。

（6）禁止使用麻绳来做安全绳。

（7）使用 3m 以上的长绳要加缓冲器。

（8）一条安全绳不能两人同时使用。

### 357. 使用安全网应注意哪些事项？

**答：** 使用安全网应注意以下事项：

（1）安全网在使用时应避免以下现象的发生：

1）随意拆除安全网的部件。

2）人员跳入或将物体投入安全网内。

3）在安全网内或下方堆积物品。

4）安全网周围有严重的腐蚀性烟雾存在。

5）大量焊接或其他火星落入安全网内。

（2）对于使用中的安全网应进行定期的检查，并及时清理网上的落物，当发生下列情况之一时应及时进行修理或更换：

1）安全网受到较大的冲击之后。

2）安全网发生霉变或其他腐蚀。

3）系绳脱落。

4）安全网发生严重的变形或磨损。

5）网的搭接处脱开。

### 358. 预防高处作业坠落措施有哪些？

**答：** 预防高处作业坠落的措施有：

（1）高处作业必须办理"作业证"，设监护人。

（2）高处作业应系与作业内容相适应的安全带。应特别注意检查安全带的结实程度，悬挂时挂点牢固，要高挂低用。

（3）作业场所有可能坠落的物件，应一律先行撤除或加以固定。

（4）高处作业所使用的工具、材料、零件等应装入工具袋，上下时手中不得持物。工具在使用时应系安全绳，不用时放入工具袋中。

（5）高处作业不得投掷工具、材料及其他物品。

（6）易滑动、易滚动的工具、材料堆放在脚手架上时，应采取防止坠落措施。

（7）作业中的走道、通道板和登高用具，应随时清扫干净；拆卸下的物件及余料和废料均应及时清理运走，不得任意乱置或向下丢弃。

（8）雨雪天作业前应清除构件上的霜雪、结冰；必要时可采取铺垫草袋、麻袋等措施。

（9）使用梯子登高作业时，必须先检查梯子是否牢固；使用时，梯子上端必须用绳子与固定的构件绑牢，竖立的梯子与地面的夹角不大于 60°。

（10）高处作业的脚手架必须绑扎牢固，搭设的跳板不得有探头跳。按规定安装护栏、安全网等一切防范坠落的安全设施。

（11）安装用的预留孔洞，应及时用结实的物件盖牢靠，防止作业人员从孔中坠落。

（12）不得在不坚固的结构（如彩钢板屋顶、石棉瓦等轻型材料）上作业。

（13）作业人员不得在高处作业处休息。

（14）高处作业与其他作业交叉进行时，应按指定的路线上下，不得上下垂直作业，如果需要垂直作业时应采取可靠的隔离措施。

（15）进行带电高处作业时，应使用绝缘工具或穿均压服。

（16）因作业必须临时拆除或变动安全防护设施时，应经作业负责人同意，并采取相应的措施，作业后应立即恢复。

（17）防护棚搭设时，应设警戒区，并派专人监护。

（18）作业人员在作业中如果发现情况异常，应发出信号，并迅速撤离现场。

## 359. 高处作业完工后的安全要求有哪些？

**答：**高处作业完工后的安全要求有：

（1）作业现场清扫干净，作业用的工具、拆卸下的物件及余料和废料应清理运走。

（2）脚手架、防护棚拆除时，应设警戒区，并派专人监护。拆除脚手架、防护棚时不得上部和下部同时施工。

（3）临时用电的线路应由持证电工拆除。

（4）作业人员要安全撤离现场，验收人在"作业证"上签字。

### 360. 发生高处坠落急救措施有哪些？

**答：** 高处坠落产生的伤害主要是脊椎损伤、内脏损伤和骨折。为避免施救方法不当使伤情扩大，抢救时应注意以下几点：

（1）首先看其是否清醒，能否自主活动。若能站起来或移动身体，则要让其躺下用担架抬送或用车送往医院。因为某些内脏伤害，当时可能感觉不明显。

（2）若伤员已不能动或不清醒，切不可乱抬，更不能背起来送医院，这样做极容易拉脱伤者脊椎，造成永久性伤害。此时应进一步检查伤者是否骨折。若有骨折，应采用夹板固定。

（3）送医院时应先找一块能使伤者平躺的木板，然后在伤者一侧将小臂伸入伤者身下，并分别托住头、肩、腰、腿等部位，同时用力，将伤者平稳托起，再平稳放在木板上，抬着木板送医院。

（4）若地坑内杂物较多，应由几个人小心抬抱，放在平板上抬出。若坠落地井中，无法让伤者平躺，则应小心地将伤者抱入筐中吊上来。施救时应注意严禁让伤者脊椎、颈椎受力。

### 361. 什么是高温作业？

**答：** 工作场所常遇到高温、高湿或存在有强烈热辐射的不良气候条件，在这样的环境中工作，称为高温作业。有下列情况之一的作业场所称为高温作业场所：

（1）有热源的作业场所中每小时散热量大于 83.6kJ/m³。

（2）工作地点气温高于 30℃；相对湿度超过 80%。

（3）工作地点热辐射强度超过 4.18J/（cm² · min）。

（4）炎热地区的工作地点温度超过 35℃，一般地区的工作地点气温超过 32℃。

### 362. 高温对人体有哪些影响？

**答**：当高温环境的热强度超过一定限度时，可对人体产生多方面的不利影响。主要有：

（1）人体热平衡。在高温环境下作业可导致体温上升。如体温上升到 38℃ 以上时，一部分人即可表现出头痛、头晕、心慌等症状。严重者可能导致中暑或热衰竭。

（2）水盐代谢。高温作业者由于排汗增多而丧失大量水分、盐分，若不能及时得到补充，可出现工作效率低、乏力、口渴、脉搏加快、体温升高等现象。

（3）循环系统。在高温条件下作业，皮肤血管扩张，血管紧张度降低，可使血压下降。但在高温与重体力劳动相结合情况下，血压也可增高，但舒张压一般不增高，甚至略有降低。脉搏加快，心脏负担加重。

（4）消化系统。在高温环境下作业，易引起消化道胃液分泌减少，因而造成食欲减退。高温作业工人消化道疾病患病率往往高于一般工人，而且工龄越长，患病率越高。

（5）泌尿系统。长期在高温条件下作业，若水盐供应不足，可使尿浓缩，增加肾脏负担，有时可以导致肾功能不全。

（6）神经系统。在高温、热辐射环境下作业，可出现中枢神经系统抑制，注意力和肌肉工作能力降低，动作的准确性和协调性差。由于劳动者的反应速度降低，正确性和协调性受到阻碍，所以容易发生工伤事故。

### 363. 中暑的原因有哪些？

**答**：正常情况人的体温恒定在 37℃ 左右，是通过下丘脑体温调节中枢的作用，使产热与散热取得平衡。当周围环境温度超过皮肤温度时，散热主要靠出汗以及皮肤和肺泡表面的蒸发。人体的散热还可以通过血液循环，将深部组织的热量带至上下组织，通过扩张的皮肤血管散热，因此经过皮肤血管的血流越多，散热就越快。如果产热大于散热或散热受阻，体内有过量的热蓄积，即产生高热中暑。

**364. 中暑有哪几种临床表现?**

**答:** 中暑的临床表现如下:

(1)先兆中暑。在高温作业场所工作一定时间后，出现大量出汗、口渴、头晕、耳鸣、胸闷、心悸、恶心、全身疲乏、四肢无力、注意力不集中、动作不协调等症状，体温正常或略有升高（不超过37.5℃）。此时如能及时离开高温环境，经休息后短时间内即可恢复正常。

(2)轻症中暑。除以上症状外，还发生体温升高，面色潮红、胸闷、皮肤干热，或有面色苍白、恶心、呕吐、大汗、血压下降、脉搏细弱等症状。体温在38℃以上;轻症中暑处理得当，在4~5h内可以恢复。

(3)重症中暑。也称热衰竭，除具有轻症中暑的症状外，在工作中突然昏倒或痉挛，体温在40℃以上，出汗停止，皮肤干燥、灼热，呼吸急促，脉搏大于140次/min。对这类重症中暑必须及时进行抢救治疗。

**365. 中暑的急救措施有哪些?**

**答:** 中暑的急救措施如下:

(1)搬移。速将患者抬到通风、阴凉、干爽的地方，使其平卧并解开衣扣，松开或脱去衣服，如衣服被汗水湿透应更换衣服。

(2)降温。患者头部可捂上毛巾，可用50%酒精、白酒、冰水或冷水进行全身擦拭，然后用电风扇吹风，加速散热，当体温降至 38℃以下，停止一切强降温措施。

（3）补水。患者仍有意识时，可给一些清凉饮料，在补充水分时，可加入 0.3％的盐。但千万不可补充大量水分，否则会引起呕吐、腹痛、恶心等症状。也可服送解暑药物，如十滴水、解暑片等。

（4）促醒。人若已失去知觉，可指掐人中、合谷等穴，使其苏醒。若停止呼吸，应立即实施人工呼吸。

（5）转送。对于重症中暑病人，必须立即送医院救治。搬运病人时，应用担架运送，不可使患者步行，同时运送途中要注意，尽可能地用冰袋敷于病人额头、枕后、胸口等部位，积极进行物理降温，以保护大脑、心肺等重要器官。

### 366. 夏季为什么容易疲劳？

答：疲劳是职工安全作业不利原因之一。因为当人疲劳时，感觉机能弱化，听觉和视觉灵敏度降低。随着疲劳程度的进一步发展，会引起心理活动上的变化，人的注意力、思维能力随之降低，进而影响判断、操作的准确性，导致事故发生。疲劳的原因有：

（1）睡眠不足。成年人一昼夜以睡 7～8h 为宜，如果小于这个时间，就很容易疲劳。

（2）精神负担重。家务事多，夫妇不和以及因其他问题增加精神负担，会使操作人员休息不好，情绪烦乱，也常常导致疲劳。

（3）饮食不足，营养不良。饿肚子上班作业时常会发生身体疲劳现象。

（4）身体、技术条件。如体弱者比健康者易疲劳，女性比男性易疲劳；技术生疏者比技术熟练者易疲劳。

（5）作业环境的温度、湿度、噪声振动、粉尘都会对人产生不良影响，导致疲劳。如现场噪声在 90dB 以上时，人的听觉暂时迟钝，并产生头晕、情绪急躁等身心不适的现象。

（6）长时期的紧张工作，缺乏调节也会产生疲劳。

### 367. 高温作业者为什么应适当补盐？

**答**：在正常情况下，人体内水和盐的平衡是通过神经体液的调节来实现的。人体的重量有 60%～70% 是水分，其中 60% 为细胞内液作媒介。汗液中含氯化钠 0.10%～0.35%，高温岗位作业工人 8h 工作出汗量可达 6～10L，损失盐分达 15～25g，若不及时补充水、盐，就会发生代谢不平衡，导致中暑。

因此，对高温条件下作业的人员，应该在他们的饮料中适量加进食盐。

### 368. 防暑降温的措施有哪些？

**答**：做好防暑降温工作，必须采取综合性措施。主要包括：

（1）做好防暑降温的组织保障，加强宣传教育。

（2）改革工艺，改进设备，认真落实隔热与通风的技术措施。

（3）保证休息。高温下作业应尽量缩短工作时间，可采用小换班、增加工作休息次数、延长午休时间等方法。休息地点应远离热源，应备有清凉饮料、风扇、洗澡设备等。有条件的可在休息室安装空调或采取其他防暑降温措施。

（4）高温作业人员应适当饮用符合卫生要求的含盐饮料，以补充人体所需的水分和盐分。增加蛋白质、热量、维生素等的摄入，以减轻疲劳，提高工作效率。

（5）加强个人防护。高温作业的工作服应结实、耐热、宽大、便于操作，应按不同作业需要，佩戴工作帽、防护眼镜、隔热面罩及穿隔热靴等。

（6）高温作业人员应进行就业前和入暑前体检，凡有心血管系统疾病、高血压、溃疡病、肺气肿、肝病、肾病等疾病的人员不宜从事高温作业。

### 369. 夏季自我防护"五不宜"有哪些？

**答：**夏季自我防护"五不宜"是指以下内容：

（1）不宜用饮料代替白开水。汽水、果汁、可乐等饮料中，含有较多的电解质和糖精。应合理补水，每日饮水 3~6L，以含氯化钠 0.3%~0.5% 为宜。饭前饭后以及大运动量前后避免大量饮水。

（2）出汗后不宜用冷水冲洗。因为这样做，会使全身毛孔迅速闭合，使热量不能散发而滞留体内，还会因脑部毛细血管迅速收缩而引起供血不足使人头晕目眩。重则还可引起休克。

（3）饮食不宜太清淡。夏季人体不但要损耗大量的体液，还要消耗体内各种营养物质。因此，除补充水，多食用蔬菜、瓜果等清爽食品外，还要多食些含蛋白质高的食品，如鸡、鸭，瘦肉等，以补充人体内损耗的物质，使肌体适应炎热环境中的生活和劳作。

（4）外出不要打赤膊。为减少阳光的辐射热，应穿通风的棉衫，外出要戴帽子减缓头颈吸热的速度。

（5）午休时间不宜过久。这是因为午睡时间过久大脑中枢神经会加深抑制，促使脑细胞毛细血管关闭时间过长，使脑的血流量相对减少，体内代谢过程逐渐减慢，导致醒来后全身不舒服而更加困倦，影响工作效率。

### 370. 中暑后的饮食大禁忌有哪些？

**答：**中暑后除及时采取治疗外，在饮食上也有"四忌"需要引起人们的重视。

（1）忌大量饮水。中暑者应少量、勤饮，每次以不超过 300mL 为宜，切忌狂饮不止。

（2）忌大量食用生冷瓜果。中暑者大多属于脾胃虚弱，如果大量吃进生冷瓜果、寒性食物，会损伤脾胃阳气，严重者则会出现腹泻、腹痛等症状。

（3）忌吃大量油腻食物。中暑后，如果吃了大量的油腻食物会加重胃肠的负担，使大量血液滞留于胃肠道，输送到大脑的血液相对减少，人就会感到疲惫加重，更容易引起消化不良。

（4）忌单纯进补。中暑后，如果认为身体虚弱急需进补就大错特错了。因为进补过早的话，则会使暑热不易消退，或者是本来已经逐渐消退的暑热会再卷土重来，那时就更得不偿失了。

## 371. 生产性粉尘的危害有哪些？

**答**：所谓粉尘是指分散于气体介质中的微小颗粒物质，它们多为悬浮物，粒度一般在 $5\sim100\mu m$ 之间。

生产性粉尘对人体的危害极大，其中含有毒金属、放射性物质、游离二氧化硅的粉尘危害性最大；粉尘粒度越小危害越大。在正常情况下人的鼻咽气管具有防护机能，绝大多数粉尘不能进入肺泡，但如果大气中粉尘浓度过高，尘粒过小，或鼻咽气管发生疾病不能有效地阻止粉尘进入肺泡，日积月累就可能发生肺病或其他疾病。粒度小于 $20\mu m$ 的粉尘，95% 以上在鼻腔和支气管沉着，以后可以排出体外，而小于 $2\mu m$ 的粉尘 50% 在毛细支气管和肺之间沉着后不能排出体外，这样就成为支气管炎、哮喘、肺气肿等疾病的重要致病原因。

## 372. 粉尘引起的职业病有哪些？

**答**：生产性粉尘进入人体后，根据其性质、沉积的部位和数量的不同，可引起不同的病变。

（1）尘肺。长期吸入一定量的某些粉尘可引起尘肺，这是生产性粉尘引起的最严重的危害。

（2）粉尘沉着症。吸入某些金属粉尘，如铁、钡、锡等，达到一定量时，对人体会造成危害。

（3）有机粉尘可引起变态性病变。某些有机粉尘，如发霉的稻草、羽毛等可引起间质肺炎或外源性过敏性肺泡炎以及过敏性鼻炎、皮炎、湿疹或支气管哮喘。

（4）呼吸系统肿瘤。有些粉尘已被确定为致癌物，如放射性粉尘、石棉、镍、铬、砷等。

（5）局部作用。粉尘作用可使呼吸道黏膜受损。经常接触粉尘还可引起皮肤、耳、眼的疾病。粉尘堵塞皮脂腺，可使皮肤干燥，引起毛囊炎、脓皮病等。金属和磨料粉尘可引起角膜损伤，导致角膜浑浊。沥青在日光下可引起光感性皮炎。

（6）中毒作用。吸入的铅、砷、锰等有毒粉尘，能在支气管和肺泡壁上溶解后被吸收，引起中毒。

## 373. 粉尘的防治有哪些方针？

**答**：消除或降低粉尘是预防尘肺病最根本的措施。综合防尘措施可概括为"革"、"水"、"密"、"风"、"管"、"教"、"护"、"检"八个字。

"革"：工艺改革。以低粉尘、无粉尘物料代替高粉尘物料，以不产尘、低产尘设备代替高产尘设备，这是减少或消除粉尘污染的根本措施。

"水"：湿式作业可以有效地防止粉尘飞扬。

"密"：密闭尘源，防止和减少粉尘外逸，治理作业场所空气污染的重要措施。

"风"：通风排尘，将产尘点的含尘气体直接抽走。

"管"：领导要重视防尘工作。

"教"：加强宣传教育，普及防尘知识，使接尘者对粉尘危害有充分的了解和认识。

"护"：受生产条件限制，在粉尘无法控制或高浓度粉尘条件下作业，必须合理、正确地使用防尘用品。

"检"：定期对接尘人员进行体检。

## 374. 生产性毒物有哪些？

**答**：生产过程中生产或使用的有毒物质称为生产性毒物。生产性毒物在生产过程中，可以在原料、辅助材料、夹杂物、半成品、成品、废气、废液及废渣中存在，其形态包括固体、液体、气体。如氯、氨、一氧化碳、甲烷以气体形式存在，电焊时产生的电焊烟尘、水银蒸气、苯蒸气，还有悬浮于空气中的粉尘、烟雾等。

**375. 生产性毒物进入人体的途径有哪些？**

答：生产性毒物主要是经呼吸道和皮肤进入人体。呼吸道由鼻咽部、气管支气管和肺部组成，气体、蒸气和气溶胶（如农药雾滴、电焊烟尘等）形态的毒物可经呼吸道进入人体。呼吸道是毒物进入人体最常见最重要的途径。

皮肤是人体的最大器官，包括毛发、指（趾）甲等。毒物可以通过不同方式经皮肤吸收，引起局部的损害或全身性中毒症状。

**376. 职业中毒有哪些类型？**

答：职业病按其发病的快慢一般分为急性职业中毒和慢性职业中毒两种类型。

（1）急性职业中毒指人体在短时间内受到较高浓度的生产性有害因素的作用，而迅速发生的疾病。具有起病急、变化快、病情重等特点。急性职业中毒以化学物质中毒最为常见，主要由于违反操作规程或意外事故所引起。

（2）慢性职业中毒是作业人员在生产环境中，长期受到一定浓度（超过国家规定的最高允许浓度标准）的生产性有害因素的作用，经过数月、数年或更长时间缓慢发病。相对于急性职业中毒而言，慢性职业中毒具有潜伏期长、病变进展缓慢、早期临床症状较轻等特点。

**377. 常见的职业中毒种类有哪些？**

答：常见的职业中毒种类有以下几种：

（1）铅作业及铅中毒。铅冶炼、修理蓄电池都可接触铅；

铅化合物常用于油漆工业；在砂磨、焊接、熔割时可产生铅烟、铅尘；此外陶瓷、玻璃、塑料等工业生产中也会接触铅烟、铅尘。铅中毒可引起肝、脑、肾等器官发生病变。因接触的剂量不同，可出现急性中毒或慢性中毒症状。

（2）苯作业及苯中毒。生产中接触苯的作业主要有喷漆、印刷、制鞋、橡胶加工、香料等。苯及其化合物是以粉尘、蒸气的形态存在于空气中，可经呼吸道和皮肤吸收。特别是夏季，皮肤出汗、充血，更能促进毒物的吸收。急性苯中毒主要损害中枢神经系统，一些中毒者还可发生化学性肺炎、肺水肿及肝肾损害；慢性苯中毒主要损害造血系统及中枢神经系统。

（3）窒息性气体中毒。常见的有 CO 中毒、硫化氢中毒、$CO_2$ 中毒。常为急性中毒，几秒钟内即迅速昏迷，若不能及时救出可致死亡。

### 378. 职业中毒的预防措施有哪些？

答：职业中毒是一种人为的疾病，采取合理有效的措施，可使接触毒物的作业人员避免中毒。

（1）用无毒或低毒物质代替有毒或剧毒物质。

（2）无代替物的，采取密闭生产和局部通风排毒的方法，减少接触毒物的机会。

（3）合理布局工序，将有害物质发生源布置在下风侧。

（4）做好个体防护，这是重要的辅助措施。个体防护用品包括防护帽、防护眼镜、防护面罩、防护服、呼吸防护器、皮肤防护用品等。

（5）毒物进入人体的通道，除呼吸道、皮肤外，还有口腔。因此，作业人员不要在作业现场内吃东西、吸烟，班后洗澡，不要将工作服穿回家。

### 379. 噪声的危害有哪些？

答：使人心理上认为是不需要的、使人厌烦的、起干扰作用的声音统称为噪声。

在生产中，由于机器转动、气体排放、工件撞击与摩擦所产生的噪声，称为生产性噪声或工业噪声。

工业企业的生产车间和作业场所的工作地点的噪声标准为85dB（A）。

在噪声环境中工作，人容易感觉疲乏、烦躁以及注意力不集中、反应迟钝、准确性降低等。噪声可直接影响作业能力和效率。由于噪声掩盖了作业场所的危险信号或警报，使人不易察觉，往往还可导致工伤事故的发生。长期接触强烈噪声会对人体产生以下有害影响：

（1）听力系统。噪声的有害作用主要是对听力系统的损害。在85dB（A）以上强噪声下长时间工作，可导致永久性听力下降，引起噪声聋；130～150dB（A）极强噪声可导致听力器官发生急性外伤，即爆震性聋。

（2）神经系统。长期接触噪声可导致大脑皮层兴奋和抑制功能的平衡失调，出现头痛、头晕、心悸、耳鸣、疲劳、睡眠障碍、记忆力减退、情绪不稳定、易怒等症状。

（3）其他系统。长期接触噪声可引起其他系统的应激反应，如可导致心血管系统疾病加重，引起肠胃功能紊乱等。

## 380. 噪声防治措施有哪些？

**答**：采用一定的措施可以降低噪声的强度和减小噪声危害。这些措施主要有：

（1）采取技术措施控制噪声的产生和传播，即吸声、消声和隔声，如使用汽车排气消声器、隔声墙、隔声罩、隔声地板等。

（2）加强个人防护，使用劳动防护用具。

1）合理使用耳塞。防噪声耳塞、耳罩具有一定的防噪声效果。根据耳道大小选择合适的耳塞，隔声效果可达30～40dB（A），对高频噪声的阻隔效果更好。

2）改善劳动作业安排。工作日中穿插休息时间，休息时间离开噪声环境，限制噪声作业的工作时间，可减轻噪声对人体的危害。

（3）卫生保健措施。

1）接触噪声的人员应定期进行体检。以听力检查为重点，对于已出现听力下降者，应加以治疗和加强观察，重者应调离噪声作业岗位。

2）有明显的听觉器官疾病、心血管病、神经系统器质性疾病者不得参加接触强烈噪声的工作。

## 381. 酸碱化学品溅入眼内如何自救？

**答**：酸碱类化学品溅入眼内是非常危险的，如不及时自救，贻误时间，会导致失明，遇到这种情况，怎样进行自救呢？

（1）若眼部被酸碱烧伤，即用手将眼撑开，采用大量清水冲洗眼部，也可将脸面浸入水中，同时连续做睁眼、闭眼、摇头动作，使化学品充分稀释和冲洗掉。切忌不要用手或手绢揉擦眼部。

（2）电石、生石灰进入眼内，迅速清除颗粒，用大量流动的洁净凉水冲洗，至少10分钟以上，直至彻底清洗为止。切忌将受伤部位用水浸泡，因为生石灰遇水会产生大量热量，而加重烧伤。

（3）酸用3%小苏打溶液，碱用3%硼酸进行中和冲洗。对于某些不明的化学品灼伤眼睛时，可使用生理盐水清洗。

经以上自救后再送医院治疗，结果会比较安全和理想。

## 382. 发生晕厥或昏迷时，如何自救互救？

**答**：晕厥的现场急救原则是查明病因、清除诱因、尽早治疗，具体而言应采取以下措施：

（1）立即将病人放平。松开紧身衣扣，并将双下肢抬高，呈头低脚高位，以利于畅通呼吸和增加脑部血液供应，同时查看病人呼吸和脉搏。

（2）让病人处于空气流通处。立即掐人中、中冲、合谷穴，另可让病人嗅氨水，有助于病员恢复意识。

（3）清醒后，如有条件，可饮热咖啡一杯。如怀疑晕厥和低血糖有关，可适量饮糖水。

（4）晕厥好转后不要急于站起，以免再次晕厥。必要时由他人扶着慢慢起来。

（5）如发现晕厥时病人面色潮红、呼吸缓慢有鼾声，脉搏低于 40 或高于 180，则可能是心脑血管疾病所致，应及时拨打120，以免贻误时机，造成严重后果。

## 383. 刀刃刺伤如何自救互救？

**答：**刀刃刺伤应采取以下措施进行自救互救：

（1）刺伤的刃器如还留在身体上，切忌立即拔出，以免引起大出血。应将其固定好，一并送医院。

（2）腹部刺伤肠管脱出不可送回腹腔内，先用消毒纱布覆盖伤口，然后用干净的碗扣住肠管，再包扎、固定。

（3）胸背部刺伤造成开放性气胸，应先封闭伤口。

（4）刺伤须注意预防破伤风，注射破伤风抗毒素。

## 384. 钉子扎脚时如何自救互救？

**答：**钉子扎脚时应采取以下措施进行自救互救：

（1）钉子扎进脚底肌肉里，首先不要惊慌，镇定地将钉子从肉里拔出来。

（2）拔出钉子后，应挤去一些血液，因为钉子经常扎得比较深，容易引起感染。

（3）去除伤口的污泥、铁锈等，用纱布简单包扎后，立即送往医院。

（4）尤其是带泥土或带铁锈的钉子，伤口又较深，很容易患破伤风，所以必须马上去医院请医生处理。

### 385. 天冷注意哪"五防"?

答:天冷注意的"五防"是指防寒、防冻、防滑、防火、防毒。

(1)防寒。在天气寒冷时候,要有防寒装置,对露天作业的人员要及时供给御寒用品。

(2)防冻。做好露天设备的防冻措施,要提早用保温材料进行包扎,以防设备及管道冻裂。

(3)防滑。冬季作业场地、楼道等处,由于积雪或结冰,行走时容易滑倒,必须采取防滑措施,铲除积雪与结冰或铺设必要的防滑材料。

(4)防火。冬季气候干燥,取暖炉增加,容易引起火灾,因此,对取暖设施必须经常检查,责任到人。

(5)防毒。寒冷冬季,都习惯关闭门窗保暖,这就妨碍了通风,当室内存有毒物质时,很难排出,进而毒物浓度就会升高,长期处于这种环境便会发生中毒。

### 386. 现场自救互救应遵循哪些基本原则?

答:现场自救互救应遵循以下一些基本原则:

(1)临时组织现场救护小组。灾害事故一般是突然发生的,加强灾害事故现场一线救治,是保证抢救成功的关键措施之一。

(2)紧急呼救。当紧急灾害事故发生时,要采取灵敏的通信设施,缩短呼救至得到有力抢救的时间。应尽快拨打110、120、119 电话,通话时要言语清晰,让对方简单了解灾难现场和伤员情况。

(3)在实施抢救措施以前,先验伤、分类后有针对性地抢救。

(4)先救命后治伤,先重伤后轻伤,尽快使伤员脱离事故现场。在抢救中常会被轻伤员的喊叫所迷惑,危重伤员常在最后被抢出,处在奄奄一息的状态,或者已经丧命。所以必须实施先救命后治伤，先重伤后轻伤的抢救原则。同时，要加强中度、轻度伤员的救治，否则轻度变中度、中度变成重度。

（5）抢救与后送结合。现场抢救是伤员救治的起点，伤员能否得到及时的、有效的救治，事关伤员后期能否获得最佳治疗效果。现场抢救对中度、重度伤员不可能完成全部救治，所以要实施后送。

（6）争取最佳救治时机，采取最适宜的急救措施。抢救时间是越快越好，伤员负伤后，10min 或 15min 内，实施确切的急救措施，3h 内得到紧急救治。

（7）医护人员以救为主，其他人员以抢为主。各负其责，相互配合，以免延误抢救时机。通常先到现场的医护人员应该担负现场抢救的组织指挥。

（8）消除伤员的精神创伤。对伤员的救治除现场救护及早期治疗外，及时后送伤员在某种程度上往往可能会减轻这种精神上的创伤。

（9）临时自制敷料。可用手帕、毛巾或枕巾等任何洁净的物品，当做敷料包扎伤口。

（10）出血控制。首要的方法是直接加压，肢体可用止血带。如果不能控制，立即快速送往医院是必要的。

## 387. 专业安全人员到达事故现场应该做哪些工作？

**答：**专业安全人员到达事故现场应该做以下工作：

（1）在保证自身安全的情况下，通过直观感觉和经验等手段，仔细观察分析事故造成的各种异常变化和迹象，如温度、烟雾、风流状况、空气成分、涌水、支护等，分析判断事故的性质、原因及灾害的严重程度，能够准确地分析灾情，以便快速报告和为应急救援队伍到来提供可靠的施救信息或方法。

（2）尽快关闭事故源或导致事故进一步扩大的助力物（如煤气、毒气、电气和蒸气阀门或开关）。

（3）分析事故的发生地点，对灾害可能波及的范围和危害程度做出判断。

（4）根据事故的地点、性质，结合现场布置、通风系统、人员分布、分析判断有无诱发和伴生其他灾害的可能性。

（5）了解、掌握自己所在地点的人员伤亡情况，判断现场有无进行抢救的手段和条件。

（6）分析判断自己所在地点的安全条件，为抢险救灾和安全避灾提供依据，做好准备。

（7）利用一切可利用的手段与外界进行联系，尽快取得外界的支持和救护。

（8）指挥、团结和带领事故现场人员进行有效的救护和避难。

### 388. 事故现场急救方法有哪些？

**答：** 现场急救，就是应用急救知识和最简单的急救技术进行现场初级救生，最大限度稳定伤病员的伤情、病情，减少并发症，维持伤病员最基本的生命体征，例如呼吸、脉搏、血压等。现场急救是否正确，关系伤员的生命，影响伤害的结果。

现场急救工作，还为下一步全面医疗救治做了必要的处理和准备。不少严重工伤，只有现场先进行正确的急救，及时做好伤病员转送医院的工作，途中给予必需的监护，并将伤情、病情以及现场救治的经过，反映给接诊医生，保持急救的连续性，才可望提高一些危重伤病员的生存率，如果坐等救护车或直接把伤病员送入医院，则会由于浪费了最关键的抢救时间，而使伤病员丧失生命。

现场急救步骤：

（1）调查事故现场。调查时要确保调查者、伤病员或其他人无任何危险，迅速使伤病员脱离危险场所。

（2）初步检查伤病员。判断其神志、气管、呼吸循环是否有问题，必要时立即进行现场急救和监护，使伤病员保持呼吸道通畅，视情况采取有效的止血，防止休克，包扎伤口，固定、保存好断离的器官或组织，预防感染，止痛等措施。

（3）呼救。应安排人呼叫救护车，同时继续施救，一直坚持到救护人员或其他施救者到达现场接替为止。此时还应向救护人员反映伤病员的伤病情和简单的救治过程。

（4）如果没有发现危及伤员的体征，可做第二次检查，以免遗漏其他的损伤、骨折和病变。这样有利于现场施行必要的急救和稳定病情，降低并发症和伤残率。

现场急救常用的方法包括人工呼吸、心脏复苏，止血、创伤包扎、骨折临时固定和伤员搬运。

### 389. 如何进行口对口人工呼吸？

**答**：口对口人工呼吸（如图6-3所示）的操作要点如下：

（1）将伤员仰卧，头后仰，颈下可垫一软枕或下颌向前上推，也可抬颈压额，这样使咽喉部、气道在一条水平线上，易吹气进去。同时迅速清除伤员口鼻内的污泥、土块、痰、涕、呕吐物，使呼吸道通畅。必要时用嘴对嘴吸出阻塞的痰和异物。解开伤员的领带、衣扣，包括女性的胸罩，充分暴露胸部。

（2）救护人员深吸一口气，捏住伤员鼻孔，口对口将气吹入，为时约2s，吹气完毕，立即离开伤员的口，并松开鼻孔，让其自行呼气，为时约3s，如果发现伤员胃部充气膨胀，可以一面用手轻轻加压于其上腹部，然后观察伤员胸廓的起伏，每分

图6-3　口对口人工呼吸法

钟吹气约 12 ~ 16 次。

（3）如果口腔有严重外伤或牙关紧闭，可进行口对鼻人工呼吸。

（4）救护者吹气力量的大小依病人的具体情况而定，一般以吹气后胸廓略有起伏为宜。也可以人工呼吸和按压交替进行，每次吹气 2 ~ 3 次再按压 10 ~ 15 次，而且吹气和按压的速度应加快一些，以提高抢救效果。

（5）怀疑有传染病的人可在唇间覆盖一块干净纱布。口对口吹气应连续进行，直至病人恢复自主呼吸或确诊已死亡方可停止。

### 390. 什么是胸外叩击法？

答：胸外心脏按压法是帮助触电者恢复心跳的有效方法。当触电者心脏停止跳动时，有节奏地在胸外廓加力，对心脏进行按压，代替心脏的收缩与扩张，达到维持血液循环的目的。这里要强调的是在按压前，还应有一个重要的内容即胸外叩击法（如图 6-4 所示）。

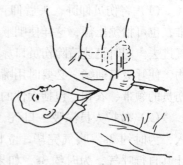

图 6-4　胸外叩击法

怀疑病人发生室颤时，立即将手握成拳状，在胸骨中下段，距胸壁 15 ~ 25cm，较为有力地叩击 1 ~ 2 下。相当于 100 ~ 200J 的直流电，有时可以起到除颤的作用，使病人恢复心跳和神志。叩击无效则不再进行，随即进行胸外心脏按压。

### 391. 在胸外心脏按压前对触电者的躺卧有哪些要求？

答：进行胸外心脏按压的病人应取平卧位。根据当时的情况，不要乱加搬动，可以尽量就近就便。这里，特别要指出的是平卧的具体情况。我们发觉在家庭抢救中，常常是"卧不恰当"，如病人平卧在沙发床、弹簧床、棕床上。病人卧在柔软的物体上，直接影响了胸外心脏按压的效果。因此，必须将病人尽可能平卧在"硬"物体上，如地板上、木板床上，或背部垫上木板，这样才能使心脏按压行之有效。

**392. 如何进行胸外心脏按压？**

答：进行胸外心脏按压的要点如下：

（1）正确的按压位置。正确的按压位置是保证胸外按压效果的重要前提，确定正确按压位置（如图 6-5（a）所示）的步骤：

1）右手食指和中指沿伤者右侧肋弓下缘向上，找到肋骨和胸骨结合处的中点（约在两个乳头的中间位置）。

2）两手指并齐，中指放在切迹中点（剑突底部），食指平放在胸骨下部。

3）另一手的掌根紧挨食指上缘，置于胸骨上，此处即为正确的按压位置。

（2）正确的按压姿势。正确的按压姿势是达到胸外按压效果的基本保证，正确的按压姿势如下：

1）使伤者仰面躺在平硬的地方，救护人员站（或跪）在伤者一侧肩旁，两肩位于伤员胸骨正上方，两臂伸直，肋关节固定不屈，两手掌根相叠，如图 6-5（b）所示。此时，贴胸手掌的中指尖刚好抵在伤者两锁骨间的凹陷处，然后再将手指翘起，不触及伤者胸壁或者采用两手指交叉抬起法。

2）以髋关节为支点，利用上身的重力，垂直地将成人的胸骨压陷 4~5cm（儿童和瘦弱者酌减，约 2.5~4cm），如图 6-5（c）~（e）所示。

3）按压至要求程度后，要立即全部放松，但放松时救护人员的掌根不应离开胸壁，以免改变正确的按压位置。

按压时正确的操作是关键。尤应注意，抢救者双臂应绷直，

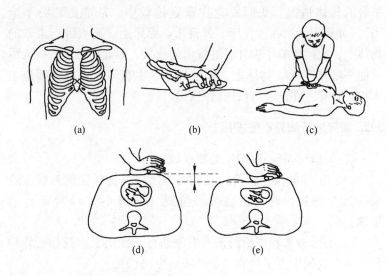

图 6-5　胸外心脏按压法步骤

双肩在伤者胸骨上方正中，垂直向下用力按压。按压时应利用上半身的体重和肩、臂部肌肉力量（如图 6-6(a)所示），避免不正确的按压（如图 6-6(b)、(c)所示）。按压救护是否有效的标志是在施行按压急救过程中再次测试伤者的颈动脉，看其有无搏动。由于颈动脉位置靠近心脏，容易反映心跳的情况。此外，因颈部暴露，便于迅速触摸，且易于学会与记牢。

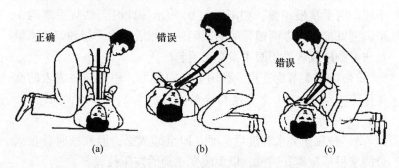

图 6-6　按压姿势正确和错误

（3）胸外按压的方法。

1）胸外按压的动作要平稳，不能冲击式地猛压，应以均匀速度有规律地进行，每分钟80~100次，每次按压和放松的时间要相等（各用约0.4s）。

2）胸外按压与口对口人工呼吸两法必须同时进行。

### 393. 心脏按压与人工呼吸如何协调进行？

**答**：心肺复苏术包括心脏按压和人工呼吸两方面，缺一不可。人工呼吸吸入的氧气要通过心脏按压形成的血液循环流经全身各处。含氧较多的血液滋润着心肌和脑组织，减轻或消除心跳呼吸停止对心脑的损害，进而使其复苏。

如现场只有一人救护，应每按压15次，施行人工呼吸2次，即每分钟80次，只是单人操作容易疲劳（如图6-7(a)所示）。

如为两人进行抢救，则一人施行心脏按压，一人负责肺人工呼吸（如图6-7(b)所示）。应每做5次心脏按压（按压频率100次/分），施行人工呼吸1次（每次通气时间大于1s），同时或交替进行。但要注意正吹气时避免做心脏按压的压下动作，以免影响胸廓的起伏。

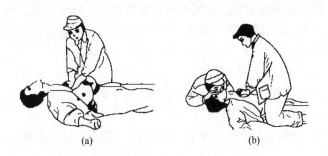

(a)　　　　　　　(b)

图6-7　胸外按压与口对口人工呼吸同时进行
(a) 单人操作；(b) 双人操作

《国际心肺复苏指南（2005）》推荐按压频率为100次/分，单人复苏时，由于按压间隙要进行人工通气，按压的实际次数要略小于 100 次/分。指南指出，在气管插管之前，无论是单人还是双人心肺复苏，按压/通气比例均为 30：2（即连续按压 30 次，然后吹气 2 次）。做 5 个按压/通气周期后，再检查循环体征，如仍无循环体征，重新进行心肺复苏。

无论是什么情况，如果单一采用按压或吹气，对于心跳呼吸骤停病人是无效的。这里要强调的是，心脏按压与口对口吹气必须同时协调进行。

### 394. 实施心肺复苏时需注意什么问题？

**答：**实施心肺复苏时需注意的问题如下所述。

（1）人工呼吸注意事项。

1）人工呼吸一定要在气道开放的情况下进行。

2）向伤员肺内吹气不能太急太多，仅需胸廓略有隆起即可，吹气量不能过大，以免引起胃扩张。

（2）心脏复苏注意事项。

1）防止并发症。复苏并发症有急性胃扩张、肋骨或胸骨骨折、肋骨软骨分离、气胸、血胸、肺损伤、肝破裂、冠状动脉刺破（心腔内注射时）、心包压塞、胃内反流物误吸或吸入性肺炎等，故要求判断准确，监测严密，处理及时，操作正规。

2）注意心脏按压与放松时间比例和按压频率。心脏按压及放松时间比为 1：1。按压频率为每分钟 100 次。

3）心脏按压用力要均匀，不可过猛。

① 每次按压后必须完全解除压力，胸部回到正常位置，但手掌不能离开胸部按压位置。

② 心脏按压节律、频率不可忽快、忽慢，保持正确的挤压位置。

③ 心脏按压时，肘关节伸直，进行垂直按压。

### 395. 现场如何搬运伤员？

**答：**现场搬运伤员可采用担架搬运法和徒手搬运法。

（1）担架搬运法。担架搬运是最常用的方法，适用于路程长、病情重的伤员。搬运时由 3～4 人将病人抱上担架，使其头向后，以便于后面抬的人观察其病情变化。

1）如病人呼吸困难、不能平卧，可将病人背部垫高，让病人处于半卧位，以利于缓解其呼吸困难。

2）如病人腹部受伤，要叫病人屈曲双下肢，脚底踩在担架上，以松弛肌肤，减轻疼痛。

3）如病人背部受伤则使其采取俯卧位。对脑出血的病人，应稍垫高其头部。

（2）徒手搬运法。当在现场找不到任何搬运工具而病人伤情又不太重时，可用此法搬运。常用的主要有单人徒手搬运和双人徒手搬运。

1）扶持法。此法适用于搬运伤病较轻、不能行走的伤员，如头部外伤、锁骨骨折、上肢骨折、胸部骨折、头昏的伤病员。扶持时救护者站在伤病员一侧，将其臂放在自己肩部、颈部，一手拉病人手腕，另一手扶住病人腰部行走。

2）抱持法。适用于不能行走的伤病员，如较重的头、胸、腹及下肢伤或昏迷的病员。抱持时救护者蹲于病人一侧，一手托其背部，一手托其大腿，轻轻抱起病人。

3）背负法。抢救者蹲在病员前面，与病人成同一方向，微弯背部，将病人背起。对胸、腹受伤的病人不宜采用此法。

4）拖拉法。用于在房屋垮塌、火灾现场或其他不便于直接抱、扶、背的急救现场，不论伤者神志清醒与否均可使用。抢救时救护者站在伤员背后，两手从其腋下伸到其胸前，先将伤者的双手交叉，再用自己的双手握紧伤病员的双手，并将自己的下颌放在其头顶上，使伤病员的背部紧靠在自己的胸前慢慢向后退着走到安全的地方，再进行其他救治。

5）椅托式。两救护员在伤员两侧，各以右膝和左膝跪地，将一手伸入患者大腿之下并互相握紧，另一手交叉扶住病员背部。

6）拉车式。一人站在伤病员头部旁，两手插到伤病员腋下将其抱在胸前，一人站在伤病员脚部，用双手抓住伤病员的两膝关节，慢慢抬起病人。

7）平拖式。两救护者站在伤病员同侧，一人用手臂抱住病人的肩部、腰部，另一人用手抱住病员的臀部，齐步平行走。

8）颈椎损伤患者的搬运（如图 6-8 所示）。先将一块硬木板放在伤员一侧，在伤员颈部处放一软垫子，再由 3～4 人分别用手托住伤员的肩、背、腰、大腿，另一人用双手固定伤员头部，使伤员身体各部保持在一条直线上，将伤员平卧于硬板上（如图 6-9 所示）。为防止伤员头部来回晃动，伤员头的两侧要塞住。

图 6-8　颈椎损伤患者的搬运

胸、腰、脊柱损伤患者的搬运。平托的部位与搬运颈椎骨折伤员时一样，只是不需要专人保护伤员头部。伤员仰卧时，在其腰部加垫；如背部有伤口，则让其取俯卧位，并在其两肩及腹部加软垫。

图 6-9 颈椎损伤患者放在平板上搬运

**396. 搬运伤员的注意事项有哪些?**

**答**:搬运伤员的注意事项如下:

(1) 必须先急救,妥善处理后才能搬动。

(2) 运送时尽可能不摇动伤员身体。若遇脊椎受伤者,应将其身体固定在担架上,用硬板担架搬送。切忌一人抱胸、一人搬腿的双人搬抬法,因为这样搬动易加重脊髓损伤。

(3) 运送患者时,随时观察呼吸、体温、出血、面色变化等情况,给患者保暖。

(4) 在人员、器材未准备完好时,切忌随意搬动。

**397. 现场如何进行出血性质的判断?**

**答**:现场可根据以下特征进行出血性质的判断:

(1) 动脉出血:血色鲜红,速度快,呈间歇喷射状。

(2) 静脉出血:血色暗红,速度较慢,呈持续涌出状。

(3) 毛细血管出血:血色多为鲜红,自伤口缓慢流出。

**398. 现场有哪些止血方法?**

**答**:现场可采用以下止血方法:

（1）一般止血法。针对小的创口出血，需用生理盐水冲洗消毒患部，然后覆盖多层消毒纱布用绷带扎紧包扎。如果患部有较多毛发，在处理时应剪、剃去毛发。

（2）指压止血法。只适用于头面颈部及四肢的动脉出血急救，注意压迫时间不能过长。

（3）屈肢加垫止血法。当前臂或小腿出血时，可在肘窝、膝窝内放纱布垫、棉花团或毛巾、衣服等物品，屈曲关节，用三角巾作 8 字形固定。但骨折或关节脱位者不能使用。

（4）橡皮止血带止血。常用的止血带是三尺左右长的橡皮管。

（5）绞紧止血法。把三角巾折成带形，打一个活结，取一根小棒穿在带子外侧绞紧，将绞紧后的小棒插在活结圈内固定。

（6）填塞止血法。将消毒的纱布、棉垫、急救包填塞、压迫在创口内，外用绷带、三角巾包扎，松紧度以达到止血为宜。

## 399. 包扎的目的有哪些？

**答：**包扎的目的是保护伤口，减少污染，固定敷料、药品和骨折位置，压迫止血及减轻疼痛。常用的材料是绷带、三角巾和多头带，也可用衣裤、毛巾、被单等进行包扎。

绷带包扎法的用途广泛，是包扎的基础。包扎的目的是限制活动、固定敷料、固定夹板、加压止血、促进组织液的吸收或防止组织液流失，支托下肢，以促进静脉回流。

（1）绷带包扎的原则。

1）包扎部位必须清洁干燥。皮肤皱褶处如腋下、乳下、腹股沟等，用棉垫纱布间隔，骨隆突处用棉垫保护。

2）包扎时，应使伤员的位置舒适；需抬高肢体时，要给予适当的扶托物。包扎后，应保持于功能位置。

3）根据包扎部位，选用宽度适宜的绷带，应避免用潮湿绷带，以免绷带干后收缩过紧，从而妨碍血运。潮湿绷带还能刺激皮肤生湿疹，适于细菌滋生而延误伤口愈合。

4）包扎方向一般从远心端向近心端包扎，以促进静脉血液回流。即绷带起端在伤口下部，自下而上地包扎，以免影响血液循环而发生充血、肿胀。包扎时，绷带必须平贴包扎部位，而且要注意勿使绷带落地而被污染。

5）包扎开始，要先环形 2 周固定。以后每周压力要均匀，松紧要适当，如果太松则容易脱落，过紧则影响血运。指（趾）端最好露在外面，以便观察肢体血运情况，如皮肤发冷、感觉改变（麻木或感觉丧失）、有水肿、指甲床的再充血变化（用拇指与食指紧按伤员的指甲床，继而突然松开，观察指甲床颜色的恢复情况，正常时颜色应在 2s 内恢复）及功能是否消失。

6）绷带每周应遮盖前周绷带宽度的 1/2，以充分固定。绷带的回返及交叉，应当为一直线，互相重叠，不要使皮肤露在外面。

7）包扎完毕，再环行绕 2 周，用胶布固定或撕开绷带尾打结固定。固定的打结处，应放在肢体的外侧面，忌固定在伤口上、骨隆处或易于受压部位。

8）解除绷带时，先解开固定结，取下胶布，然后以两手互相传递松解，勿使绷带脱落在地上。紧急时，或绷带已被伤口分泌物浸透、干硬时，可用剪刀剪开。

（2）基本包扎法。根据包扎部位的形状不同可采取环形包扎法、蛇形包扎法、螺旋形包扎法、螺旋回返包扎法、"8"字包扎法、回返包扎法进行包扎。

### 400. 骨折或骨关节损伤固定的注意事项有哪些？

**答**：将骨折或骨关节损伤部位固定目的是，减轻疼痛，避免骨折片损伤血管、神经等，并可防治休克，更便于伤员的转送。如有较重的软组织损伤，也宜将局部固定。固定注意事项如下：

（1）如有伤口和出血，应先行止血，并包扎伤口，然后再固定骨折。如有休克，应首先进行抗休克处理。

（2）临时固定骨折，只是为了制止肢体活动。在处理开放性骨折时，不可把刺出的骨端送回伤口，以免造成感染。

（3）上夹板时，除固定骨折部位上、下两端外，还要固定上、下两关节。夹板的长度与宽度要与骨折的肢体相适应。其长度必须超过骨折部的上、下两个关节。

（4）夹板不可与皮肤直接接触，要用棉花或其他物品垫在夹板与皮肤之间，尤其是在夹板两端，骨突出部位和悬空部位，以防局部不固定与受压。

（5）固定应牢固可靠，且松紧适宜，以免影响血液循环。

（6）肢体骨折固定时，一定要将指（趾）端露出，以便随时观察血液循环情况，如发现指（趾）端苍白、发冷、麻木、疼痛、水肿或青紫时，表示血运不良，应松开重新固定。

（7）使用冰块冷敷，可以缓解骨折处的疼痛和肿胀。骨折患者有部分需要手术，因此不要让他吃任何东西，也不要喝水。

### 401. 锁骨骨折如何固定？

**答：** 锁骨骨折可考虑以下两种情况分别采用方法进行固定：

（1）单侧锁骨骨折。取坐位，将三角巾折成燕尾状，将两燕尾从胸前拉向颈后，并在颈一侧打结；伤侧上臂屈曲90°，三角巾兜起前臂，三角巾顶尖放肘后，再向前包住肘部并用安全别针固定。

（2）双侧锁骨骨折。背部放丁字形夹板，两腋窝放衬垫物，用绷带做"∞"字形包扎，其顺序为左肩上→横过胸部→右腋下→绕过右肩部→右肩上斜过前胸→左腋下→绕过左肩，依次缠绕数次，以固定牢固夹板为宜，腰部用绷带将夹板固定好（如图 6-10 所示）。

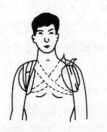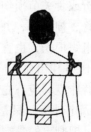

图 6-10　双侧锁骨骨折固定

### 402. 前臂及肱骨骨折如何固定?

**答**：前臂及肱骨骨折分别采用以下方法进行固定：

（1）前臂骨骨折。取坐位，将两块夹板（长度超过患者前臂肘关节→腕关节）放好衬垫物，置前臂掌背侧；用带子或绷带将夹板与前臂上、下两端扎牢，再使肘关节屈曲90°；用悬臂带吊起夹板（如图6-11所示）。

（2）肱骨骨折。取坐位，用两个夹板放上臂内、外侧，加衬垫后包扎固定；将患肢屈肘，用三角巾悬吊前臂，做贴胸固定；如无夹板，可用两条三角巾，一条中点放上臂越过胸部，在对侧腋下打结，另一条将前臂悬吊（如图6-12所示）。

图 6-11　前臂骨骨折固定

(a)　　　　　　(b)

图 6-12　肱骨骨折固定

### 403. 关节脱位的应急处理方法有哪些?

**答**：关节脱位是指组成关节的各骨骼的关节面失去正常的对应关系，又称脱臼。脱臼时骨骼由关节中脱出，产生移位。

脱臼通常会造成韧带的拉扯或撕伤，关节变形疼痛伴重度肿胀。若脱臼的骨骼压迫神经，会造成脱臼关节以下肢体麻木；若压迫到血管，脱臼关节以下肢体会摸不到脉动且颜色发紫。

对于任何脱臼的病患来说，一定要测量脉搏强度及检查感觉功能，若摸不到脉搏，则表示肢体已无足够的血液供应，必须立即送医院就诊。同时，在急救过程中，注意测量脉搏及运动感觉功能。

如果距离医院较远，或不具备 6h 内送达医院的条件，必须进行必要的急救处理，以防神经血管压迫时间过长造成不可逆损伤。

日常生活中最常见的是肩或肘关节的脱位，遇到这种情况时，首先为避免病患再度跌倒受伤，应帮助其坐下或躺下，检查有无其他伤处，并检查远端脉搏。固定脱臼部位是减轻疼痛的最佳方法，可用杂志、厚报纸或纸板托住脱臼关节，以减轻疼痛。禁止进食，因为可能需要全身麻醉治疗，可使用冰敷减轻病患疼痛及肿胀。

如果救助人员对骨骼不十分熟悉，不能判断关节脱位是否合并骨折发生时，不要轻易实施关节脱位的复位。

多数关节脱位在医院复位后，还须进行损伤关节的石膏固定，以促进韧带愈合，防止韧带愈合不良造成的关节松弛等并发症。

### 404. 软组织损伤的应急处理方法有哪些？

**答：** 软组织损伤后，局部有疼痛、肿胀、组织内出血、压痛和运动功能障碍。疼痛程度因人而异，与损伤部位及伤情轻重有关。伤后出血程度及深浅部位不同，如皮内和皮下出血（瘀斑）或皮下组织的局限性血肿等。

轻度损伤后 24h 内应局部冷敷，加压包扎，抬高伤肢并休息，以促使局部血液循环加快，组织间隙的渗出液尽快吸收，从而减轻疼痛。不能使用局部揉搓等重手法，可外敷消肿药物。疼痛较重者，可内服止痛剂。

受伤 48h 后，肿胀已基本消退，可进行温热疗法，包括各种理疗和按摩，以促进肿胀吸收。

肌肉拉伤时，若出血较多，肿胀不断发展或肿胀严重而影响血液循环时，应将伤员送医院进行手术治疗，取出血块，结扎出血的血管，做手术缝合断裂肌肉。

在伤情允许的情况下，应尽早进行伤肢的功能锻炼，逐渐增加抗阻力练习，参加一些非碰撞性练习，并配合进行按摩和理疗等，直至关节活动功能恢复正常。

## 405. 踝、足部及腿骨折如何固定？

答：踝、足部及腿骨折分别采用以下方法进行固定：

（1）踝、足部骨折。取坐位，将患肢呈中立位；踝周围及足底衬软垫，足底、足跟放夹板；用绷带沿小腿做环形包扎，踝部做"8"字形包扎，足部做环形包扎固定（如图6-13所示）。

图6-13　踝骨、足部骨折固定

（2）小腿骨折。取卧位，伸直伤肢。用两块长夹板（从足跟到大腿），做好衬垫，尤其是腘窝处，将夹板分别置于伤腿的内、外侧，用绷带或带子在上、下端及小腿和腘窝处绑扎牢固。如现场无夹板，可将伤肢与健肢固定在一起，需注意在膝关节与小腿之间空隙处垫好软垫，以保持固定稳定（如图6-14所示）。

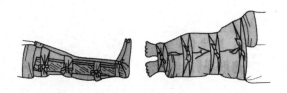

图6-14　小腿骨折固定

（3）大腿骨折。患者取平卧位；用长夹板一块（从患者腋下至足部），在腋下、髂嵴、髋部、膝、踝、足跟等处做好衬垫，将夹板置伤肢外侧，用绷带或宽带、三角巾分段绷扎固定（如图6-15所示）。

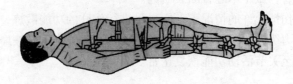

图6-15　大腿骨折固定

（4）脊柱骨折。平卧于担架上，用布带将头、胸、骨盆及下肢固定于担架上。

# 第 7 章   烧结和球团生产安全

**406. 烧结安全生产的主要特点有哪些?**

**答:** 烧结安全生产的主要特点有:

(1) 皮带运输机多。使用的原燃料、中间生产环节物料运送及产品运送大多数都采用皮带运输机。

(2) 地下通廊、高空通廊多。地下通廊由于地面潮湿、粉尘浓度高和照明条件差,容易发生滑跌及触电事故;上下梯子容易出现摔伤和扭伤事故;高空检修又容易坠物,容易对地面人和物造成伤害。

(3) 粉尘浓度高。生产中物料运转及烧结机进行烧结时,机头、机尾都易产生大量粉尘。

(4) 噪声大。烧结作业过程中,噪声源有 30 余处,主要是主风机、四辊破碎机、通风除尘机、振动筛等。

(5) 设备及物料温度高。烧结机及有关设备、物料具有较高温度,与水接触产生蒸汽,容易发生烫伤事故。

**407. 比较多发的人身伤害事故有哪些?**

**答:** 烧结作业中所产生的事故种类也是多种多样的。据统计,在各类烧结生产造成的死亡事故中,机械伤害致死占 44.9%,灼伤致死占 13.0%,高处坠落致死占 10.6%,料仓原料塌落致死占 10.6%,车辆伤害致死占 11.8%,触电伤害致死占 5.9%,物体打击致死占 3.5%。

**408. 烧结生产主要危险因素有哪些?**

**答:** 烧结生产主要危险因素有高温危害、粉尘危害、高速机械转动伤害、有毒有害气体及物质流危害、高处作业危害、作业环境复杂等。

## 409. 烧结生产主要伤害有哪些类别?

**答：**烧结生产主要伤害类别有机械伤害、高处坠落、物体打击、起重伤害、高温灼烫、触电、中毒以及尘肺病等职业病。

## 410. 造成烧结生产事故的主要原因有哪些?

**答：**造成烧结生产事故的主要原因有：

（1）人的原因。主要是违章作业、误操作和身体疲劳等。

（2）物（环境）的原因。主要是设备设施缺陷、技术及工艺缺陷、防护装置缺陷、个体防护用品缺乏或有缺陷、作业环境差等。

（3）管理的原因。主要是劳动组织不合理，工人不懂或不熟悉操作技术；现场缺乏检查指导，安全规程不健全；技术和设计上的缺陷等。

## 411. 原料准备作业不安全因素有哪些?

**答：**原料准备作业不安全因素有：

（1）烧结用料品种繁多、数量大，在备料过程中有很多的不安全因素。

1）在寒冷地区，精矿冻结，给卸车带来困难，易发生撞伤或摔伤事故。

2）冻层较厚的矿车必须送解冻室，解冻时可能发生火灾或煤气中毒事故。

3）原料堆放过高，容易出现坍塌伤人事故。

4）皮带机头尾轮挂泥现象，发生跑偏、打滑等故障，处理故障时易发生绞伤事故。

5）过往车辆较多，容易出现交通事故。

（2）焦和煤等燃料常用四辊破碎机破碎，一般情况下给料粒度小于 25mm，但常夹有大于 100mm 的块焦、块煤、石块等杂物，引起漏斗闸门和漏嘴被堵，使给料不均。上辊不但不进料，还易磨损辊皮。清理大块燃料常发生重大伤亡事故。

（3）部分原料黏性大，容易粘矿槽壁，处理棚料容易出现坍塌事故。

（4）烧结机生产不正常时，生料进入返矿槽，其所含水分在高温下变成蒸汽，产生极大的压力，使高温热返矿冲出，容易造成烫伤事故。

### 412. 原料作业安全防护措施有哪些？

**答：**为了消除从原料运输、卸车、储存到配料等作业环节中的不安全因素，特别是精矿中的水分所引起的如黏结、冻结造成的危害，需采取以下措施：

（1）配料矿槽上部移动式漏矿车的走行区域，不应有人员行走，其安全设施应保持完整。

（2）粉料、湿料矿槽倾角不应小于 65°，块矿矿槽不应小于 50°。采用抓斗上料的矿槽，上部应设安全设施。

（3）对短途运输的精矿可在每个车厢上盖麻袋或麻布编成的"被"以防冻结，揭去麻布"被"时要有稳固的作业平台。

（4）解冻室的各种仪表要齐全，并要保证灵敏、精确。同时要放置 CO 检测仪和空气呼吸器，以防煤气中毒。

（5）禁止打开运转中的破碎、筛分设备的检查门和孔；检查和处理故障时必须停机并切断电源和事故开关。

（6）人员进入料仓捅料时，应系安全带（其长度不应超过 0.5m），在作业平面铺设垫板，不应单独作业，并应有专人监护。应尽可能采取机械疏通。

（7）不应有湿料和生料进入热返矿槽。

（8）进入圆筒混合机检修和清理，应事先切断电源，采取防止筒体转动的措施，并设专人监护。

（9）在任何情况下不准跨皮带、坐皮带、钻皮带，有事走过桥或从头尾轮外绕道走。

（10）皮带跑偏时，不准用木棒或铁棍硬撬，也不能用脚踩或往头轮里塞草袋、胶皮、杂物等方法来纠正跑偏。

（11）皮带打滑或被压住时，要先排除故障或减少皮带上料的重量，然后试转。

（12）皮带在运转中，头尾轮有泥，禁止用铁锹或其他物体刮泥，以防物体被带入伤人。

（13）皮带在运行过程中禁止进行清扫；禁止站在皮带两边传递物品；如因不慎将铁锹、扫帚卷进皮带和托辊之间，应立即撒手，停车再取，不准硬拉，以防被绞入皮带。

（14）定期检查安全设施，做到照明良好；事故开关、联系电铃、安全罩、安全栏、皮带安全绳等应保持完好、齐全。

### 413. 如何避免皮带运输机的伤害？

**答：** 皮带运输机伤害的主要原因是人的不安全行为，如不停机清扫、不经联络启动、运行中处理故障、跨越运行皮带等都可导致意外事故的发生。

预防皮带运输机伤害事故，一方面要完善皮带运输机的安全防护装置（如防跑偏、打滑和紧急停车等），另一方面要严格规范人的作业行为，具体是：

（1）启动皮带时应先发出警报信号，经确认无异常时方可启动。启动时，要先点动，隔 1min 再启动。

（2）严禁在皮带运输机运转过程中从事注油、检修、清扫、检查等作业。

（3）严禁在皮带上行走，跨越皮带时必须走安全桥。

（4）过道及上空的皮带必须加挡板防护，以防皮带断裂伤人及其他事故的发生。

（5）在调整皮带跑偏时操作人员要衣扣整齐，女工须将长发挽入帽内，避免被旋转的机器卷入。

（6）更换托辊时，要注意相互之间的配合，不要把手放在靠近皮带与托辊架的结合部位，并严格执行停送电确认制。

（7）处理事故时必须停机断电，并在电源开关处挂上标志牌，并锁上电源箱。

（8）必须由维修人员调节皮带拉紧装置和沉轮。

（9）室外皮带运输机在大风天气应停止运转，且必须对其采取加固措施。

（10）对在停电或紧急停止运转时有倒转可能性的皮带运输机，要设有特别标志。

## 414. 烧结机作业的主要不安全因素有哪些？

**答：** 抽风带式烧结机由驱动装置、供烧结台车移动用的行走轨和导轨、台车、装料装置、点火装置、抽风箱、密封装置等部分组成。主要不安全因素有：

（1）由于烧结机又长又大，生产与检修工人往往因联系失误造成事故。

（2）台车运行过程中掉箅条，在机头安装箅条时，由于台车合拢夹住脚，会造成伤亡事故。

（3）由于台车工作过程中要经受 200～500℃ 的温度变化，又要承受自重和烧结矿的重量及抽风机负压造成的压力，易产生因疲劳而损坏的"塌腰"现象；栏板连接螺栓也会出现松动或断裂，在更换时，不小心就可能发生人身伤亡事故。

（4）烧结机检修过程中，要部分拆卸台车，若拆除时未对回车道上的台车采取适当的安全措施，往往发生台车自动行走而导致人员伤亡事故。

（5）随着烧结机长度的增大，台车跑偏现象将更为突出，台车轮缘与钢轨的侧面相挤压，剧烈磨损（俗称啃道），严重时会造成台车脱轨掉入风箱或台车的回车轨道。

（6）烧结机及其有关设备具有较高的温度，与水接触产生蒸汽，易造成人员烫伤。

（7）烧结点火使用煤气，容易出现泄漏，可能造成人员中毒或煤气设施爆炸。

### 415. 烧结机作业的安全防护措施有哪些?

答：烧结机作业的安全防护措施有：

(1) 烧结机的停、开要设置必要的联系信号，并应加强检查。

(2) 烧结机停机时，任何人不得擅自进入烧结机内部检查。若工作需要时，首先与操作人员联系。

(3) 烧结机检修后或较长时间停车，在启动前必须详细检查机头、机尾和弯道上下轨道、传动齿轮、大烟道等处是否有人和杂物。

(4) 启动前和运行中，不得踩在台车滚轮上，手不许扶在挡板两端，以免压伤或挤伤手脚。

(5) 升降口及走梯等安全栏杆、机械设备外露的传动部位的安全罩应完好。

(6) 烧结机尾部装设可动摆架，既解决了台车的热膨胀问题，也消除了台车之间的冲击，并克服了台车跑偏和轮缘走上轨道的故障，既减少了检修工作量，又减少了可能发生的人身事故。

(7) 在台车运转过程中，严禁进入弯道和机架内检查。检查时应索取操作牌，停机，切断电源，挂上"严禁启动"标志牌，并设专人监护。

(8) 更换台车必须采用专用吊具，并有专人指挥，更换挡板、添补算条等作业时必须停机进行。

(9) 进入大烟道作业时，不应同时进行烧结机台车、添补炉算等作业。应切断点火器的煤气，关闭各风箱调节阀，断开抽风机的电源，执行挂牌制度。

(10) 进入大烟道检查或检修时，先用 CO 检测仪检测废气浓度，符合标准后方可进入，并在人孔处设专人监护。作业结束，确认无人后，方可封闭人孔。

（11）进入单辊破碎机、热筛、带冷机（环冷机）作业时，应采取可靠的安全措施，并设专人监护。

（12）为了防止烧结机过载造成设备事故，要装设过电流继电器作为保护装置。

（13）烧结机台车轨道外侧安装防护网；检修时，热返矿未倒空前不应打水。

（14）烧结平台上不应乱堆乱放杂物和备品备件，每个烧结平台上存放的备用台车，应根据建筑物承重范围内准许 5~10 块台车存放。

（15）载人电梯不应用作检修起重工具，不应有易燃和爆炸物品。

（16）烧结机点火器一般采用高炉煤气，容易出现中毒、爆炸事故，因此，点火器安装和操作应遵循以下规定：

1）设置空气、煤气比例调节装置和煤气低压自动切断装置。

2）烧嘴的空气支管应采取防爆措施。

3）检修要先切断煤气，打开放散阀，用蒸汽或氮气吹扫残余煤气，检测合格后方可作业。

4）检修人员不应少于两人，并指定一人监护。

5）点火前，应进行煤气检测；在烧结机点火器的烧嘴前面，应安装煤气紧急事故切断阀。

6）点火器在开、停过程中要严格按煤气规程操作，正常使用时人员不得随便到点火器顶部。

（17）主抽风机室高压带电体的周围应设围栏，地面应敷设绝缘垫板。

（18）主抽风机启动前应检查水封水位是否符合相关规定。

（19）主抽风机操作室应与风机房隔离，并采取隔音和调温措施；风机及管道接头处应保持严密，防止漏气。

（20）检测仪、空气呼吸器等防护装置应定期送有相应资质的单位进行检验。

**416. 抽风机的安全防护措施有哪些?**

**答:** 抽风机不安全因素主要是转子不平衡运动中发生振动。安全防护措施主要有:

(1) 在更换叶轮时应当做动平衡试验。

(2) 提高除尘效率,改善风机工作条件。

(3) 适当加长、加粗集气管,使废气及粉尘在管中流速减慢,增大灰尘沉降的比率,同时加强二次除尘器的检修与维护。

**417. 烧结作业触电事故的防护措施有哪些?**

**答:** 烧结作业电能消耗极多,所用的电压为 380V。由于作业环境中粉尘浓度高且又潮湿,开关或电器设备表面常有漏电和启动失灵现象,要防止触电,特别是地下通廊的皮带输送机处积水时,地面潮湿,也容易发生触电事故。

为预防触电事故的发生,除应安装除尘设备,改善作业环境并加强电气设备的维修外,电气作业必须采取可靠的安全措施,各种电气开关(电源箱)及电气设施应避免潮湿环境和水冲,同时还应对职工进行电气安全教育。

**418. 烧结作业灼伤事故的防护措施有哪些?**

**答:** 烧结作业发生的灼伤事故大部分发生在返矿圆盘操作岗位和生石灰配加(喷仓)岗位。

(1) 向返矿或返矿仓浇水会产生大量蒸汽,对人员可能造成伤害。

(2) 配料室生石灰配加,由于空仓补灰、粒度过细等原因,容易喷仓伤及人眼。

为保证安全,必须做到:

(1) 严格执行生产操作规程,认真操作。

(2) 在任何情况下都不得向返矿仓和台车底部浇水,以防伤人。

（3）返矿圆盘在运转中应经常注意排矿情况。检查排矿时必须穿戴好劳保用品，不许站在排矿口对面，发现圆盘冒气、冒烟时，必须立即闪开，以免放炮伤人。

（4）保持生石灰仓位，禁止细灰、乏灰入仓。检查时要穿戴好防护用品，戴防护镜。

## 419. 烧结厂粉尘的危害及防治措施有哪些?

答：烧结过程中产生大量粉尘、废气、废水，含有硫、铝、锌、氟、钒、钛、一氧化碳、二氧化硫等有害成分，严重污染了环境。为了改善作业条件，保障工人的健康，要进行抽风除尘。

主要措施有：静电除尘、布袋除尘或静电除尘 + 布袋除尘，脱硫脱硝设备。

## 420. 烧结厂噪声危害及防治措施有哪些?

答：烧结厂的噪声主要来源于高速运转的设备，主要有主风机、冷风机、通风除尘机、振动筛、锤式破碎机、四辊破碎机等。

对噪声的防治应当采用改善和控制设备本身产生噪声的做法，即采用合乎声学要求的吸、隔声与抗震结构的最佳设备设计，选用优质材料，提高制造质量，对于超过单机噪声允许标准的设备则需要进行综合治理。

## 421. 球团生产作业安全防护措施有哪些?

答：球团生产作业安全防护措施有：

（1）进入润磨机检修时，应确定润磨机上方是否有黏料或钢球，防止垮塌伤人，并与上下岗位联系好，停电并挂上"禁止启动"的标志牌，设专人监护。

（2）在煤气区域作业或检查时，应带好便携式煤气报警仪，且应有两人以上协助作业，一人作业，一人监护。

（3）煤气设备检修时，应确认切断煤气来源，用氮气或蒸汽扫净残余煤气，取得危险作业许可证或动火证，并确认安全措施后，方可检修。

（4）清理球盘积料时，应保证球盘传动部分无人施工，防止因物料在盘内偏重带动球盘，造成传动部分突然动作而伤人。

（5）更换造球机刮刀前，应先将跳板搭好，扎牢。拆卸或安装刮刀棒时，应由两人以上相互配合作业，应保证站位牢靠，同时应防止工具、刮刀棒掉落伤人。

（6）燃烧室点火之前，应进行煤气引爆试验。

（7）点火时，应携带煤气报警仪，并有人监护。不应有明火，防止发生火灾。定期对煤气管道进行检查，防止煤气泄漏，造成煤气中毒。

（8）在炉口捅料时，应穿戴好防护用品，防止烫伤。捅料时用力应适度，以免损坏三角炉箅和炉箅条。

（9）竖炉停炉或对煤气管道及相关设备进行检修时，应切断煤气，打开支管的两个放散阀，并通入氮气或蒸汽，并用 CO 检测仪检查合格后，方可检修。

（10）进入竖炉炉内作业应遵循以下准则：

1）待竖炉排空，冷却 4h 后，方可进入炉内作业。

2）检修时进入炉内作业应搭好跳板、挂梯，系好安全带，穿好隔热服，戴好防护眼镜，以防止坠落摔伤或烫伤。

3）从上部进入炉内作业应带好安全带作业（安全带的挂绳应附装钢绳）。

4）进入炉内前，应检查附在炉壁、导风墙上的残渣是否掉落，如没有，清理干净后，方可在竖炉下部工作。

5）在炉内下方作业应先将齿辊及油泵停下并挂检修牌，关好上部炉门，并设专人监护，然后再进入炉内搭设好防护设施后方可作业。

（11）竖炉点火时，炉料应在喷火口下沿，不应突然送入高压煤气，煤气点火前应保证煤气质量合格，并保证竖炉引风机已开启，风门打开。

（12）竖炉应设有双安全通道，通道倾斜度不应超过 45°。

（13）进入烘干设备内作业，应预先切断煤气，并赶净设备内残存的煤气。

（14）回转窑一旦出现裂缝、红窑，应立即停火。在回转窑全部冷却之前，应继续保持慢转，停炉时，应将结圈和窑皮除掉。

（15）拆除回转窑内的耐火砖和清除窑皮时，应采取防窑倒转的安全措施，并设专人监护。

# 第8章 炼铁生产安全

**422. 高炉炼铁生产在安全方面有哪些特点？**

答：高炉炼铁生产在安全方面的特点有：

（1）炼铁过程是一个连续进行的高温物理化学变化过程，整个工艺过程都伴随着高温、粉尘及毒气；出渣、出铁过程与高温熔融物及高炉煤气密切相关。

（2）作业过程中有大量烟尘、有害气体及噪声外逸，污染环境，恶化劳动条件。

（3）作业过程中需要动用较多的机电设备，动用超重运输设备以及高压水、高压氧气及高压空气等高压系统。

（4）附属设备系统多而复杂，各系统间协作配合要求严格。

（5）炉前操作人员的劳动强度较大。

总之，炼铁生产特点为劳动密集，劳动强度高，高温、噪声、粉尘危害大，煤气区域、易燃易爆场所多，公路、铁路纵横、立体、交叉作业，上下工序配合紧密，设备多而复杂。

**423. 炼铁生产的主要危险有害因素有哪些？**

答：炼铁生产的主要危险有害因素有烟尘、噪声、高温辐射、铁水和熔渣喷溅与爆炸、煤气中毒、燃烧、爆炸。

（1）高温系统：高炉渣口、铁口、砂口，渣铁沟、砂坝；铸铁机、残铁罐；渣或铁遇水放炮、水冲渣飞溅。

（2）煤气系统：高炉炉顶、铁口、渣口，无料钟炉顶上、下密封阀；热风炉煤气阀轴头。

（3）皮带系统：皮带轮、减速机、各种齿轮咬合处、皮带与轮接触部位；皮带卸料小车、各种电气设备及事故开关等。

（4）起重伤害：起重设备（吊车）。

（5）厂区交通：火车及公路上各种机动车辆，交叉路口。

## 424. 炼铁高炉煤气作业如何分类？

**答：**炼铁高炉煤气作业可分为一类煤气作业、二类煤气作业、三类煤气作业。

一类煤气作业：风口平台、渣铁口区域、除尘器卸灰平台及热风炉周围，检查大小钟和溜槽，更换探尺，炉身打眼，炉身外焊接水槽，焊补炉皮，焊、割冷却器，检查冷却水管泄漏，疏通上升管，煤气取样，处理炉顶阀门。炉顶人孔、炉喉人孔、除尘器人孔、料罐、齿轮箱，抽堵煤气管道盲板以及其他带煤气的维修作业。

二类煤气作业：炉顶清灰、加（注）油，休风后焊补大小钟、更换密封阀胶圈，检修时往炉顶或炉身运送设备及工具，休风时炉喉点火，水封的放水，检修上升管和下降管，检修热风炉炉顶及燃烧器，在斜板上部、出铁场屋顶、炉身平台、除尘器上面和喷煤、碾泥干燥炉周围作业。

三类煤气作业：值班室、槽下、卷扬机室、铸铁及其他有煤气地点的作业。

## 425. 炼铁生产的主要事故类别和原因有哪些？

**答：**炼铁生产主要事故类别有：

（1）高温系统易造成烧伤、灼伤事故。

（2）煤气系统易造成中毒伤害。

（3）皮带系统极易造成挤伤、绞伤事故及触电事故。

（4）起重伤害易造成物体打击、挤伤、高空坠落等事故。

（5）厂区交通易造成撞伤、挤压。

（6）尘肺病、硅肺病和慢性一氧化碳中毒等职业病。

导致事故发生的主要原因有人为原因、管理原因和物质（环境）原因三个方面。

（1）人为原因主要是违章作业、误操作和身体疲劳。

（2）管理原因主要是劳动组织不合理，工人不懂或不熟悉操作技术；现场缺乏检查指导，安全规程不健全；技术和设计上的缺陷。

（3）物质（环境）原因主要是设施（设备）工具缺陷；防护用品缺乏或有缺陷；防护保险装置有缺陷和作业环境条件差。

### 426. 供上料系统的主要危险和安全措施有哪些？

**答：**供上料系统的主要危险和安全措施如下所述。

大中型高炉的原料和燃料大多数采用胶带机运输，主要危险有：

（1）储矿槽未铺设隔栅或隔栅不全，周围没有栏杆，人行走时有掉入槽的危险。

（2）料槽形状不当，存有死角，需要人工清理。

（3）矿槽内衬磨损，进行维修时的劳动条件差。

（4）料闸门失灵常用人工捅料，如料突然崩落往往造成伤害。

（5）放料时的粉尘浓度很大，尤其是采用胶带机加振动筛筛分料时，作业环境更差。

为避免以上不安全因素，应采取以下措施：

（1）储矿槽的结构保证是永久性的、十分坚固的。

（2）各个槽的形状应该做到自动顺利下料，槽的倾角不小于50°，以消除人工捅料的现象。

（3）金属矿槽应安装振动器。

（4）钢筋混凝土结构内壁应铺设耐磨衬板；存放热烧结矿的内衬板应是耐热的。

（5）矿槽上必须设置隔栅（孔网不大于 300mm × 300mm），周围设栏杆，并保持完好。

（6）料槽应设料位指示仪，卸料口应选用开关灵活的闸门，最好采用液压闸门。

（7）主卷扬机应有钢丝绳松弛保护和极限张力保护装置。

（8）料车（罐）应有行程极限、超极限双重保护装置和高速区、低速区的限速保护装置。

（9）卷扬机运转部件，应有防护罩或栏杆，下面应留有清扫撒料的空间。

（10）对于放料系统扬尘点应采用完全封闭的除尘设施。

### 427. 供上料系统的安全操作要点有哪些?

答：供上料系统的安全操作要点有：

（1）上岗前必须穿戴好劳动保护用品。

（2）打开矿槽、焦槽上面格筛应经批准，并采取防护措施。格筛损坏应立即修复。

（3）卸料车的运行速度，不应超过 2m/s，且运行时有声光报警信号。

（4）在槽上及槽内作业，应遵守下列规定：

1）作业前应与槽上及槽下有关工序取得联系，并索取操作牌；作业期间不得漏料、卸料。

2）进入槽内工作，应佩戴安全带，设置警告标志；现场至少有一人监护，并配备低压安全强光照明；维修槽底应将槽内松动料清完，并采取安全措施方可进行。

3）矿槽、焦槽发生棚料时，不应进入槽内捅料。

（5）运行中的料车，不准坐人。在斜桥走梯上行走，不应靠近料车一侧。不应用料车运送氧气、乙炔或其他易燃易爆品。

（6）更换料车钢丝绳时，料车应固定在斜桥上，并由专人监护和联系。

（7）卷扬机的日常维修，应征得司机及有关方面同意，并索取其操作牌方可进行。

（8）皮带在运行过程中禁止进行清扫；禁止站在皮带两边传递物品；如不慎将铁锹、扫帚卷进皮带和托辊之间，应立即撒手，停车再取，不准硬拉，以防被绞入皮带。

### 428. 供水与供电安全技术有哪些？

**答：** 高炉是连续生产的高温冶炼炉，不允许发生中途停水、停电事故。特别是大、中型高炉必须采取可靠措施，保证安全供电、供水。

（1）供水系统安全技术。高炉炉体、风口、炉底、外壳、水渣等必须连续给水，一旦中断便会烧坏冷却设备，发生停产等重大事故。为了安全供水，大中型高炉应采取以下措施：

1）供水系统设有一定数量的备用泵。

2）所有泵站均有两个电源。

3）设置供水的水塔，以保证油泵启动时供水。

4）设置回水槽，保证在没有外部供水情况下维持循环供水。

5）在炉体、风口供水管上设连续式过滤器。

6）排水管采用钢管，以防破裂。

（2）供电安全技术。

1）不能停电的仪器设备万一发生停电时，应考虑人身及设备安全，设置必要的保安应急措施和专用、备用的柴油机发电组。

2）计算机、仪表电源、事故电源和通讯信号均为保安负荷，各电器室和运转室应配紧急照明用的带铬电池荧光灯。

### 429. 煤粉喷吹系统安全技术有哪些？

**答：** 高炉煤粉喷吹系统最大的危险是可能发生爆炸与火灾，应采取以下安全措施：

（1）煤粉仓、储煤罐、喷吹罐、仓式泵等设备按规定设泄爆孔，泄爆孔的朝向应不致危害人员及设备。泄爆片后面的压力不应超过泄爆管直径的 10 倍。

（2）煤粉管道的设计及输送煤粉的速度（大于 18m/s）应保证煤粉不沉积。停止喷吹时，应用压缩空气吹扫管道，喷吹烟煤则应用氮气。

（3）向高炉喷煤时，应控制喷吹罐的压力，保证喷枪出口压力比高炉热风压力大 0.05MPa，否则应停止喷吹。

（4）喷吹罐停喷煤粉时，无烟煤粉储存时间应不超过 12h；烟粉煤储存时间应不超过 8h。

（5）在喷吹过程中，控制喷吹煤粉的阀门（包括调节型阀和切断阀）一旦失灵，应能自动停止向高炉喷吹煤粉，并及时报警。

（6）煤粉、空气的混合器，不应装设在风口平台上。混合器与高炉之间的煤粉输送管路，应安装自动切断阀。所有喷煤风口前的支管，均应安装逆止阀或切断阀。

（7）喷吹煤粉系统的设备、设施及室内地面、平台，每班均应进行清扫或冲洗。

（8）检查制粉和喷吹系统时，应将系统中的残煤吹扫干净，应使用防爆型照明灯具。

（9）检修喷吹煤粉设备、管道时，宜使用铜制工具，检修现场不应动火或产生火花。需要动火时，应征得安全部门同意，并办理动火许可证，确认安全方可进行检修。

（10）煤粉制备的出口温度，对于烟煤不应超过 80℃，无烟煤不应超过 90℃。

## 430. 炉顶装料系统的安全技术规定有哪些？

**答：**通常采用钟式炉顶和无料钟炉顶向高炉装料，一般规定如下：

（1）生产时的炉顶工作压力，不应超过设计规定。

（2）炉顶应至少设置两个直径不小于 0.6m、位置相对的人孔。

（3）应保证装料设备的加工、安装精度，不应泄漏煤气。

（4）炉顶放散阀，应比卷扬机绳轮平台至少高出 3m，并能在中控室或卷扬机室控制操作。

（5）液压传动的炉顶设备，应按规定使用阻燃性油料。

（6）炉顶各主要平台，应设置通至炉下的清灰管。

（7）清理、更换受料漏斗衬板，应进行安全确认、断电、挂牌，设专人监护。

（8）高炉蒸汽集汽包通至各用户的阀门，应有明显的标志。此蒸汽不得供生活用。

（9）处理炉顶作业，应有专人携带 CO 和 $O_2$ 检测仪同行监护。同时，应注意风向及氮气阀门和均压阀门是否有泄漏现象。

## 431. 钟式炉顶安全技术规定有哪些？

**答：**钟式炉顶安全技术规定有：

（1）通入大、小钟拉杆之间的密封气体压力应超过炉顶工作压力 0.1MPa。

（2）通入大、小钟之间的蒸汽或氮气管口，不应正对拉杆及大钟壁。

（3）炉顶设备应实行电气联锁，并应保证：

1）大、小钟不能同时开启。

2）均压及探料尺不能满足要求时，大、小钟不能自由开启。

3）大、小钟联锁保护失灵时，不应强行开启大、小钟，应及时找出原因，组织抢修。

（4）大、小钟卷扬机的传动链条，应有防扭装置，探料尺应设零点和上部、下部极限位置。

（5）炉顶导向装置和钢结构，不应妨碍平衡杆活动。大、小钟和均压阀的每条钢丝绳安全系数不低于 8，钢丝绳应定期检查。

（6）高压高炉应有均压装置，均压管道入口不应正对大钟拉杆，管道不应有直角弯，管路最低处应安装排污阀，排污阀应定期排放。不宜使用粗煤气均压。

（7）钟式炉顶工作温度不应超过 500℃。

## 432. 无料钟炉顶安全技术规定有哪些?

**答:** 无料钟炉顶安全技术规定有:

（1）料罐均压系统的均压介质,应采用半净高炉煤气或氮气。

（2）炉顶温度应低于 350℃,水冷齿轮箱温度应不高于 70℃。

（3）炉顶氮气压力应大于炉顶压力 0.1MPa。

（4）定期检查上、下密封圈的性能,并记入技术档案。

（5）齿轮箱停水时,应立即检查处理,并采取措施防止煤气冲掉水封,造成大量煤气泄漏。同时加大通入齿轮箱的氮量,尽量控制较低的炉顶温度。

（6）炉顶系统停氮时,应立即检查处理,可增大齿轮箱冷却水流量来控制水冷齿轮箱的温度。

（7）炉顶传动齿轮箱温度超过 70℃ 的事故处理,应遵守下列规定:

1）高温报警时,应立即检查其测温系统、炉顶温度、炉顶洒水系统、齿轮箱水冷系统和氮气系统,查明原因,及时处理。

2）当该温度升到规定值时,应手动打开炉顶洒水系统向料面洒水,以降低炉顶煤气温度。

3）若该温度持续 20min 以上或继续升高,则应立即停止布料溜槽旋转,并将其置于垂直状态,同时高炉应减风降压直到休风处理;若用净煤气冷却传动齿轮箱,还应增加冷却煤气的压力。

（8）无料钟炉顶的料罐、齿轮箱等,不应有漏气和喷料现象。进入齿轮箱检修,应事先休风点火;然后打开齿轮箱人孔,用空气置换排净残余氮气;再由专人使用仪器检验确认合格,并派专人进行监护。

（9）炉顶系统主要设备安全联锁应符合规定。

### 433. 休风（或坐料）应遵守哪些规定？

**答**：休风（或坐料）应遵守以下规定：

（1）应事先同煤气、氧气、鼓风、热风和喷吹等单位联系，征得煤气部门同意，方可休风（或坐料）。

（2）炉顶及除尘器应通入足够的蒸汽或氮气；切断煤气（关切断阀）之后，炉顶、除尘器和煤气管道均应保持正压；炉顶放散阀应保持全开。

（3）长期休风应进行炉顶点火，并保持长明火；长期休风或检修除尘器、煤气管道，应用蒸汽或氮气驱赶残余煤气。

（4）因事故紧急休风时，应在紧急处理事故的同时，迅速通知煤气、氧气、鼓风、热风、喷吹等有关单位采取相应的紧急措施。

（5）正常生产时休风（或坐料），应在渣、铁出净后进行，非工作人员应离开风口周围；休风之前如遇悬料，应处理完毕再休风。

（6）休风（或坐料）期间，除尘器不应清灰；有计划的休风，应事前将除尘器的积灰清尽。

（7）休风前及休风期间，应检查冷却设备，如有损坏应及时更换或采取有效措施，防止漏水入炉。

（8）休风期间或短期休风之后，不应停鼓风机或关闭风机出口风门，冷风管道应保持正压；如需停风机，应事先堵严风口，卸下直吹管或冷风管道，进行水封。

（9）休风检修完毕，应经休风负责人同意，方可送风。

### 434. 开炉应遵守哪些规定？

**答**：开炉应遵守以下规定：

（1）应按制定的烘炉曲线烘炉。

（2）进行设备检查，并经 24h 连续联动试车正常，方可开炉。

（3）冷风管应保持正压。

（4）除尘器、炉顶及煤气管道应通入蒸汽或氮气，以驱除残余空气。

（5）送风后，大高炉炉顶煤气压力应大于5～8kPa，中小高炉的炉顶压力应大于3～5kPa，并做煤气检测，确认不会产生爆炸，方可接通煤气系统。

（6）备好强度足够和粒度合格的开炉原料、燃料，做好铁口泥包。

### 435. 停炉应遵守哪些规定？

**答**：停炉应遵守以下规定：

（1）停炉前，高炉与煤气系统应可靠地分隔开。

（2）采用打水法停炉时，应取下炉顶放散阀或放散管上的锥形帽；采用回收煤气空料打水法时，应减轻顶放散阀的配重。

（3）打水停炉降料面期间，应不断测量料面高度，或用煤气分析法测量料面高度，并避免休风；需要休风时，应先停止打水，并点燃炉顶煤气。

（4）打水停炉降料面时，不应开大钟或上、下密封阀；大钟和上、下密封阀不应有积水；煤气中一氧化碳、氧气和氢气的浓度，应至少每小时分析一次，氢气浓度不应超过6%。

（5）炉顶应设置供水能力足够的水泵，钟式炉顶温度应控制在400～500℃之间，无料钟炉顶温度应控制在350℃左右；炉顶打水应采用均匀雨滴状喷水，应防止顺炉墙流水引起炉墙塌落；打水时人员应离开风口周围。

（6）大、中修高炉，料面降至风口水平面即可休风停炉；大修高炉，应在较安全的位置（炉底或炉缸水温差较大处）开残铁口眼，并放尽残铁；放残铁之前，应设置作业平台，清除炉基周围的积水，保持地面干燥。

（7）高炉突然断风，应按紧急休风程序休风，同时出净炉内的渣和铁。

### 436. 停电事故处理应遵守哪些规定？

**答：**高炉突然停电，应按紧急休风程序，同时出净炉内的渣和铁。

（1）高炉生产系统（包括鼓风机等）全部停电，应按紧急休风程序处理。

（2）煤气系统停电，应立即减风，同时立即出净渣、铁，防止高炉发生灌渣、烧穿等事故；若煤气系统停电时间较长，则休风或切断煤气。

（3）炉顶系统停电时，应酌情立即减风降压直至休风（先出铁、后休风）；严密监视炉顶温度，通过减风、打水、通氮或通蒸汽等手段，将炉顶温度控制在规定范围以内；立即联系有关人员尽快排除故障，并及时复风，复风时应摆正风量与料线的关系。

（4）发生停电事故时，应将电源闸刀断开，挂上停电牌；恢复供电，应确认线路上无人工作并取下停电牌，方可按操作规程送电。

### 437. 停水事故处理应遵守哪些规定？

**答：**停水事故处理应遵守以下规定：

（1）风口水压下降时，应视具体情况减风，必要时立即休风。水压正常后，应确认冷却设备无损、无阻，方可恢复送水。送水应分段、缓慢进行，防止产生大量蒸汽而引起爆炸。

（2）当冷却水压和风口进水端水压小于正常值时，应减风降压，停止放渣，立即组织出铁，并查明原因；水压继续降低以致有停水危险时，应立即组织休风，并将全部风口用泥堵死。

（3）如风口、渣口冒汽，应设法灌水，或外部打水，避免烧干。

（4）应及时组织更换被烧坏的设备。

（5）关小各进水阀门，通水时由小到大，避免冷却设备急冷或猛然产生大量蒸汽而炸裂。

（6）待逐步送水正常，经检查后送风。

## 438. 富氧鼓风安全技术要求有哪些？

**答：** 富氧鼓风安全技术要求有：

（1）氧气管道及设备的设计、施工、生产、维护应符合国家标准。连接富氧鼓风处，应有逆止阀和快速自动切断阀。吹氧系统及吹氧量应能远距离控制。

（2）富氧操作室应设有通风设施。高炉送氧、停氧，应事先通知富氧操作室，若遇烧穿事故，应果断处理，先停氧后减风。鼓风中含氧气浓度超过25%时，如发生热风炉漏风、高炉坐料及风口灌渣（焦炭），应停止送氧。

（3）吹氧设备、管道以及工作人员使用的工具、防护用品，均不应有油污；使用的工具还应镀铜、脱脂。检修时宜穿戴静电防护用品，不应穿化纤服装。富氧操作室及院墙内不应堆放油脂和与生产无关的物品，吹氧设备周围不应动火。

（4）氧气阀门应隔离，不应沾油。检修吹氧设备动火前，应认真检查氧气阀门，确保不泄漏，应用干燥的氮气或无油的干燥空气置换，经取样化验合格（氧气浓度不大于23%），并经主管部门同意，方可施工。

（5）正常送氧时，氧气压力应比冷风压力大0.1MPa；否则，应通知制氧、输氧单位，立即停止供氧。

（6）在氧气管道中，干、湿氧气不应混送，也不应交替输送。

（7）检修后和长期停用的氧气管道，应经彻底检查、清扫，确认管内干净、无油脂，方可重新启用。

（8）对氧气管道进行动火作业，应事先制定动火方案，办理动火手续，并经有关部门审批后，严格按方案实施。

（9）进入充装氧气的设备、管道、容器内检修，应先切断气源，堵好盲板，进行空气置换后经检测氧气含量在18% ~

23％范围内，方可进行。

### 439. 热风炉安全技术要求有哪些?

**答：** 热风炉安全技术要求有：

（1）热风炉及其管道内衬耐火砖、绝热材料、泥浆及其他不定型材料，应符合国家标准。

（2）热风炉炉皮烧红、开焊或有裂纹，应立即停用，及时处理，值班人员应至少每 2h 检查一次热风炉。

（3）热风炉应有技术档案，检查情况、检修计划及其执行情况均应归档。除日常检查外，应每月详细检查一次热风炉及其附件。

（4）热风炉的平台及走道，应经常清扫，不应堆放杂物，主要操作平台应设两条通道。

（5）热风炉烟道，应留有清扫和检查用的人孔。采用地下烟道时，为防止烟道积水，应配备水泵。

（6）热风炉煤气总管应安装可靠隔断装置。煤气支管应有煤气自动切断阀。煤气管道应有煤气流量检测及调节装置。管道最高处和燃烧阀与煤气切断阀之间应设煤气放散管。

（7）热风炉管道及各种阀门应严密。热风炉与鼓风机站之间、热风炉各部位之间，应有必要的安全联锁。突然停电时，阀门应向安全方向自动切换。放风阀应设在冷风管道上，可在高炉中控室或泥炮操作室旁进行操作。为监测放风情况，操作处应设有风压表。

（8）在热风炉混风调节阀之间应设切断阀，一旦高炉风压小于 0.05MPa，应关闭混风切断阀。

（9）热风炉炉顶温度和废气温度以及烟气换热器的烟气入口温度，不应超过设计限值。

（10）热风炉应使用净煤气烘炉，净煤气含尘量应小于 $10mg/m^3$。

（11）热风炉烧炉期间，应经常观察和调整煤气火焰；火焰熄灭时，应及时关闭煤气闸板，查明原因，确认可重新点火，方可点火。

（12）煤气自动调节装置失灵时，不宜烧炉。

（13）热风炉应有倒流管，作为倒流休风用。无倒流管的热风炉，用于倒流的热风炉炉顶温度应超过 1000℃，倒流时间不应超过 1h。多座热风炉不应同时倒流，不应用刚倒流的热风炉送风。硅砖热风炉不应用于倒流。

## 440. 渣、铁处理安全技术要求有哪些？

**答：** 渣、铁处理安全技术要求有：

（1）应在值班工长领导下，严格按进度表组织出渣、出铁。

（2）出铁、出渣以前，应做好准备工作，并发出出铁、出渣或停止的声响信号；水冲渣的高炉，应先开动冲渣水泵（或打开冲渣水阀门）。

（3）泥炮应由专人操作，根据铁口状况及炮泥种类确定打泥量及拔炮时间。

（4）清理炮头时应侧身站位。装泥或推进活塞时，不应将手放入装泥口。启动泥炮时其活动半径范围内不应有人。装泥时，不应往泥膛内打水，不应使用冻泥、稀泥和有杂物的炮泥。

（5）铁口泥套应保持完好。未达到规定深度的铁口出铁，应采取减风减压措施，必要时休风并堵塞铁口上方的 1~2 个风口。铁口潮湿时，应烤干再出铁。处理铁口及出铁时，铁口正对面不应站人。出铁、出渣时，不应清扫渣铁罐轨道和在渣铁罐上工作。

（6）开口机应转动灵活，专人使用。出铁时，开口机应移到铁口一侧固定，不应影响泥炮工作。

（7）铁口发生事故或泥炮失灵时，应实行减风、常压或休风，直至堵好铁口为止。

（8）更换开口机钻头或钻杆时，应切断动力源。

（9）通氧气用的耐高压胶管应脱脂。炉前使用的氧气胶管，长度不应小于 30m，10m 内不应有接头。

（10）吹氧铁管长度不应小于 6m。氧气胶管与铁管连接，应严密、牢固。

（11）炉前工具接触铁水之前，应烘干预热。

（12）渣、铁沟和撇渣器，应定期铺垫并加强日常维修。活动撇渣器、活动主沟和摆动溜嘴的接头，应认真铺垫，经常检查，严防漏渣、漏铁。

（13）不应使用高炉煤气烘烤渣、铁沟。用高炉煤气燃烧时，应有明火伴烧，并采取防煤气中毒的措施。

（14）采用水冲渣工艺的高炉，下渣应有单独的水冲渣沟，大型高炉冲渣应有各自的水冲渣沟。

（15）铁口、渣口应及时处理，处理前应将煤气点火燃烧，防止煤气中毒。

### 441. 摆动溜嘴操作安全要求有哪些？

**答**：摆动溜嘴操作安全要求有：

（1）接班时应认真检查操作开关是否灵活，摆动机械传动部分有无异响，电机、减速机有无异响，极限是否可靠，摆动溜嘴工作层是否完好、无孔洞等，发现异常应及时处理。

（2）出铁前半小时，应认真检查摆动溜嘴的运行情况，及时处理铁沟溜嘴底部与摆动溜嘴之间的铁瘤，保证摆动溜嘴正常摆动以及撇渣器、铁沟溜嘴、摆动溜嘴溜槽畅通。出铁前 10min，应确认铁罐对位情况、配备方式和配罐数量。

（3）每次出铁后，应及时将溜槽中的铁水倾倒干净，并将摆动溜嘴停放在规定的角度和位置；撇渣器内焖有铁水时，应投入保温材料，并及时用专用罩、网封盖好。

（4）摆动溜嘴往两边的受铁罐受铁时，摆动角度应保证铁水流入铁水罐口的中心。

（5）最后一罐铁水不应放满。

（6）出铁过程中过渡罐即将装满时，应提前通知驻在员联系倒罐。

（7）残铁量过多的铁罐，不应用作过渡罐，不应受铁。

（8）在停电情况下进行摆动溜嘴作业，应首先断开操作电源，再合上手插头进行手动操作。

### 442. 渣、铁罐使用安全要求有哪些？

**答：**渣、铁罐使用安全要求有：

（1）使用的铁水罐应烘干，非电气信号倒调渣、铁罐的炼铁厂，应建立渣、铁罐使用牌制度；无渣、铁罐使用牌，运输部门不应调运渣、铁罐，高炉不应出铁、出渣。

（2）渣、铁罐内的最高渣、铁液面应低于罐沿 0.3m，正用于出渣、铁的渣、铁罐不应移动。如遇出铁晚点，或因铁口浅、涌焦等原因，造成累计铁量相差 1 个铁水罐的容量时，可降低顶压或改用常压出铁，并用较小的钻头开口，同时增配铁水罐。因高炉情况特殊致使渣、铁罐装载过满时，应用泥糊好铁罐嘴并及时通知运输部门；运输应减速行驶，并由专人护送到指定地点。

（3）渣罐使用前，应喷灰浆或用干渣垫底。渣罐内不应有积水、潮湿杂物和易燃易爆物。

（4）铁罐耳轴应锻制而成，其安全系数不应小于 8；耳轴磨损超过原轴直径的 10%，即应报废；每年应对耳轴做一次无损探伤检查，做好记录，并存档。

（5）不应使用凝结盖孔口直径小于罐径 1/2 的铁、渣罐，也不应使用轴耳开裂、内衬损坏的铁罐，重罐不应落地。

（6）不应向线路上乱丢杂物，并应及时清除挂在墙、柱和线路上的残渣，炉台下应照明良好。

（7）渣、铁重罐车的行驶速度不应大于 10km/h；在高炉下行驶、倒调时不应大于 5km/h。

（8）应根据出铁进度表，提前 30min 配好渣、铁罐；应逐步做到拉走重罐后立即配空罐。

### 443. 水冲渣安全要求有哪些？

**答：** 水冲渣安全要求如下：

（1）水冲渣应有备用电源和备用水泵。每吨渣的用水量应符合设计要求；冲渣喷口的水压，不宜低于 0.25MPa。

（2）水渣沟架空部分，应有带栏杆的走台；水渣池周围应有栏杆，内壁应有扶梯。

（3）靠近炉台的水渣沟，其流嘴前应有活动护栏，或净空尺寸不大于 200mm 的活动栏网。

（4）渣沟内应有沉铁坑，渣中不应带铁。

（5）水冲渣发生故障时，应有改向渣罐放渣或向干渣坑放渣的备用设施。

（6）出铁、出渣之前，应用电话、声光信号与水泵房联系，确保水量水压正常。出故障时，应立即采取措施停止冲渣。

（7）启动水泵，应事先确认水冲渣沟内无人。故障停泵，应及时报告。

（8）水冲渣时，冲刷嘴附近不应有人。

（9）高炉上的干渣大块或氧气管等铁器，不应弃入冲渣沟或进入冲渣池。

### 444. 高炉生产在什么情况下易发生煤气爆炸事故？

**答：** 高炉生产在下列情况下易发生煤气爆炸事故：

（1）高炉长期休风，炉顶未点火或点火又熄灭的情况下，随着炉顶温度逐渐降低，残留气体体积缩小而形成负压，空气乘虚而入与炉顶残留煤气或风口未堵严而产生的煤气混合，形成爆炸性混合气体，此时如遇火种，就可能造成煤气爆炸事故。

（2）当煤气管道内煤气压力低于大气压时，周围空气极易从人孔、法兰等封闭不严处进入煤气管道内，混合成爆炸气体，如达到一定温度就会发生爆炸。造成煤气管道内负压的原因，往往是由于煤气气源减少而消耗量并未减少的缘故，结果由于热风炉、烧结、锅炉等用户的烟囱抽力而使管道产生负压。

（3）长期未用的热风炉（或新炉子），由于炉内温度很低，点火时煤气不能顺利、安全燃烧，结果在炉内残存一部分煤气，如遇高温，也易造成热风炉燃烧室烟道的煤气爆炸事故。

（4）在紧急停电的情况下，如果冷风管道上的放风阀未及时打开，当热风阀和冷风阀关不严，或混风阀未关，此时高炉内的煤气还有一定压力，就可能倒流至冷风管道内，造成冷风管煤气爆炸，严重时可能摧毁整个风机。

（5）高炉休风时煤气除尘系统通入的蒸汽压力不足或突然中断，使空气进入形成混合气体，如遇瓦斯灰，极可能发生煤气爆炸。

（6）煤气系统检修，并需要动火时，煤气未排尽，或排尽后又从其他高炉煤气除尘系统窜入煤气而引起爆炸。

（7）热风炉点火失败，未将炉内残留煤气排除干净又重新点火而引起爆炸。

## 445. 高炉作业预防煤气事故措施有哪些?

**答：** 高炉作业预防煤气事故措施有：

（1）严格执行煤气安全规程，掌握煤气安全知识。

（2）定期检查煤气设备，防止煤气外溢。

（3）在 I、II 类煤气作业前必须通知煤气防护站的人员，并要求至少有 2 人以上进行作业，严禁单人上炉顶检查工作，或者私自进入 I、II 类煤气危险区。

（4）在 I 类煤气作业前还须进行一氧化碳含量的检验，并佩戴空气呼吸器，在上风向作业，并有人监护。

（5）在煤气管道上动火时，须先取得动火票，并做好防范措施。未经批准和未采取安全措施，严禁在煤气设备、管道附近及煤气区域内动火。使用煤气，必须先点火后开煤气。

（6）在 I、II 类煤气区域作业，必须间断进行，不得较长时间连续作业。煤气浓度超过 $50mg/m^3$（40ppm）时，应采取通风或佩戴空气呼吸器等措施。

（7）严禁在煤气区域内逗留、打闹、睡觉，禁止用嗅觉直接检查煤气。

（8）加强通风，降低空气中 CO 的浓度。

（9）通渣口、铁口作业时应点燃煤气，并开启风扇。

**446. 高炉设备检修的安全注意事项有哪些？**

**答：** 高炉设备检修的安全注意事项如下：

（1）应建立严格的设备使用、维护、检修制度。设备应按计划检修，不应拖延。设备管理部门的机、电技术人员，应对日常检修工作负责。

（2）检修现场应设统一指挥部，并明确各单位的安全职责。参加检修工作的单位，应在检修指挥部统一指导下，按划分的作业地区与范围工作。检修现场应配备专职安全员。

（3）检修之前，应有专人对电、煤气、蒸汽、氧气、氮气等要害部位及安全设施进行确认，并办理有关检修、动火审批手续。

（4）检修中应按计划拆除安全装置，并有安全防护措施。检修完毕，安全装置应及时恢复。安全防护装置的变更，应经安全部门同意，并应做好记录归档。

（5）大、中修使用的拼装台和拼装作业，应符合大、中修指挥部的要求，不应妨碍交通。拼装作业应有专人指挥与监护。

（6）施工现场行驶的车辆，应有专人指挥，并尽可能设立单行线。大、中修施工区域内，火车运行速度不应超过 5km/h，同时应设立警告牌和信号。

（7）设备检修和更换，必须严格执行各项安全制度和专业安全技术操作规程。检修人员应熟悉相关的图纸、资料及操作工艺。检修前，应对检修人员进行安全教育，介绍现场工作环境和注意事项，做好施工现场安全交底。

（8）检修设备时，应预先切断与设备相连的所有电路、风路、氧气管道、煤气管道、氮气管道、蒸汽管道、喷吹煤粉管道及液体管道，并严格执行设备操作牌制度。

（9）木料、耐火砖和其他材料的贮存，应符合下列要求：

1）贮存场地应平坦、干净，宜选择地势较高的场所，并应设防雨棚。

2）储料场与仓库的选择，应能保证工程的正常进行和消防车辆的顺利通行。

3）耐火砖应错缝码放，一般耐火砖垛高不应超过1.8m，大块或较重的耐火砖垛高不应超过1.5m。

4）材料堆垛之间的通道、宽度不应小于1.0m。

5）堆垛应防潮；粉状料应堆放在单独的房间里。

（10）焊接或切割作业的场所，应通风良好。电、气焊割之前，应清除工作场所的易燃物。

（11）高处作业，应设安全通道、梯子、支架、吊台或吊盘。吊绳直径按负荷确定，安全系数不应小于6。作业前应认真检查有关设施，作业不应超载。脚手架、斜道板、跳板和交通运输道路，应有防滑措施并经常清扫。高处作业时，应佩戴安全带。

（12）楼板、吊台上的作业孔，应设置护栏和盖板。

（13）高处作业时，不应利用煤气管道、氧气管道作起重设备的支架，携带的工具应装在工具袋内，不应以抛掷方式递送工具和其他物体。遇6级以上强风时，不应进行露天起重工作和高处作业。

（14）在高处检修管道及电气线路，应使用乘人升降机，不应使用起重卷扬机类设备载人作业。

（15）运送大部件通过铁路道口，应事先征得铁路管理部门同意，而且使用单位还应设专人负责监护。

（16）检修热风炉临时架设的脚手架，检修完毕应立即全部拆除。

（17）在炉子、管道、贮气罐、磨机、除尘器或料仓等的内部检修，应严格检测空气的质量是否符合要求，以防煤气中毒和窒息，并应派专人核查进出人数，如果出入人数不相符，应立即查找、核实。

（18）设备检修完毕，应先做单项试车，然后联动试车。试车时，操作工应到场，各阀门应调好行程极限，做好标记。

（19）设备试车应按规定程序进行。施工单位交出操作牌，由操作人员送电操作，专人指挥，共同试车。非试车人员不应进入试车规定的现场。

### 447. 炉顶设备检修应遵守哪些安全规定？

答：炉顶设备检修应遵守以下安全规定：

（1）检修大钟、料斗应计划休风，应事先切断煤气，保持通风良好。

（2）高炉炉顶点火，除尘器放灰阀打开与大气接通，煤气系统各放散阀及人孔打开，并与大气接通，除尘器内通氮气。

（3）检修大钟时，应控制高炉料面，并铺一定厚度的物料，风口全部堵严，检修部位应设通风装置。

（4）大钟应牢靠地放在穿入炉体的防护钢梁上，不应利用焊接或吊钩悬吊大钟。检修完毕，确认炉内人员全部撤离后，方可将大钟从防护梁上移开。

（5）更换炉喉砖衬时，应卸下风管，堵严风口。

（6）休风进入炉内作业或不休风在炉顶检修时，应有煤气防护人员在现场监护。

（7）工作环境中一氧化碳浓度超过 $50mg/m^3$（40ppm）时，应采取通风或佩戴呼吸器等措施，还应连续检测 CO 的含量。

（8）串罐式、并罐式无料钟炉顶设备的检修，应遵守下列规定：

1）进罐检修设备和更换炉顶布料溜槽等，应可靠切断煤气、氮气源，采用安全电压照明，检测 CO、$O_2$ 的浓度，并制定可靠的安全技术措施，报生产技术负责人认可，认真实施。

2）检修人员应事先与高炉及岗位操作人员取得联系，经同意并办理动火证方可进行检修。

3）检修人员应佩戴安全带和空气呼吸器；检修时，应用煤气报警和测试仪检测 CO 浓度是否在安全范围内；检修的全过程，罐外均应有专人监护。

## 448. 高炉拉风减压时，为什么严禁将风压减到零位？

**答**：高炉拉风减压一般在坐料、出铁失常、发生直接影响高炉正常操作时进行。

拉风减压只是利用放风阀把风量放掉一些，冷风管道仍有一部分风量进入高炉内，高炉仍保持正压操作，这时热风炉的冷风阀、热风阀（如果紧急拉风还包括混风阀）都没有关闭，若将风压减到零位，会使热风炉至放风阀之间的冷风管道产生负压，高炉内热煤气倒流到热风炉内，若燃烧不完全，就有可能倒流到冷风管道内而引起煤气爆炸。

## 449. 高炉休风检修时，炉顶点火应注意什么？

**答**：炉顶点火时应注意下列几点：

（1）点火前应将重力除尘器煤气切断阀完全关到位，底部放灰阀打开，与大气接通。

（2）禁止在点火前卸下直吹管。

（3）点火时，高炉风口、渣口、铁口等处禁止有人工作。

（4）点火时操作人员应站上风向，严禁面对点火人孔。

## 450. 炉体检修应遵守哪些安全规定？

**答**：炉体检修应遵守以下安全规定：

（1）大修时，炉体砌筑应按设计要求进行。

（2）采用爆破法拆除炉墙砖衬、炉瘤和死铁层，应遵守爆破安全规程的有关规定。

（3）应清除炉内残物。

（4）拆除炉衬时，不应同时进行炉内扒料和炉顶浇水。入炉扒料之前，应测试炉内空气中一氧化碳的浓度是否符合作业的要求，并采取措施防止落物伤人。

**451. 热风炉检修应遵守哪些安全规定？**

**答：**热风炉检修应遵守以下安全规定：

（1）检修热风炉时，应用盲板或其他可靠的切断装置防止煤气从邻近煤气管道窜入，并严格执行操作牌制度；煤气防护人员应在现场监护。

（2）进行热风炉内部检修、清理时，应遵守下列规定：

1）煤气管道应用盲板隔绝，除烟道阀门外的所有阀门应关死，并切断阀门电源。

2）炉内应通风良好，CO 的浓度应在 $30mg/m^3$（24ppm）以下，氧气含量应在 18% ~ 22% 之间，每 2h 应分析一次气体成分。

3）修补热风炉隔墙时，应用钢材支撑好隔棚，防止上部砖脱落。

（3）热风管内部检修时，应打开人孔，严防煤气热风窜入。

**452. 除尘器检修应遵守哪些安全规定？**

**答：**除尘器检修应遵守以下安全规定：

（1）检修除尘器时，应进行煤气置换，并执行操作牌制度，至少由 2 人进行；应有煤气防护人员在现场检测和监护。

（2）应防止邻近管道的煤气窜入除尘器，并排尽除尘器内灰尘，应通风良好，CO 的浓度应在 $30mg/m^3$（24ppm）以下，氧气含量应在 18% ~ 22%（体积浓度）之间，每 2h 应分析一次气体成分。

（3）固定好检修平台和吊盘。清灰作业应自上而下进行，不应掏洞。

（4）检修清灰阀时，应用盲板堵死灰口，应切断电源，并应有煤气防护人员在场监护。

（5）清灰阀关不严时，应减风后处理，必要时休风。

### 453. 摆动溜嘴检修的安全注意事项有哪些?

答：摆动溜嘴检修的安全注意事项有：

（1）检修作业负责人应与岗位操作工取得联系，索取操作牌，悬挂停电牌，停电并经确认后方可进行检修。

（2）检修中不应盲目乱割、乱卸；吊装溜嘴应有专人指挥，并明确规定指挥信号；指挥人员不应站在被吊物上指挥。

（3）在摆动支座上作业，应佩戴安全带。

（4）钢丝绳受力时，应检查卸扣受力方向是否正确。

### 454. 铁水罐检修的安全注意事项有哪些?

答：铁水罐检修的安全注意事项有：

（1）检修铁水罐应在专用场地或铁路专线一端进行，检修地点应有起重及翻罐机械。修罐时，电源线应采用软电缆。修罐地点以外 15m 应设置围栏和标志。两罐间距离应不小于 2m。重罐不应进入修罐场地和修罐专用线。

（2）修罐坑（台）应设围栏。罐坑（台）与罐之间的空隙，应用坚固的垫板覆盖。罐坑内不应有积水。

（3）待修罐的内部温度，不应超过 40℃。砖衬应从上往下拆除，可喷水以减少灰尘。

（4）修罐时，罐内应通风良好，冬季应有防冻措施。距罐底 1.5m 以上的罐内作业，应有台架及平台，采用钩梯上下罐。

（5）罐砌好并烘干，方可交付使用。罐座应经常清扫。

### 455. 厂区交通安全要求有哪些?

答：厂区交通安全要求如下：

（1）严禁顺铁路、公路中心行走。顺铁路应距铁道 1.5m 以外，顺公路应走人行道，无人行道时靠右行走；横过铁路、公路时，必须做到"一站，二看，三确认，四通过"。

（2）不准无关人员随意搭乘机车，渣、铁罐车和其他车辆代步。

（3）不准从渣、铁罐车和其他车辆的任何部位跳跨、钻越和攀越。

（4）严禁在铁路上、公路上、铁轨上、枕木上、车辆上休息、睡觉和打盹。

（5）禁止与前进中的车辆靠近，同向并行。渣、铁罐车在沿线倒调时，工作人员要躲开，以防渣、铁溢出烧伤。

（6）行人和车辆严格遵守交通信号、灯光信号。绿灯表示通行，黄灯表示缓行，红灯表示禁止通行。

### 456. 炼铁厂主要安全事故及预防措施有哪些？

**答**：炼铁厂最危险、最常见的安全事故有高炉煤气中毒、烫伤和煤粉爆炸。

（1）高炉煤气中毒。

1）提高设备的完好率，尽量减少煤气泄漏。

2）在易发生煤气泄漏的场所安装煤气报警器。

3）进行煤气作业时，必须佩戴便携式煤气报警器，并派专人监护。

4）煤气作业必须开动火证，置换、检测合格。

（2）烫伤。提高装备水平，作业人员要穿戴防护服。

（3）煤粉爆炸。当烟煤的挥发分超过 10% 时，烟煤粉尘制备、喷吹系统可发生粉尘爆炸事故。为了预防粉尘爆炸，主要采取控制磨煤机的温度、控制磨煤机和收粉器中空气的氧气含量等措施。目前，我国多采用喷吹混合煤的方法来降低挥发分的含量。

### 457. 高炉煤气 TRT 发电装置的安全要求有哪些？

**答**：高炉煤气余压透平发电装置（TRT）是冶金行业一项重

要的余压余热能量回收装置。它是利用高炉炉顶煤气的余压和余热，把煤气导入透平膨胀机膨胀做功，驱动发电机或其他装置发电的二次能量回收装置。

　　TRT 装置由透平主机，大型阀门系统，润滑油系统，液压油系统，给排水系统，氮气密封系统，高、低发配电系统，自动控制系统等八大系统，缓蚀阻垢和远程在线两个可选系统组成。高炉产生的煤气，经重力除尘器（部分工艺为环缝）进入 TRT 装置，经调速阀（并联入口电动碟阀）、入口插板阀，过煤气流量计、快切阀，经透平机膨胀做功，带动发电机发电。自透平机出来的煤气，进入低压管网，与煤气系统中减压阀组并联。发电机出线断路器接于 10.5kV 或 6.3kV 系统母线上，经当地变电所与电网相连，当 TRT 运行时，发电机向电网送电，当高炉短期休风时，发电机不解列作电动运行。

　　高炉煤气余压透平发电装置（即 TRT）安全要求如下：

　　（1）余压透平进出口煤气管道上应设有可靠的隔断装置。入口管道上还应设有紧急切断阀，当需紧急停机时，能在 1s 内使煤气切断，透平自动停车。

　　（2）余压透平应设有可靠的严密的轴封装置。

　　（3）余压透平发电装置应有可靠的并网和电气保护装置以及调节、监测、自动控制仪表和必要的联络信号。

　　（4）余压透平的起动、停机装置除设置在控制室内和机旁外，还可根据需要增设。

# 第 9 章　炼钢生产安全

**458. 炼钢生产主要危险有害因素有哪些？**

答：炼钢生产具有高温作业线长、设备和作业种类多、起重作业和运输作业频繁的特点。主要危险有害因素有灼烫伤害、起重伤害、高温危害、噪声危害、机械伤害、电气伤害、火灾和爆炸危害、生产性粉尘、中毒窒息。

根据危险程度可将转炉炼钢厂分为行车系统、转炉炉前与炉下区域、转炉高层平台、一次除尘系统和介质管线五大危险源。

**459. 行车系统的危险因素和防范措施有哪些？**

答：炼钢厂行车是炼钢工艺必不可少的一部分，贯穿了整个炼钢过程，尤其是吊运液体金属的行车，其吨位重，吊物温度高，一旦发生事故，将带来严重的后果。

行车系统的危险有害因素有：触电、机械伤害、烫伤、高处坠落、起重伤害、物体打击。

行车系统的安全防范措施有：

（1）上下行车抓好扶手，注意脚下障碍物，按门铃待车停稳后，从安全门上下。

（2）穿戴好劳保用品，准备必要的防护设施，断电点检维护。

（3）各传动联轴器防护罩安装齐全。

（4）吊挂钢水包耳轴时，听从地面指吊人员指挥，两边耳轴钩挂好再起吊，铁包倾翻时主小车不能操作过快。

（5）动车前确认大车上没有无关人员。

（6）铁水、钢水装入量不能过满，吊运中保持平稳。

（7）废钢装入料槽不能过满，起吊前清除槽口废钢，吊运中禁止从人员上方通过。

（8）吊运过程中避开地面设备和人，发出警报，启动行车不能过快。

（9）吊板坯时必须找准中心点，确认夹紧后听从指挥方可起吊。

（10）磁盘吊运废钢严禁从人员上方经过。

（11）严禁高空抛物，加强对行车上物品的管理，所有物品必须固定，避免在行车走动过程中由于惯性导致物品坠落。

### 460. 转炉炉前与炉下区域的危险因素有哪些？

**答：** 转炉是整个炼钢厂的中心环节，作业频率高，人员集中，冶炼时存在喷溅、煤气泄漏、高温辐射、行车运行等危险。主要危险有害因素有：

（1）兑铁水时铁包倾翻过快，引起炉内剧烈氧化，导致铁水喷溅伤人。

（2）兑铁水时炉前有人通行或行车指挥人员站位不当，被喷溅的铁水烫伤。

（3）入炉废钢中混有密闭容器或潮湿废钢，在兑铁水时引起炉内爆炸。

（4）吹炼时由于操作不当引起转炉大喷或炉体漏钢。

（5）废钢桶起吊前未清理桶口悬挂的废钢，致使废钢掉落伤人。

（6）倒渣出钢过程中炉下渣道或渣盘有积水或潮湿引起放炮。

（7）炉下渣车和钢包车运行时，撞伤过往行人。

（8）转炉进料、冶炼或检修时，炉下有人作业。

（9）烟道内积渣、冷钢，在炉体检修时掉落伤人。

（10）烟道或氧枪大量漏水进入炉内，盲目摇炉引起爆炸。

### 461. 转炉炉前与炉下区域的安全措施有哪些?

**答:** 转炉炉前与炉下区域的安全措施有:

(1) 兑铁水、冶炼时禁止人员穿越炉前区域,行车指挥人员站在炉前 120°扇形面外。

(2) 检查入炉废钢质量,严禁密闭容器进炉。

(3) 兑铁水时控制好行车副钩上升速度,防止铁包倾翻过快。

(4) 冶炼时按照工艺操作规程,控制辅料加入量、加入时间和氧枪高度。转炉前后应设活动挡火门,以保护操作人员安全。

(5) 加强炉下区域日常检查,发现渣道、罐内潮湿或有积水及时处理。

(6) 炉下渣车和钢包车设置声光报警装置,过往行人需要注意安全。

(7) 转炉装料和冶炼时,炉下严禁有人作业。

(8) 检修炉体前必须清理烟道内积渣,必要时用盲板封堵烟道口。

(9) 遇到炉内有积水时,必须停止冶炼,待积水蒸发、炉内钢渣变红后再动炉。

(10) 发生转炉穿炉漏钢时,停止吹炼,从漏点反方向摇炉出钢后再补炉。

### 462. 转炉高层平台的危险因素有哪些?

**答:** 转炉高层平台正常生产时人员少,上下频率低,但危险性大,主要原因是在平台上集中了一次除尘系统、原辅料下料系统、转运皮带、汽化冷却、能源介质管道等系统,容易发生煤气中毒、火灾爆炸、机械伤害、灼烫、窒息等事故。主要危险有害因素有:

(1) 附属设施密封异常;水封箱及污水溢流槽水位低,水封高度不够,导致煤气泄漏。

(2)动火作业未落实有效防护措施,电焊机接地线接在煤气管道或支架,引起火灾爆炸。

(3)人员随意出入、明火带入该区域,导致煤气爆炸或火灾事故。

(4)高空作业未采取有效安全防护措施,导致高处坠落事故。

(5)进入皮带输送区域未走安全通道及安全过桥,造成机械伤害。

(6)平台孔洞未盖盖板或护栏缺损,导致高空坠物或人员坠落事故。

(7)各平台固定式煤气报警设施失效或监测不准,导致煤气中毒。

(8)进入煤气管道或密闭容器内作业,未进行气体分析检测,导致煤气中毒或窒息。

(9)接触蒸汽管道或汽包导致烫伤事故。

### 463. 转炉高层平台的安全措施有哪些?

答:转炉高层平台的安全措施有:

(1)加强巡检和保养,保证水封水位,及时处理泄漏与腐蚀问题。巡检时必须携带煤气报警器及两人以上前往。

(2)固定式煤气报警器安全有效,每周点检,发现异常及时报修,每年标定。

(3)动火必须办理动火证,并严格采取有效防范措施。

(4)进入管道前必须办理手续,并采取有效防范措施。

(5)实行管制,进入人员登记,严禁携带明火。

(6)走安全通道及安全过桥,禁止穿越皮带机;皮带机运行前必须打铃。

(7)加强隐患排查,发现孔洞或护栏缺损,及时修复并采取临时防护措施。

（8）烟道上的氧枪孔与加料口应设可靠的氮封。转炉跨炉口以上的各层平台宜设煤气检测与报警装置。

（9）上高层平台，人员不应长时间停留，以防煤气中毒；确需长时间停留，应与有关方面协调，并采取可靠的安全措施。

### 464. 一次除尘系统的危险因素有哪些？

**答：**转炉煤气易燃易爆，而且毒性比钢铁厂其他煤气都强，一旦管理不善或使用不当造成转炉煤气泄漏，极易引起人员中毒、火灾、爆炸等事故，对周围的人员和环境以及企业造成巨大损失。主要危险有害因素有：

（1）煤气管道各排水器、水封池缺水，导致空气进入煤气管道或煤气泄漏。

（2）氧枪插入口及汇总料斗之间的氮气封闭失效，压力未达标，导致煤气逸出。

（3）氧枪喷头漏水、烟罩和氧枪法兰处漏水，增加煤气中的氢气含量，引起爆炸。

（4）风机停机过程中，U形水封、水封逆止阀水位低，导致煤气逆流泄漏。

（5）泄爆阀故障或无法复位，导致无法正常泄爆或空气吸入管道。

（6）氧含量分析仪误差大，导致回收的煤气中氧气含量超标。

（7）设备故障、连锁失灵等原因导致成分不合格的煤气进入气柜，导致气柜冲顶或爆炸。

（8）通风不畅，煤气报警设施失效或监测不准，导致区域内 CO 浓度超标。

（9）一次风机房内电气防爆性能不符合标准，引起爆炸事故。

（10）煤气管道及其附属设施动火作业未采取防护措施，引起火灾爆炸。

（11）人员随意出入、明火带入该区域，导致煤气火灾或爆炸事故。

（12）进入煤气管道及其附属设施内作业，吹扫不彻底，导致煤气中毒窒息。

**465. 一次除尘系统的安全措施有哪些？**

**答：**一次除尘系统的安全措施有：

（1）除煤气回收外，作业人员每班对 U 形水封、逆止阀水封溢流情况进行检查监控，风机正常停机前确保 U 形水封高位溢流。

（2）氧含量分析仪、煤气报警器等定期校正，作业人员日常注意观察，发现异常及时报修。

（3）加强日常设备维护，确保连锁条件有效、可靠，在非煤气回收状态，旁通阀必须处于放散位，对三通阀、旁通阀、水封逆止阀状态实时监控，发现异常回收立即强行放散。

（4）定期检查排风扇，进入机房前确认室内 CO 浓度，发现浓度超标立即打开通风设施，并进行警戒，严禁无关人员进入。

（5）煤气区域动火作业必须按规定办理动火证，并严格采取有效防范措施。

（6）进入管道检修前必须按规定做好气体吹扫置换工作，测定氧气含量。

（7）对一次转炉煤气回收区域进行封闭管理，严禁烟火。

（8）停、开风机时严格执行三方确认、停电挂牌制度。

**466. 介质管线的危险因素有哪些？**

**答：**炼钢用能源介质包括氧气、氮气、氩气、煤气、蒸汽、压缩空气和水，介质管道贯穿整个生产过程，容易发生中毒窒息、火灾爆炸等事故，对生产、人身安全影响较大。主要危险有害因素有：

（1）管道安装不符合标准要求，运行时导致泄漏。

（2）防腐效果不好，致使管壁锈蚀，形成裂缝。

（3）管道防静电接地装置不符合要求或损坏，可引起火灾甚至爆炸。

（4）管线检修时无吹扫或吹扫不彻底引起检修人员中毒窒息。

（5）电焊等其他设备的接地线接到管线或支架上引起爆炸。

（6）管线、阀门等标志不清，误操作引起事故。

（7）阀门维护不到位导致介质泄漏。

### 467. 介质管线的安全措施有哪些？

答：介质管线的安全措施有：

（1）各管线应架空敷设，并在车间入口设总管切断阀；架设管线的最小净距应符合规定。

（2）氧气、煤气管道及其支架上，不应架设动力电缆、电线，供自身专用者除外。

（3）煤气、乙炔等可燃气体管线，应设吹扫用的蒸汽或氮气吹扫接头，吹扫管线应防止气体串通。

（4）各类动力介质管线，均应按规定进行强度试验及气密性试验。

（5）氧气、煤气管道，应有良好防静电装置，接地电阻应不大于10Ω。

（6）氧气管道靠近热源敷设时，应采取隔热措施，使管壁温度不超过70℃。

（7）按规定，不同介质的管线应涂不同的颜色，并注明介质名称和输送方向。

（8）阀门应设功能标志，并设专人管理，定期检查维修。

（9）严禁将电焊机接地线接在煤气管道或支架上。

### 468. 熔融物遇水爆炸的原因和安全措施有哪些？

答：铁水、钢水、熔渣都是高温熔融物，与水接触时将迅速汽化而使体积急剧膨胀，极易发生爆炸。被熔融物覆盖、包围的水，相当于在密闭容器中汽化，由此引发的爆炸的猛烈程度和危害作用尤为突出。除冲击波、爆炸碎片造成伤害外，由于爆炸伴随着熔融物的飞溅，还很容易引起连锁作用造成大面积灾害。这主要是物理反应，有时候也伴随着化学反应。

造成熔融物遇水爆炸的原因是：

（1）氧枪卷扬断绳、滑脱掉枪造成漏水。

（2）焊接工艺不合适，焊缝开裂或水质差，以致转炉的氧枪、烟罩等以及电炉的水冷炉壁和水冷炉盖穿壁漏水。

（3）加入炉内及包内的各种原料潮湿。

（4）事故性短暂停水或操作失误，枪头烧坏，且又继续供水。

（5）内衬质量不过关导致烧坏；转炉冷炉过早打水。

（6）炉内冷料高，下枪过猛，撞裂枪头导致漏水。

（7）由于挂钩不牢、断绳等引起的掉包、掉罐。

（8）车间地面潮湿。

防止爆炸的安全措施主要有：

（1）冷却水系统应安装压力、流量、温度、漏水量等仪表和指示、报警装置以及氧枪、烟罩等连锁的快速切断、自动提升装置，并在多处安装便于操作的快速切断阀及紧急安全开关。

（2）冷却水应是符合规程要求的水质。

（3）采用多种氧枪安全装置，如氧枪自动装置、张力传感器检测装置、激光检测枪位装置、氧枪锥形结构等。

（4）加强设备维护和检修。

### 469. 炉内喷溅的原因和安全措施有哪些？

**答：**炼钢炉、钢包、钢锭模内的钢水因化学反应引起的喷溅与爆炸危害极大。处理这类喷溅爆炸事故时，有可能出现新的伤害。造成喷溅与爆炸的原因是：

（1）冷料加热不好。

（2）精炼期的操作温度过低或过高。

（3）炉膛压力大或瞬时烟道吸力低。

（4）碳化钙水解。

（5）钢液过氧化增碳。

（6）留渣操作引起大喷溅。

防止喷溅的安全措施主要有：

（1）增大热负荷，使炼钢炉的加热速度适应其加料速度。

（2）避免炉料冷冻和过烧（炉料基本熔化）。

（3）按标准 $C\text{-}T$ 曲线操作，多取钢样分析成分。

（4）采用先进的自动调节炉膛压力系统，使炉膛压力始终保持在 133 ~ 400Pa 范围内。

（5）增大炼钢炉排除烟气通道及通风机的能力。

（6）禁止使用留渣操作法。

（7）用密闭容器储运电石粉，并安装自动报警装置。

## 470. 氧枪系统的事故类型及预防措施有哪些？

**答：**转炉和平炉通过氧枪向熔池供氧来强化冶炼。氧枪系统是钢厂用氧的安全重点。

（1）弯头或变径管燃爆事故的预防。氧枪上部的氧管弯道或变径管由于流速大，局部阻力损失大，如管内有渣或脱脂不干净，容易诱发高纯、高压、高速氧气燃爆。应通过改善设计、防止急弯、减慢流速、定期吹管、清扫过滤器、完善脱脂等手段来避免事故的发生。

（2）回火燃爆事故的防治。低压用氧导致氧气管负压、氧枪喷孔堵塞，都易由高温熔池产生的燃气倒罐回火，发生燃爆事故。因此，应严密监视氧压。多个炉子用氧时，不要抢着用氧，以免造成管道回火。

（3）气阻爆炸事故的预防。因操作失误造成氧枪回水不通，氧枪积水在熔池高温中汽化，阻止高压水进入。当氧枪内的蒸汽压力高于枪壁强度极限时便发生爆炸。

**471. 原材料的堆放要求有哪些规定?**

**答**：原材料的堆放要求有以下规定：

（1）应有足够的原材料堆放场地。各种原材料不得混放，应按种类、规格、产地分别堆放整齐，并保持干燥。

（2）原材料间和废钢配料间应有屋面。各种耐火砖及铁合金等熔炼材料应入库或存放在有屋面的场地，并保持干燥。

（3）装卸线旁堆放的料堆，距钢轨外侧应不小于1.5m。

（4）磁性原材料料堆高度，人工堆料时应不高于1.5m；起重机堆料应不高于4m；打包块堆料应不高于2.0m。

（5）散状原料地下料仓的上口应设格栅。如散状料卸料线布置在料仓中间，应采用开车机卸料。

（6）原料间顺车间方向的人行道，宽度应不小于1m。电炉配料间不设料格时，料堆之间的距离应不小于1m。

（7）料槽或料斗的最低位置，应设足够数量的漏水孔。

**472. 对废钢的使用有哪些规定?**

**答**：对废钢的使用有以下规定：

（1）不允许混入易燃、易爆、有毒物品和密闭器皿以及冰、雪和潮湿物。

（2）废钢应加工成合格的块度（≤500mm×400mm×300mm）方可入炉。

（3）密闭容器应经过钻孔才能入炉；直径大于200mm的密闭容器，应经过纵向切割方能入炉。

（4）废武器和炮弹应严格鉴定，妥善处理和保管。

**473. 混铁炉作业有哪些安全注意事项?**

**答**：混铁炉作业的安全注意事项有：

（1）混铁炉炉身应构造坚固，其重心应低于倾动中心，并能在断电及传动设备发生故障时自动复位。

（2）混铁炉操作室应设置煤气压力、流量、温度等的监控仪表。煤气放散管、阀门及煤气脱水器应完好可靠，不得泄漏。

（3）向混铁炉兑铁水时，铁水罐出口的最低位置至混铁炉受铁口或侧面受铁槽的距离，应不小于 500mm。放置铁水罐的地坪应干燥。

（4）混铁炉在零位时，出铁口应高出平台。

（5）混铁炉指挥台的位置，应保证起重机司机能看清指挥者的手势。混铁炉出铁口附近，应设出铁时用的声响信号。出铁时，炉下周围不得有人，不得有水及易燃易爆物，并应保持地面干燥。

（6）混铁炉应严格按装入系数装料，不允许超装。应随时掌握炉内的存铁量，铁水面距烧嘴 400mm 时，不准再兑入铁水。混铁炉内有水时，应待水全部蒸发后才可动炉和兑入铁水。

（7）水套漏水应立即更换；更换水套后，应确认是否有回水，水套不得无水空烧。

（8）混铁炉炉顶有人或有其他物体时，不准倾炉。倾动炉子时，应事先关闭大、小盖，打开手动、电动闸门，固定好炉顶工具，炉体上不准站人。

（9）清理出铁嘴、炉顶、受铁口时，应事先与倾炉工联系好，并设专人监护。

（10）挂罐时，应确认两钩挂牢方可指挥起吊。

（11）靠车头的第 1 罐出铁时，或往第 1 罐位落重罐时，应将车头脱开。

（12）接班时，均应试验混铁炉抱闸是否灵敏可靠。出铁过程中一旦抱闸失灵，应迅速把控制器放到零位，鸣铃通知有关人员，用紧急手段打开抱闸，排除故障。

（13）停风机时，应先关好煤气总闸门方可停风，开风机时应先开风后开煤气。煤气压力应不小于 15kPa。

## 474. 化铁炉作业有哪些安全注意事项?

答：化铁炉作业的安全注意事项有：

（1）化铁炉的供料斜桥下应设安全围栏和禁止通行标志。

（2）化铁炉作业应注意下列安全事项：

1）开炉点火前，检查所有安全保护装置、仪表和联系信号，确认良好、灵活可靠。

2）到煤气区域工作时，应先检测 CO 含量，合格才能工作，并有专人监护。

（3）化铁炉炉下地坪，应高于周围地面，并应保持清洁和干燥。

## 475. 对转炉进行装料应注意哪些事项?

答：对转炉进行装料应注意以下事项：

（1）炉壳、炉子护板、溜渣板和炉下基础墙壁，应经常清理黏渣；黏渣厚度不得超过 100mm，以防脱落伤人。

（2）炉前、炉后平台不得堆积障碍物。

（3）转炉装入量不得超过设计允许的最大值。

（4）向料斗装料之前，应再次检查原料中有无密闭容器、爆炸物品、有害金属，且料中不得混有水、冰、雪或潮湿物。

（5）装入料斗的废钢，应不大于料斗的宽度，不超出料斗上沿。

（6）转炉兑铁水时，铁水罐不得压在炉口上，兑铁、摇炉时，炉前不得通行。

（7）兑铁水时应在距铁水罐 10m 以外站立指挥，通知炉四周人员躲开；铁水应缓慢兑入；铁水罐不准提前挂小钩。

## 476. 开停炉操作应注意哪些事项?

答：开停炉操作应注意的事项有：

（1）新炉、停炉进行大中小修后开炉和停吹 8h 后的转炉，开始生产前均应按开新炉的要求进行准备。

（2）用煤气烘炉时，应先点火，后开煤气。如火熄灭，应切断煤气，通风换气后再按规定点火。

（3）开新炉应具备下列安全条件：

1）氧枪（副枪）系统、平炉的变向系统、炉子倾动机械、提升机械、加料设备、钢渣罐车以及其他有关设备，已经试运转正常，并处于工作状态。

2）各种仪表处于正常工作状态。

3）冷却水和汽化冷却系统水流畅通，不漏水，泄水正常。

4）联锁装置、事故警报装置和备用电源等处于正常状态。

5）动力管道（氧气，重油、煤气，水等）的总阀门、切断阀、逆止阀、放散阀处于正常状态。

6）平炉、转炉氧枪（副枪）孔及其他部位的氮封（或汽封、机械封）处于正常状态。

7）炉下钢水罐车轨道（或出钢坑、渣坑）、渣道无积水或其他堆积物。

8）除尘系统和汽化冷却装置处于正常状态。

（4）平炉开炉时，炉顶温度达到850℃以上，烟道吸力超过250~500Pa方可加入燃料；加燃料应从蓄热室温度较高一端的炉头开始。蓄热室温度高于950℃方可向平炉通入空气，蓄热室温度达到1000℃方可自动换向。

（5）转炉新开炉，炉前工进入炉子测试零位前，氧枪不得长时间停留在炉内；应先将氧枪氧气法兰拆下，防止氧枪降下时漏氧；进入炉内应穿不产生静电的工作服，不得带火种和油类物。

（6）电炉开炉，不得带负荷送电。

（7）停炉后，氧气管道、煤气管道应堵盲板，煤气管和重油管应用蒸汽（或氮气）吹扫。

（8）停炉后，配料系统、倾动系统、氧枪和副枪系统应断电。

## 477. 吹氧作业应注意哪些安全事项？

**答**：吹氧作业应注意的安全事项有：

（1）应先对氧枪冷却水管进行压力检漏试验（试验压力为工作压力的2.5倍）；氧气管和氧枪软管应脱脂除油。

（2）转炉吹炼时，氧枪或烟罩等漏水应立即停止摇炉；首先切断漏水水源，待炉内水被蒸发后方可摇炉和更换氧枪，以防火喷和爆炸。

（3）开新炉及吹氧过程中遇到下列情况应提枪停吹：

1）氧枪、汽化冷却装置漏水，转炉烟罩严重漏水。

2）任一联锁装置失灵，仪表失灵，联系信号失灵。

3）高压水切断阀失效。

4）转炉水冷炉口、出水口和水冷却烟罩无水或冒水蒸气。

5）氧枪粘枪超重或提不出氧枪孔。

6）氧气压力、氮气压力、压缩空气压力低于规定值。

7）氧枪高压水的压力、流量低于规定值，温度超过规定值。

8）风机停电、除尘文氏管停水或严重堵塞。

9）软管法兰漏气、软管回火等，应立即切断氧源，迅速提起氧枪。

10）炉内火焰呈亮白色，炉温突然下降，火焰突然发暗，炉内有轻微爆炸声。

## 478. 炼钢作业应注意哪些安全事项？

**答**：炼钢作业应注意的安全事项有：

（1）应严格执行安全操作规程，严防火喷和爆炸。

（2）不允许低温氧化。

（3）往炉内加合金材料时必须干燥，并应分批投入，以控制热量，防止火喷。

（4）精炼期往熔池加矿石等氧化剂时，应停止换向和吹氧，并通知无关人员躲开。

（5）修砌出钢槽应通知炉下人员躲开，兑完铁水后不得在出钢槽内工作。

（6）吹扫炉顶作业应有 2 人以上共同进行，并应事先与炉长、开炉门人员联系好，不得站在炉顶砖上或在炉顶太薄时吹扫。

（7）转炉倾动和吹炼时，炉体下方不准人员通过或停留。

（8）转炉炉口和护板漏水应及时处理。

### 479. 转炉工摇炉的安全要求有哪些?

**答**：转炉工摇炉的安全要求有：

（1）摇炉工应掌握转炉与氧枪和烟罩的联锁情况；应确认氧枪已提出炉口和活动烟罩已抬起，兑完铁水后应确认铁水罐嘴已离开炉口，加完冷料后应确认料槽已离开炉口方可摇炉。

（2）处理净化系统时不得摇炉。

（3）倾动机械有故障时不得强行摇炉。

（4）炉下渣道有人工作时不得摇炉。

（5）炉内有水时应待水全部蒸发后方可摇炉。

（6）取样倒炉时不得快速摇炉。

（7）兑铁水时不准抬炉，以防铁水罐脱钩。

（8）补炉后冶炼第 1 炉摇炉时，应防止所补炉料倒塌伤人。

### 480. 出钢和出渣时应注意哪些安全事项?

**答**：出钢和出渣时应注意的安全事项有：

（1）出钢前应检查钢水罐和渣罐，符合要求方准吊挂。

（2）打出钢口时，操作者应穿好劳动保护服，不得正面对着出钢口，不得站在出钢槽沿或槽内操作。

（3）用氧气烧出钢口时，手不得握在氧气管与胶管连接处。

（4）堵出钢口作业时，不准倾动炉体。

（5）出钢后应及时出渣，炉内不准留有剩渣；特殊工艺要求留渣时，应有可靠的防喷、防爆措施。

（6）放渣前应检查渣罐和炉下铁路，不允许有水和潮湿物。渣罐应干燥，放末期渣不得用潮湿物压渣。放渣、扒渣前应通知炉下人员躲开。

（7）清理炉下渣道、钢水罐车道和后出渣坑，应与炉前联系取得操作牌，设专人监护，并应在冷料没有全部熔清、放正炉子、关好炉门、堵好出钢口和渣口或停止吹炼的情况下清理。

### 481. 对连铸钢包有哪些安全要求？

**答：**对连铸钢包的安全要求有：

（1）新砌或维修后的钢包，应经烘烤干燥方可使用。

（2）浇铸后倒渣应注意安全，人员应处于安全位置，倒渣区地面不得有水或潮湿物品，其周围应设防护板。

（3）热修包时，包底及包口黏结物应清理干净；更换氩气底塞砖与滑动水口滑板，应正确安装，并检查确认。

（4）滑动水口引流砂应干燥。

### 482. 连铸作业有哪些危险因素？

**答：**连铸作业的危险因素有：

（1）结晶器磨损或冷却水断流造成供水不足，温度过高而引起钢水爆炸和结晶器内水蒸气爆炸。

（2）钢水罐、滑动水口开启故障，中间罐溢流等造成钢水飞溅伤人。

（3）烘烤中间罐的煤气和空气在一定的比例下混合，遇明火发生火灾。

（4）连铸平台作业区渣盆、溢流槽及事故钢水包设置不当或操作失误等原因，引发漏钢液、钢渣，造成钢水遇水爆炸等事故。

（5）在连铸部位由于拉速过快等原因，连铸钢锭在二冷区漏钢液造成钢水遇水爆炸。

（6）钢水罐、滑动水口开启故障，中间罐溢流等造成钢水飞溅，灼伤人。

### 483. 对连铸作业危险因素应采取哪些措施？

答：对连铸作业危险因素应采取以下措施：

（1）大包回转台旋转时，运动设备与固定构筑物的净距应大于 0.5m。

（2）连铸浇铸区应设事故钢水包、溢流槽、中间溢流罐。

（3）对大包回转台的传动机械、中间罐车传动机械、大包浇铸平台以及易受漏钢损伤的设备和构筑物，应采取防护措施。

（4）连铸主平台以下各层，不应设置油罐、气瓶等易燃、易爆品仓库或存放点，连铸平台上漏钢事故波及的区域，不应有水与潮湿物品。

（5）浇铸准备工作完毕，拉矫机正面不应有人，以防引锭杆滑下伤人。

（6）钢包或中间罐滑动水口开启时，滑动水口正面不应有人，以防滑板窜钢伤人。

（7）浇铸中发生漏、溢钢事故，应关闭该铸流。

（8）输出尾坯时（注水封顶操作），人员不应面对结晶器。

（9）浇注时应遵守下列规定：

1）二次冷却区部位不得有人。

2）出现结晶器冷却水减少警报时，应立即停止浇铸，并将铸坯拉出结晶器。

3）发现某一流漏钢，应立即用中间罐的事故闸板将漏钢流堵住。

4）浇注完毕，待结晶器内钢液面凝固方准拉下铸坯。

（10）引锭杆脱坯时，应有专人监护，确认与坯脱离方可离开。

（11）采用煤气、乙炔和氧气切割铸坯时，应安装快速切断阀。在氧气、乙炔和煤气阀站附近，不得吸烟和有明火，并应配备灭火器材。

（12）切割机应专人操作，未经同意，非工作人员不得进入切割机控制室。切割机开动时不得上人。

## 484. 浇注前应对设备进行哪些检查？

答：浇注前应对设备进行如下检查：

（1）各种仪表、指示灯、事故显示正常。

（2）事故溜槽、溢钢斗干燥完好，各种工具及浇钢材料干燥。

（3）供水系统处于正常供水状况（包括事故供水）。

（4）液压驱动的滑动水口、事故驱动装置正常。

（5）引锭头与结晶器壁之间所用填料干燥。

（6）控制器上声光警报正常。

（7）回转台事故驱动系统正常。

（8）引锭杆进入结晶器拉矫机的夹紧力稳定。

（9）等待浇注时，结晶器内不得受潮和漏水。

## 485. 煤气回收系统的防爆措施有哪些？

答：煤气回收系统的防爆措施有：

（1）应确保净化系统的喷水量。

（2）整个系统应接地良好。

（3）应确保系统的气密性，减少管道内的涡流与死角。

（4）系统各部的连接应采用焊接，减少法兰连接；采用法兰连接时，连接螺栓中心距不得大于 $10d$（$d$ 为螺栓直径）。

（5）应安装 CO 和氧气含量的连续测定和自动控制系统。

（6）回收煤气中的氧气含量不得超过 2%。

（7）烟气的回收和放散都应有自动切换阀。

（8）湿法净化系统中的汽化冷却烟道与溢流文氏管之间，应采用水封连接。

（9）应装设泄爆片，其泄爆面积和划痕的残余厚度，应根据烟气成分和系统容积等计算确定。

（10）检修煤气回收系统时，应事先排除系统中的 CO，直至浓度符合要求方可进行。

### 486. 烟气净化与回收作业的安全要求有哪些？

**答**：烟气净化与回收作业的安全要求有：

（1）巡回检查净水系统时，不得在零米弯头、水封筒、溢流水封槽蒸汽管道等处长时间停留，以防煤气中毒。

（2）清理烟道前，应与调度取得联系，将炉子呈 90°停放，并派人监护。

（3）转炉停炼后，风机应继续运转 30 分钟以上，并经鉴定确认烟道内不存在煤气或其他有害气体，方可进行清理。

（4）清理烟道时，不得摇炉和启动风机。

（5）在烟道内的工作时间不得超过 1h。应定期检测 CO 的浓度，超过 $50mg/m^3$（40ppm）时，应采取通风或佩戴空气呼吸器等措施。一旦感觉恶心呕吐、眩晕、疲倦，应立即停止作业。

### 487. 转炉检修的安全要求有哪些？

**答**：转炉检修的安全要求有：

（1）应全面清除炉口、炉体、汽化冷却装置、烟道口烟罩、溜料口、氧枪孔和挡渣板等周围的残钢和残渣后方可拆炉。

（2）修炉前应切断氧气，堵好盲板，移开氧枪，切断倾动电源。炉口应支好安全保护棚。应认真执行停电、挂牌制度；修炉时，砌炉地点周围不得站人。

（3）在炉体内、外作业，除执行停电、挂牌制度外，还应将倾翻制动器锁死。

（4）采用上修法时，活动烟道移开后，固定烟道下方应设置盲板。

（5）炉子砌砖完毕拆炉内跳板时，炉子所处的位置不得大于 90°。

（6）采用复吹工艺时，检修前应将底部气源切断，并应采取隔离措施。

# 第 $10$ 章　轧钢生产安全

**488. 轧钢生产的特点有哪些?**

答: 轧钢生产的特点有:

(1) 生产工序多, 生产周期长, 易发生人身和设备事故。

(2) 车间设备多而复杂, 轧机主体设备 (或主机列) 与辅助设备 (如加热炉、均热炉、剪切机、锯机、矫直机、起重设备等) 交叉作业, 由此带来很多不安全因素, 危险作业多, 劳动强度大, 设备故障多, 因而发生伤害事故也多。

(3) 工作环境温度高, 噪声大。绝大多数轧钢车间是热轧车间, 开轧温度高达 $1200℃$ 左右, 终轧温度为 $800 \sim 900℃$, 加热车间在加热炉或均热炉的装炉和出炉过程中, 高温热辐射也很强烈。在此条件下作业, 工人极易疲劳, 容易发生烫伤、碰伤等事故。

(4) 粉尘、烟雾大。轧钢车间燃料燃烧产生烟尘, 酸洗工序产生酸雾, 冷却水与高温产生大量水蒸气, 叠轧薄板轧机用沥青油润滑时散发大量有毒烟雾等, 都会危害工人健康。

**489. 轧钢生产的主要危险源有哪些?**

答: 轧钢生产的主要危险源有高温加热设备, 高温物流, 高速运转的机械设备, 煤气、氧气等易燃易爆和有害气体, 有毒有害化学制剂, 电气和液压设施, 起重运输设备作业以及高温、噪声和烟雾影响等。

**490. 轧钢生产主要事故类别和原因有哪些?**

答: 根据冶金行业的综合统计, 轧钢生产过程中的安全事故在整个冶金行业中较为严重，高于全行业平均水平，事故的主要类别为机械伤害、物体打击、起重伤害、灼烫、高处坠落、化学伤害、触电和中毒燃爆等。最常发生的是机械伤害。

导致轧钢事故发生的主要原因有人为原因、管理原因和物质（环境）原因三个方面。

（1）人为原因主要是违章作业、误操作和身体疲劳。

（2）管理原因主要是劳动组织不合理，工人不懂或不熟悉操作技术；现场缺乏检查指导，安全规程不健全；技术和设计上的缺陷。

（3）物质（环境）原因主要是设施（设备）工具缺陷；防护用品缺乏或有缺陷；防护保险装置有缺陷和作业环境条件差。

**491. 轧钢作业预防机械伤害的措施有哪些？**

**答**：轧钢作业预防机械伤害的措施有：

（1）在轧机、矫直机、送料辊、刷洗辊、挤干辊等入口侧作业，禁止手脚等接触转动的辊子的咬入部位。

（2）禁止不停车在卷取机、收线架、废边卷、转向辊、张力辊、托辊等入口侧作业处理带钢、线材、钢丝、废边角料等跑偏、黏料、缠丝等作业。

（3）不得在链式运料机、活套塔、打包机等运动部位处跨越、停留或作业；作业、巡检等过程中肢体不得靠近链条、牵引绳、钢带边。

（4）在横切剪、纵切剪、碎边剪、废料剪等机械上处理故障必须停车，并且采用可靠的定位装置固定住剪切部位后方可进行。

（5）在不能停机的情况下要到狭小空间工作必须事先三确认：一确认运动件方向；二确认自己不会被挤；三确认与操作联系事项。

（6）钢卷或成捆、成垛钢材的移动、装卸、堆放时，要保证捆绑牢靠、环境无障碍及人员安全，放置位置平整或有卷架、挡铁。

（7）对未退火的冷轧钢卷打捆带或开捆带中必须使用压辊压住带头，要选用强度有保证的钢捆带、卡具。人员站位要回避钢卷头甩出方向。

（8）在型钢冷弯、冲压、矫平及冷轧钢管、钢筋矫直等作业中，站位要保持安全距离。禁止不停机触摸冲头、压下、导板等装置。

（9）要对某些钢种在冷轧、冷冲压等工艺过程中易产生的飞边、裂片有事先认识，避免接近设备周边；有条件的可设置挡板或护网。

（10）在过钢速度较高的冷轧钢管、冷轧直钢筋生产中，作业人员不得站立于管头、钢筋头运行路线的前方。

（11）钢丝在拉模、牵引机、导轮等各运行部位中，禁止作业人员徒手接触钢丝。处理异常必须停机。

（12）在自动打包机穿钢捆带或拉紧过程中，作业人员不得接近设备，禁止用手脚或工具接触钢捆带。

（13）作业场地要平整，光照适度，及时清理积水和油污；在油库、液压站、润滑站等用油脂的设备设施上下梯、平台时，人员要注意行走安全。

### 492. 轧钢作业煤气区域如何划分？

**答：**轧钢作业煤气区域可以进行如下划分：

第一类：带煤气抽堵盲板、换流量孔板，处理开闭器；煤气设备漏煤气处理；煤气管道排水口、放水口；烟道内部作业。

第二类：烟道、渣道、煤气阀等设备的检修；停、送煤气处理；加热炉、罩式炉，辊底式炉煤气开闭口；开关叶型插板；煤气仪表附近作业。

第三类：加热炉、罩式炉、辊底式炉炉顶及其周围，加热设备计器室；均热炉看火口、出渣口、渣道洞口；加热炉、热处理炉烧嘴、煤气阀、其他煤气设备附近；煤气爆发试验。

第一类区域，应戴上呼吸器方可工作；第二类区域，应有监护人员在场，并备好呼吸器方可工作；第三类区域，可以工作，但应有人定期巡视检查。在煤气区域作业应注意以下事项：

（1）严格执行《工业企业煤气安全规程》（GB 6222—2005）的有关规定。

（2）在有煤气危险的区域作业，应两人以上进行，并携带便携式 CO 报警仪。

（3）加热设备与风机之间应设安全联锁、逆止阀和泄爆装置，严防煤气倒灌爆炸事故。

（4）炉子点火、停炉、煤气设备检修和动火，应按规定事先用氮气或蒸汽吹净管道内残余煤气或空气，并经检测合格，方可进行。

### 493. 原材料、产成品堆放要求有哪些？

答：原材料、产成品堆放的要求有：

（1）要设有足够的原料仓库、中间仓库、成品仓库和露天堆放地，安全堆放金属材料。

（2）中厚板的原料堆放时，垛要平整、牢固，垛高不能超过 4.5m。

（3）冷轧钢卷均在 2t 以上，吊运是安全的重点问题，吊具要经常检查，发现磨损要及时更换。

### 494. 钢坯吊运过程中的安全措施有哪些？

答：钢坯吊运过程中的安全措施有：

（1）钢坯通常用磁盘吊和单钩吊卸车。挂吊人员在使用磁盘吊时，要检查磁盘是否牢固，以防脱落砸人。

（2）使用单钩卸车前要检查钢坯在车上的放置状况，钢绳和车上的安全柱是否齐全、牢固，使用是否正常。

（3）卸车时要将钢绳穿在中间位置上，两根钢绳间的跨距应保持 1m 以上，使钢坯吊起后两端保持平衡，并上垛堆放。

（4）400℃ 以上的热钢坯不能用钢丝绳卸吊，以免烧断钢丝绳，造成钢坯掉落砸人，烫伤工人。

（5）钢坯堆垛要放置平稳、整齐，垛与垛之间要保持一定的距离，便于工作人员行走，避免吊放钢坯时相互碰撞。

（6）垛的高度以不影响吊车正常作业为标准，吊卸钢坯作业线附近的垛高应不影响司机的视线。

（7）工作人员不得在钢坯垛间休息或逗留。

（8）挂吊人员在上下垛时要仔细观察垛上钢坯是否处于平衡状态，防止在吊车起落时受到震动而滚动或登攀时踏翻，造成压伤或挤伤事故。

**495. 清除钢坯表面缺陷作业的安全措施有哪些？**

答：大型钢材的钢坯用火焰清除表面的缺陷，其优点是清理速度快。火焰清理主要用煤气和氧气的燃烧来进行工作，在工作前要仔细检查火焰枪、煤气和氧气胶管、阀门、接头等有无漏气现象，风阀、煤气阀是否灵活好用，在工作中出现临时故障要立即排除。火焰枪发生回火，要立即拉下煤气胶管，迅速关闭风阀，以防回火爆炸伤人。

火焰枪操作程序应按操作规程进行。

**496. 对加热设备有哪些安全要求？**

答：对加热设备有以下安全要求：

（1）加热设备应设有可靠的隔热层，其外表面温度不得超过 100℃。

（2）工业炉窑应设有各种安全回路的仪表装置和自动警报系统以及使用低压燃油、燃气的防爆装置。

（3）加热设备应配置安全水源或设置高位水源。

（4）均热炉揭盖机应设有音响警报信号。

（5）实行重级工作制的钳式吊车，应设有防碰撞装置、夹钳夹紧显示灯、操纵杆零位锁扣、挺杆升降安全装置和小车行驶缓冲装置。

（6）均热炉出渣口附近的炉壁，应用挡板覆盖。

（7）运渣小车应安装音响信号，速度不应超过 5km/h，外缘距通廊壁不应小于 0.8m。

（8）平行布置的加热炉之间的净空间距除满足设备要求外，还应留有足够的人员安全通道和检修空间。

（9）工业炉窑所有密闭性水冷系统，均应按规定试压合格方可使用；水压不应低于 0.1MPa，出口水温不应高于 50℃。

（10）端面出料的加热炉，应设有防止钢料冲击辊道的缓冲器。

（11）连续热处理设备旁，应设有应急开关。带有活底的热处理炉，应设有开启门的闭锁装置和声响信号。

（12）进入使用氢气、氮气的炉内，或贮气柜、球罐内检修，应采取可靠的置换清洗措施，并应有专人监护和采取便于炉内外人员联系的措施。

（13）辊底式热处理炉，炉底辊传动装置应设有安全电源。

（14）工业炉窑使用氮气、氢气、煤气、天然气或液化石油气，应遵守相关规定。

（15）贮油罐或重油池，应安装排气管和溢流管。输送重油的管路，应设有火灾时能很快切断重油输送的专用阀。

（16）电热设备应有保证机电设备安全操作的联锁装置。水冷却电热设备的排水管，应有水温过高警报和供水中断时炉子自动切断电源的安全装置。

（17）采用电感应加热的炉子，应有防止电磁场危害周围设备和人员的措施。

（18）有炉辊的炉子，应尽量采用机械辅助更换炉辊。需要采用吊车或人工更换时，应采取必要的安全措施。

（19）工业炉窑检修和清渣，应严格按照有关设备维护规程和操作规程进行，防止发生人员烫伤事故。

（20）工业炉窑加热，应执行有关操作规程，防止炉温过高塌炉。

### 497. 轧机安装和作业的安全措施有哪些？

**答：**轧机安装和作业的安全措施有：

（1）操纵室和操纵台应设在便于观察操纵的设备而又安全的地点，并应进行坐势和视度检验，坐视标高取 1.2m，站视标高取 1.5m。

（2）操纵室采用耐热材料和其他隔热措施，并采取防止氧化铁皮飞溅影响以及防雾的措施。

（3）轧机的机架、轧辊和传动轴，应设有过载保护装置以及防止其破坏时碎片飞散的措施。

（4）轧机与前后辊道或升降台、推床、翻钢机等辅助设施之间应设有安全联锁装置。

（5）轧机的润滑和液压系统应设置各种监测和保险装置。

（6）轧辊应堆放在指定地点。除初轧辊外，宜使用辊架堆放。辊架间的安全通道宽度不小于 0.6m。

（7）加工热辊时，应采取措施防止工人受热辐射。

（8）用磨床加工轧辊，操作台应设置在砂轮旋转面以外，不应使用不带罩的砂轮进行磨削。

（9）应优先采用机械自动或半自动换辊方式，换辊应指定专人负责指挥，并拟定换辊作业计划和安全措施。

（10）剪机与锯应设专门的控制台来控制。喂送料、收集切头和切边均应采用机械化作业或机械辅助作业。运行中的轧件不应用棍撬动或用手脚接触和搬动。

（11）热锯机应有防止锯屑飞溅的设施，在有人员通行的方向应设防护挡板。

（12）各运动设备或部件之间应有安全联锁控制。

（13）剪切机及圆盘锯机换刀片或维修时，应切断电源，并进行安全定位。

（14）有人通行的地沟，起点净空高度应不小于 1.7m，人行通道宽度不小于 0.7m。地沟应设有必要的入口与人孔。有铁皮落下的沟段，人行通道上部应设置防护挡板。进入地沟工作应两人以上，轧机生产时人员不应入内。

（15）地沟的照明装置，固定式装置的电压不应高于 36V，开关应设在地沟入口；手持式的不应高于 12V。

（16）一端闭塞或滞留易燃易爆气体、窒息性气体和其他有害气体的铁皮沟，应有通风措施。

（17）在线检测应优先采用自动检测系统。

（18）检修或维护高频设备时，应切断高压电源。

## 498. 初轧的安全措施有哪些？

答：初轧的安全措施有：

（1）初轧机应设有防止过载、误操作或出现意外情况的安全装置。

（2）在初轧机和前后推床的侧面，应有防止氧化铁皮飞溅和钢渣爆炸危害的挡板、索链或金属网。

（3）火焰清理机应有煤气、氧气紧急切断阀以及煤气火灾警报器、超敏度气体警报器。

## 499. 型钢、线材轧制的安全措施有哪些？

答：型钢、线材轧制的安全措施有：

（1）弯曲的坯料不应使用吊车喂入轧机。

（2）轧机轧制时，不应用人工在线检查和调整导卫板、夹料机、摆动式升降台和翻钢机，不应横越摆动台和进到摆动台下面。

（3）型钢专用加工作业线上各设备之间应有安全联锁装置。

（4）预精轧机、精轧机、定径机、减径机的机架以及高速线材轧机应设金属防护罩。

（5）采用活套轧制的轧机，应设保护人员安全的防护装置，并应考虑便于检修。

（6）小型轧机尾部机架的输出辊道，应有不低于 0.3m 的侧挡板。

（7）卷线机操作台主令开关应设在距卷线机 5m 以外的安全地点。

（8）轧线上的切头尾事故飞剪，应设安全护栏。

（9）高速线材轧机的吐丝机应设安全罩。

## 500. 板、带轧制的安全措施有哪些？

**答：**板、带轧制的安全措施有：

（1）轧机除鳞装置应设置防止铁鳞飞溅危害的安全护板和水帘。

（2）中厚板三辊轧机侧面应安设可挪动的防护网。

（3）热带连轧机与卷取机之间的输送辊道，两侧应设不低于 0.3m 的防护挡板。

（4）带钢轧机应能在带钢张力作用下安全停车。

（5）卷取机工作区周围，应设置安全防护网或板。地下式卷取机的上部，周围应设有防护栏杆，并有防止带钢冲出轧线的设施。冷轧卷取机还应设有安全罩。

（6）采用吊车运输的钢卷或立式运输的钢卷，应进行周向打捆或采取其他固定钢卷外圈的措施。

（7）板、带冷轧机应有防止冷轧板、带断裂及头、尾、边飞裂伤人和损坏设备的设施。

## 501. 钢管轧制的安全措施有哪些？

**答：**钢管轧制的安全措施有：

（1）穿孔机、轧管机、定径机、均整机和减径机等主要设备与相应的辅助设备之间，应设有可靠的电气安全联锁。

（2）穿孔机、轧管机、定径机和减径机等主要设备的轧辊更换，宜优先采用液压换辊方式。

（3）更换顶头、顶杆和芯棒宜采用机械化作业。

（4）采用油类调制石墨润滑芯棒，应设有抽风排烟装置，同时应采取防滑、防电气短路的必要措施。

（5）冷轧管机与冷拔管机，应有防止钢管断裂和管尾飞甩的措施。

（6）张力减径机后的辊道应设置盖板，出口速度较高的还应在辊道末端设置防止钢管冲出事故的收集套。

### 502. 冷轧作业的安全措施有哪些？

**答：**冷轧生产的特点是加工温度低，产品表面无氧化铁皮等缺陷，洁净度高，轧制速度快。

（1）酸洗注意事项。酸洗主要是为了清除表面氧化铁皮，生产时应注意：

1）保持防护装置完好，以防机械伤害。

2）穿戴好个人防护用品，防止酸液溅入灼伤以及粉尘和酸雾的吸入。

（2）冷轧注意事项。冷轧速度快，清洗轧辊注意站位，磨辊须停车，处理事故时须停车进行，并要切断总电源，手柄恢复零位。采用 X 射线测厚时，要有可靠的防射线装置。

（3）热处理注意事项。热处理是保证冷轧钢板性能的主要工序，存在的事故危险有火灾、中毒、倒炉和掉卷。其防护措施有：

1）在煤气区操作时必须严格遵守《煤气安全操作规程》，保持通风设备良好。

2）吊具磨损及时更换，以防吊具伤人。

### 503. 镀涂作业的安全措施有哪些？

**答：**镀涂作业的安全措施有：

（1）镀层与涂层的溶剂室或配制室以及涂层黏合剂配制间，均应符合下列规定：

1）采用防爆型电气设备和照明装置。

2）设备良好接地。

3）不应使用钢制工具以及穿戴化纤衣物和带钉鞋。

4）溶剂室或配制间周围 10m 以内不应有烟火。

5）设有机械通风和除尘装置。

（2）镀锌设备和接触锌液的工具以及投入镀锌液中的物料应（预热）干燥。

（3）锌锅内液面距上沿应不小于 0.3m。

（4）锌锅周围不应积水，以防漏锌遇水爆炸。

（5）锌锅的锌灰和锌渣的吹刷区以及炼制锌铝合金，均应设有除尘或通风装置。

（6）熔剂和黏合剂的反应釜或反应槽应有防止铁器件混入的设施。

（7）镀层与涂层的溶剂、黏合剂宜集中统一配制，并应有安全防护设施，应贮存在密闭容器中。

（8）涂层磷化、钝化和涂胶干燥时，应防止热源与物料接触；加热器与烘道输送装置之间应设有安全联锁、报警和自动切断电源的装置。

（9）涂胶机及其辅助设备，应良好接地；易产生静电的部位，应有消除静电积聚的装置。

（10）磷化、涂胶和复合机的胶辊辊筒之间，不应存有坚硬物和其他可燃物料。

（11）边角料和碎屑应集中存放于通风良好的专用仓库，并应远离明火。

（12）辊涂机设有涂层房的，涂层房应有通风和消防措施。

（13）彩色涂层烘烤装置和相关设备，应有防爆措施。

（14）采用高压水冲洗清洁辊面的，应有防止高压水伤人的措施。

（15）采用人工加锌锭和人工清浮渣的，应有充足的工作场地。

**504. 清洗和精整作业的安全措施有哪些?**

答:清洗和精整作业的安全措施有:

(1) 喷水冷却的冷床应设有防止水蒸气散发和冷却水喷溅的防护和通风装置。

(2) 在作业线上人工修磨和检查轧件的区段,应采取相应的防护措施。

(3) 酸洗车间应单独布置,对有关设施和设备应采取防酸措施,并应保持良好通风。

(4) 酸洗车间应设置贮酸槽,采用酸泵向酸洗槽供酸,不应采用人工搬运酸罐加酸。

(5) 采用槽式酸碱工艺的,不应往碱液槽内放入潮湿钢件。酸碱洗液面距槽上沿应不小于 0.65m。

(6) 采用槽式酸碱工艺的,钢件放入酸槽、碱槽时以及钢件酸洗后浸入冷水池时,距槽、池 5m 以内不应有人。

(7) 衬胶和喷漆加工间应独立设置,并有完善的通风和消防设施。

(8) 收集废边和废切头等应采用机械或用机械辅助。

(9) 采用人工进行成品包装应制定严格的安全操作规程。

**505. 设备检修安全技术要求有哪些?**

答:设备检修安全技术要求有:

(1) 不安全因素。轧钢由于生产工艺复杂,设备种类多,在冶金工厂设备中占的比重较大,检修任务重,故检修安全是安全管理的重要环节。轧钢厂的大、中修是多层作业,易发生高处坠落、物体打击等事故。

(2) 预防措施。

1) 检修前组织检修人员和安全管理人员做好安全准备工作,并在检修过程中加强安全监护。

2) 除有安全防范措施外,检修现场要设置围栏、安全网、屏障和安全标志牌。高空作业必须系安全带。

3) 检修电气、煤气、氧气、高压气等动力设备和管线时，严格按规程贯彻停送电制度确认安全方可进行。

4) 更换煤气管道设施时，遵守《煤气安全操作规程》要求，靠近易燃易爆设备、物体及要害部位时，采取防火措施，经检查确认安全后方可动火。

5) 禁止非检修人员进入现场，划出非岗位操作人员行走的安全路线，其宽度一般不小于1.5m。

6) 进入使用氢气、氮气的炉内或储气柜、球罐内检修，应采取可靠的置换清洗措施，并有专人监护和采取便于炉内外人员联系的措施。

7) 严格遵守起重设备安全操作制度，指挥须佩戴安全标志，吊物用的钢绳、钩环要认真检查。

8) 检修前须对检修人员进行安全教育，控制人的不安全行为，加强现场管理，控制物和环境的不安全状态。

# 第 11 章　制氧和焦化生产安全

## 506. 氧的生理作用及自我保护措施有哪些?

**答:** 人正常生活的环境中,空气中的氧气含量应为 18% ~ 21%。在缺氧(<16%)的环境中,人会窒息死亡。长期在富氧环境中,不仅会引起肺充血,而且使人过于兴奋,引起肺部损坏及中毒,高浓度氧环境也会导致人死亡。富氧环境还容易引起火灾。被氧饱和的衣服见火就着。在富氧环境中不得吸烟,即使离开了富氧环境,由于衣服已吸饱了氧,所以在 1.5h 之内也不能吸烟。

长期在富氧的环境中(氧气浓度 60% 以上),连续工作 12h 会引起肺充血。缺氧的生理反应见表 11-1。

表 11-1　缺氧的生理反应

| 空气中的氧气含量/% | 生 理 反 应 |
|---|---|
| 12 ~ 14 | 深呼吸,脉跳加快,协调功能失常 |
| 10 ~ 12 | 呼吸快而急促(浅),头晕,判断力差,嘴唇发紫 |
| 8 ~ 10 | 恶心、呕吐、失去知觉,面色苍白 |
| 6 ~ 8 | 8min 时 100% 致命;<br>6min 时 50% 致命;<br>4 ~ 5min 时经治疗能脱离危险 |
| 4 | 40s 内昏迷、惊厥、呼吸停止,死亡 |
| 0 | 10s 内死亡 |

## 507. 制氧厂的危险源及危害有哪些?

**答:** 制氧厂的危险源及危害有:

（1）氧气（含液氧）。氧气是助燃物质，为Ⅰ类火灾危险物质。氧气与可燃物可形成爆炸性混合物。所以在氧气生产、充灌、贮运和使用场所，要求其空气中的氧气含量小于23%，当空气中氧气浓度增到25%时，已能激起活泼的燃烧反应；到达27%时，有个火星就能发展到活泼的火焰。所以在氧气容易集聚地方应设置通风设备，并对氧气浓度进行监测，要求远离热源和禁火。与氧气接触的设备、管道、阀门等必须脱脂。

（2）氮气。氮气无毒，是惰性气体，它可以置换空气中的氧气，是一种简单的窒息剂。人若吸入过高浓度的氮气，会神志不清，感到头晕目眩，严重时因大脑缺氧、脑细胞坏死而成为"植物人"，特别严重时会导致死亡。

（3）氩气。氩气也是无色、无味、无毒的惰性气体，它与氮气一样都会使人窒息。

（4）碳、氢化合物。碳、氢化合物均为可燃气体，它们的闪点非常低，爆炸极限范围宽。

（5）油料。空分中的空压机、增压机、产品压缩机及膨胀机等运转机械均使用透平油和润滑油。透平油的闪点大于或等于195℃，润滑油的闪点大于或等于230℃，是丙类火灾危险性可燃液体，一旦油泄漏遇明火或高温就会发生火灾。所以输油系统严防泄漏，并严禁对未作处理的油箱及油管路动火。

（6）低温液体。液氧、液氮、液氩均为低温液体，空分保冷箱内的温度在 -173 ~ -196℃左右，一旦低温的气体或液体泄漏，或取样分析和液体充灌时溅到皮肤上，均会造成冻伤。

（7）电气伤害。在氧气厂更应注意的是液化气体流速增高时，静电场的强度迅速提高，静电放电就会引爆。空分设备必须注意接地和避雷。

（8）运转机械。空分的运转机械很多，人体与之接触，就会造成人员伤亡。尤其是透平机械为高速运转机械，更需要小心。除机器应加防护措施外，工作人员更需要穿戴齐整的劳动保护用品。

（9）低温容器。低温容器也是压力容器，要按国家标准进行压力容器的检验，防止泄漏。如低温液体进入常温管道，其压力可达操作压力的 10 倍，发生超压爆炸事故。

（10）坠落伤害。空分冷箱很高，一般都高达 40～50m，作业时就会有高处坠落的危险存在，况且还有排水沟、排液坑等，故巡检时必须注意防止高空坠落事故的发生。

### 508. 制氧机哪些部位最容易发生爆炸？

**答：**制氧机爆炸的部位在某种程度上与空分设备的形式有关。在高压、中压、双压流程中，发生爆炸的可能性较多；生产液氧的装置，主冷未发生过爆炸，而气氧装置的主冷却是爆炸的中心部位。爆炸破坏的程度与爆炸力有关，微弱的爆炸可能只破坏个别的管子，甚至未被操作人员察觉。

冷凝蒸发器的爆炸部位随其结构形式不同而有所不同。爆炸一般易发生在液氧面分界处以及个别液氧流动不畅的通道中，也有发生在下部管板处或上顶盖处。对辅助冷凝蒸发器，爆炸易发生在液氧接近蒸发完毕的下部。

据统计，除冷凝蒸发器外，在其他部位也发生过爆炸，主要有下塔液空进口下部、液空吸附器、上塔液空进口处的塔板、液氧排放管、液氧泵、切换式换热器冷端的氧通道、辅助冷凝蒸发器后的乙炔分离器等。

不论在哪个部位爆炸，其原因均有液氧（或富氧液空）的存在，并在蒸发过程中造成危险物的浓缩、积聚或沉淀，组成了爆炸性混合物，在一定条件下促使发生爆炸。

### 509. 氧气管道发生爆炸有哪些原因？

**答：**企业内的氧气输送管道为 3MPa 以上的压力管道，曾经发生过多起管道燃烧、爆炸的事故，并且多数是在阀门开启时。氧气管道材质为钢管，铁素体在氧中一旦着火，其燃烧热非常大，温度急剧上升，呈白热状态，钢管会被烧熔化。

分析其原因，必定有突发性的激发能源，加之阀门内有油脂等可燃物质才能引起。激发能源包括机械能（撞击、摩擦、绝热压缩等）、热能（高温气体、火焰等）、电能（电火花、静电等）等。

如果管道内有铁锈、焊渣等杂物，会被高速气流带动，与管壁产生摩擦，或与阀门内件、弯头等产生撞击，产生热量而温度升高。

如果管道没有良好的接地，气流与管壁摩擦产生静电。当电位积聚到一定的数值时，就可能产生电火花，导致钢管在氧气中燃烧。

## 510. 预防氧气管道爆炸的安全规定有哪些?

**答**：为防止氧气管道的爆炸事故，对氧气管道设计、施工做了以下规定：

（1）限制氧气在碳素钢管中的最大流速，见表 11-2。

表 11-2　氧气在碳素钢管中的最大流速

| 氧气工作压力/MPa | ≤0.1 | 0.1~0.6 | 0.6~1.6 | 1.6~3.0 |
|---|---|---|---|---|
| 氧气流速/m·s$^{-1}$ | 20 | 13 | 10 | 8 |

（2）在氧气阀门后应连接一段长度不小于 5 倍管径且不小于 1.5m 的铜基合金或不锈钢管道。

（3）应尽量减少氧气管道的弯头和分岔头，并采用冲压成型。

（4）在对焊的凹凸法兰中，应采用紫铜焊丝作 O 形密封圈。

（5）管道要可靠地接地，接地电阻小于 10Ω，法兰间总电阻应小于 0.03Ω。

（6）架空氧气管道与电线、道路、建筑物、高温车间和明火作业场所等必须保持规定的安全距离。

（7）氧气管道与煤气管道共架时，管道间平行或交叉的净距不小于 500mm。燃油管道不宜与氧气管道并架敷设；乙炔管要架在氧气管的上方，净距离不小于 1000mm。

（8）架空敷设氧气管道时不得穿越生活区和办公区，防止氧气泄漏造成事故。

（9）车间内主要氧气管道的末端应加设放散管，以利于吹扫和置换。

（10）氧气管道要除锈与脱脂。大口径氧气管道一般用喷砂工艺除锈和脱脂，也有在喷砂后再用四氯化碳浸泡脱脂。小口径氧气管道一般用四氯化碳灌泡、清洗脱脂，以防止氧气管道燃爆事故。

（11）氧气管道的焊接应采用氩弧焊或电弧焊（一般用氩弧焊打底，减少焊渣），必须确保焊接质量。焊缝全部要做外观检查，并抽查 15% 做无损探伤（超声波探伤或 X 射线拍片检查）。

（12）管道要做强度试验、气密性试验，并用无油氮气或空气对管路进行吹刷。

（13）氧气管道油漆成天蓝色，压缩空气管道为深蓝色，纯氮管道为黄色，污氮管道为棕色，蒸汽管道为红色。漆色时要谨防弄错。

（14）氧气管道要经常检查维护，除锈刷漆 3～5 年一次，测管道壁厚 3～6 年一次，校验管道上的安全阀、压力表每年 1 次，要求灵敏好用，防止超压，防止泄漏。

（15）氧气管道不得乱接乱用，严禁用氧吹风、用氧生炉子，不得在氧气管道上打火引弧。

（16）氧气管道动火必须办理动火票手续。氧气要处理干净（放散或用氮气置换），氧气含量小于 23% 方准动火。

（17）氧气管道的材质一般是碳素钢或不锈钢，属可燃性材料，若管内壁附着油脂就会爆炸。

（18）当氧气管道系统带有液氧气化设施时，切忌低温的液氧进入常温的氧气管道，以免产生液氧剧烈汽化，造成恶性燃爆事故。

（19）氧气管道进行重大作业时，必须先制定详细作业方案

（包括流程、方法、步骤、时间、分工、范围、责任、监护、确认等），并经有关领导和部门批准。

（20）要有氧气管网完整的技术档案、检修记录。

### 511. 主冷发生爆炸的事故主要原因有哪些?

**答**：空分设备爆炸事故中，以主冷爆炸居多。产生化学性爆炸的因素是：

（1）可燃物质。主冷中有害杂质有乙炔、碳氢化合物和固态二氧化碳等。

（2）助燃物质。氧气为氧化、燃烧、爆炸提供了必要条件。

（3）引爆源。

1）爆炸性杂质固体微粒相互摩擦或与器壁摩擦。

2）静电放电。

3）气波冲击，产生摩擦或局部压力升高。

4）存在化学活性特别强的物质（臭氧、氮氧化物等），使爆炸的敏感性增大。

以上三种情况同时出现在空分设备中，达到一定程度就会产生爆炸事故。

### 512. 防止主冷发生爆炸事故应采取什么措施?

**答**：有害杂质有乙炔、碳氢化合物和固态二氧化碳等随时都可以随气流进入主冷，到达一定比例，遇到引爆源，就会爆炸，摧毁设备。为了安全，预先在净化装置中将杂质予以清除。但是对切换式换热器自清除流程就做不到这一点。为此，在流程设计和操作中采取以下措施：

（1）原料空气中乙炔和碳氢化合物的体积分数分别不得超过 $0.5 \times 10^{-6}\%$ 和 $30 \times 10^{-6}\%$。

（2）安装液空吸附器，吸附其中有害杂质。

（3）采用液氧循环吸附器吸附进入液氧中的杂质并定期切换。

（4）如果液氧中乙炔或碳氢化合物含量超过标准，就开始报警。除规定每小时排放相当于气氧产量的 1% 的液氧外，再增加液体排放量。

（5）板式主冷采用全浸式操作。

（6）主冷应有良好的接地装置。

总之，主冷发生爆炸的原因是多方面的。一旦发生爆炸将在经济上及人身安全上带来重大损失。要思想上重视，防患于未然。建议采取以下措施：

（1）采用色谱仪连续分析乙炔和碳氢化合物含量。

（2）减少二氧化碳的进塔量（$<0.5 \times 10^{-6}$）。

（3）要制定吸附器前后的杂质含量指标（液空中乙炔小于 $2 \times 10^{-6}\%$，吸附器后乙炔小于 $0.1 \times 10^{-6}\%$）。

（4）要保证液氧循环吸附系统的正常运转。

（5）板式主冷改为全浸式操作，以免在换热面的气液分界面处产生碳氢化合物局部浓缩、积聚。

（6）液氧排放管应保温，以保证 1% 的液氧能顺利排出，并有流量测量仪表。液氧中杂质超过警戒点时应增加液氧排放量。

（7）主冷必须按技术要求严格接地，并按标准进行检测和验收。接地电阻应低于 $10\Omega$。氧道上法兰跨接电阻应小于 $0.03\Omega$。

（8）在设计时要改善主冷内液体的流动性，避免产生局部死角。

（9）要严格执行安全操作规定，以防止杂质在主冷内过量积聚。

### 513. 防止氮压机爆炸事故的安全措施有哪些？

答：防止氮压机爆炸事故的安全措施有：

（1）不能选用汽缸用油润滑的氮压机，应选用无油润滑型，这样既能防爆，又能确保氮气质量。

（2）停车后，开车时要注意氮压机吸入氮气的纯度，空分装置的氮气纯度合格者才能送往氮压站，否则应放空。管路先用氮气吹刷，纯度合格方能开机，杜绝氧气含量过高。这样，既能防爆，又能满足用户对氮气纯度的要求。

### 514. 防止氮气燃爆事故的安全措施有哪些？

**答：**防止氮气燃爆事故的安全措施有：

（1）氮压机运行要可靠，并要有备用机组。确保正常供应量与高峰负荷的需要。

（2）当供气压力降低时，由储罐通过专设的调节阀组自动补气，使压力平衡。当出现氮压机停车、氮压站停电或氧站停产等事故状态时，靠球罐释放氮气，维持用户的用氮量需要。

（3）氮气输出管道设置氮气纯度自动分析仪、高低压报警装置，并自动采取措施。

（4）球罐与管网之间设置调压阀组，低压时自动由球罐向管网送气，保证氮气压力，杜绝低压和中断氮气事故。

（5）空气分离装置与氮压站间设紧急情况联系信号，当空分装置停车时，能手动或自动向氮压站报警，采取措施，防止空分装置停车时，精馏工况被破坏，氮气纯度下降。

（6）氮压站必须有严格的技术操作规程，并认真贯彻执行。氮压机开车必须首先吹刷管路放空。氮压站全停后开车，必须化验氮气入口纯度，合格后方能启动。

（7）当多台空分装置同时向一个氮气系统供氮时，每台空分装置都必须设置氮气控制阀门，空分装置停车，立即关闭阀门。阀门要严密可靠，避免停车后低纯氮窜入系统，造成氮气中氧气含量超标而发生事故。

### 515. 如何防止氧气系统内静电积聚？

**答：**静电积聚是引爆源之一。由于液氧的单位电阻值较大，因而易产生静电积聚现象。试验证明，液氧静电积聚很大程度上与其含二氧化碳、水的固体颗粒及其他固体粒子有关。液氧在不接地的管路内，有可能产生电位为数千伏的静电，因此必须采取防止静电积聚的措施，具体是：

（1）空分塔必须在距离最大的两个部位接地。

（2）空分塔主塔、副塔、冷凝蒸发器、液体吸附器、液体排放管和分析取样管应单独地接通回路，或法兰处有跨接导电措施。

（3）保证空分塔内液流的清洁，防止各种粉末的进入。

（4）空分塔内液体管路的管径应保证液体具有最低允许流速。

### 516. 空分设备在停车排放低温液体时应注意哪些安全事项？

**答：** 空分设备中的液氧、液空的氧含量高，在空气中蒸发后会造成局部范围氧气浓度提高，如果遇到火种，有发生燃烧、爆炸的危险。因此，严禁将液体随意排放到地沟中，应通过管道排至液体蒸发罐或专门的耐低温金属制的排放坑内。

排放坑应经常保持清洁，严禁有油脂或有机物积存。在排放液体时，周围严禁动火。

低温液体与皮肤接触，将造成严重冻伤。轻则皮肤形成水泡、红肿、疼痛；重则将冻坏内部组织和骨关节。如果落入眼内，将造成眼损伤。因此，在排放液体时要避免用手直接接触液体，必要时应戴上干燥的棉手套和防护眼镜。万一碰到皮肤上，应立即用温水（45℃以下）冲洗。

### 517. 在扒装珠光砂时要注意哪些安全事项？

**答：** 目前，空分设备的保冷箱内充填的保冷材料绝大多数都是用珠光砂。

珠光砂是密度很小的颗粒，很容易飞扬，会侵入五官，刺激喉头和眼睛，甚至经呼吸道吸入肺部。因此，在作业时要戴好防护面罩。

珠光砂的流动性很好，密度比水小，人落入珠光砂层内将被淹没而窒息，因此，在冷箱顶部人孔及装料位置要全部装上用8~10mm 钢筋焊制的方格形安全铁栅，以防意外。

在需要扒珠光砂时，都是发现冷箱内有泄漏的部位。如果是氧泄漏，会使冷箱内的氧浓度增高，如果动火检修就可能发生燃爆事故；如果泄漏的是氮，冷箱内氮浓度很高，可能造成窒息事故。因此，在进入冷箱作业前，一定要预先检测冷箱内的氧浓度是否在正常范围内（18%~23%）。

此外，保冷箱内的珠光砂处于低温状态（-50~-80℃），在扒珠光砂时要注意采取防冻措施。同时要注意低温珠光砂在空气中会结露而变潮，影响下次装填时的保冷性能。

### 518. 在检修氮水预冷系统时要注意哪些安全事项？

**答：** 氮水预冷系统的检修，最需注意的是防止氮气窒息事故的发生。国内已发生过几起检修工因氮气窒息而死亡的事故。在检修时，往往同时对装置用氮气进行加温，而加温的氮气常会通过污氮三通阀窜入冷却塔内，造成塔内氮浓度过高。

因此，在对装置进行加温前，要把空冷塔、水冷塔用盲板等装置隔离开；要分析空冷塔、水冷塔内的氧气含量。当氧气含量在18%~23%之间，才允许检修工进入；若在氧气含量低于18%的区域内工作，则必须有人监护，并戴好空气呼吸器或长管式面具等。

### 519. 在检查压力管道时要注意哪些安全事项？

**答：** 带压管道在生产过程中最易发生的问题是在连接法兰处发生泄漏。一旦发现泄漏，切忌在带压情况下去拧紧螺栓。因为在运转过程中产生泄漏是有一定的原因的，例如垫片损坏、管道受到热应力等。这时，单靠拧螺栓不能解决问题。往往因泄漏未消除而使劲拧螺栓，直至螺栓拧断，管内高压气体喷出，造成伤人事故。

因此，必须严格遵守不准带压拧螺栓的规定，不能为了抢时间，赶任务而抱有侥幸心理；违反操作规程。

### 520. 检修空分设备进行动火焊接时应注意什么问题？

**答：** 当制氧机停车检修，需要动火进行焊接时，应注意下列问题：

（1）如需要动明火，必须办理动火票，检验现场周围的氧浓度，加强消防措施。当焊接场所的氧浓度高于 23% 时，不能进行焊接。对氧浓度低于 18% 时要防止窒息事故。

（2）对有气压的容器，在未卸压前不能进行烧焊。

（3）对未经彻底加温的低温容器，不许动火修理，以免产生过大的热应力或无法保证焊接质量。严重时，如有液氧、气氧泄出，还可能引起火灾。

（4）动火的全过程要有安全员在场监护。

### 521. 制氧车间遇到火灾应如何抢救？

**答：** 造成火灾的原因很多，有油类起火、电气设备起火等。氧气车间存在着大量的助燃物（氧气和液氧），具有更大的危险性。灭火的用具有灭火器、砂子、水、氮气等。对不同的着火方式，应采用不同的灭火设备。首先应分清对象，不可随便乱用，以免造成危险。

（1）当密度比水小且不溶于水的液体或油类着火时，若用水去灭火，则会使着火地区更加扩大。应该用砂子、蒸汽或泡沫灭火器去扑灭，或者用隔断空气的办法使其熄灭。

（2）电气设备着火时，不可用泡沫灭火器，也不可用水去灭火，而需用四氯化碳灭火器。因为水和泡沫都具有导电性，很可能造成救火者触电。电线着火时，应先切断电源，然后用砂子去扑灭。

（3）一般固体着火时可用砂子或水去扑灭。

（4）氧气管道着火时首先要切断气源。

（5）身上衣服着火时，不得扑打，应该用救火毯子将身体裹住，在地上往返滚动。

在车间危险的部位，可预先准备一些氮气瓶或设置氮气管路，以供灭火用。

### 522. 低温液氧气化充灌系统应注意哪些安全问题？

**答**：液氧是强烈助燃物质，在气化充瓶时压力很高，所以在系统配置时，应采取特殊的安全措施：

（1）在泵与贮槽相连的进液管和回气管路上，要分别装有紧急切断阀，并与泵联锁，以便在发生意外事故时，可远距离及时切断液体和气源，紧急停止液体泵运转。

（2）液氧泵出口处应设置超压报警及联锁停泵装置。

（3）高压气化器后氧气总管上应设有温度指示和温度报警装置，以防液氧进入钢瓶发生意外事故。

（4）在液氧泵周围应设置厚度在 5mm 以上的钢板组成防护隔离墙。

（5）在液氧泵的轴封处要设置氮气保护气管。

（6）充灌汇流排应采用新型的带防错装接头的金属软管进行充灌，严禁用其他材质的软管。高压阀门与管道应采用紫铜丝做的 O 形密封圈。

（7）汇流排上应接有超压声光报警装置。

（8）汇流排的充瓶数量由泵的充灌量、充灌速度来决定，要防止流速过高。

### 523. 液氧贮罐在使用时应注意什么安全问题？

**答**：液氧是一种低温、强助燃物质。液氧罐内储存有大量的液氧，除了要防止泄漏和低温灼伤外，更应对其爆炸的危险性有所警惕。因为虽然来自空分设备的液氧应该是基本不含碳氢化合物的，但是，经过长期使用，微量的碳氢化合物还会有可能在贮罐内浓缩、积聚，在一定条件下，就可能发生爆炸事故。因此，在使用时应注意以下问题：

（1）液氧罐内的液位在任何时候均不得低于 20%。

（2）罐内液氧中的乙炔含量要按规定期限（例如半个月一次）进行分析，发现异常要及时采取措施解决。

（3）罐内的液体不可长期停放不用，要经常充装及排放，以免引起乙炔等有害杂质的浓缩。

**524. 对氧气储罐的安全规定有哪些？**

**答：**氧气储器中比较常见的是中压氧气球罐。对氧气储器的安全应满足以下要求：

（1）在选址及布置上，必须远离火源、冶金炉、高温源，并与可燃气、液储器和管道隔离。与铁路、公路、建筑物、架空电力线保持一定的安全距离，要符合《建筑设计防火规范》。

（2）氧气储罐的设计、材料、耐压性能等必须符合国家的有关规定。

（3）焊接要严格把关。焊缝全部要用超声波探伤仪检查（内、外表面检查），并用磁粉探伤仪检查表面，用 X 射线拍片检查，抽查的比例越大越好。

（4）氧气储罐要严格除锈脱脂。一般采用喷砂工艺，将金属表面打亮打光，既除锈又脱脂。为防止氧化，内壁要涂一层以锌粉、水玻璃为主调制而成的无机富锌涂料。储罐投用封人孔前，必须将内部杂物清除干净，用四氯化碳脱脂。

（5）要做强度试验、气密性试验。试验合格后，要用无油空气或氮气对储罐进行吹刷，直至用白布擦拭看不到水、杂质为止。

**525. 对液氧储罐的安全规定有哪些？**

**答：**氧由液体变为气体时体积要扩大 800 倍。所以，对液氧的安全要求比氧气更严格，除一般要求外，还要防止液氧中乙炔积聚析出而产生化学爆炸，防止液体剧烈蒸发而产生物理爆炸，防止低温液体冻坏设备和冻伤人员等。

（1）液氧储罐一般放置在空分装置近旁的安全地点，远离火源、热源及可燃物。

（2）储罐严禁超压。

（3）液氧储罐内的液氧不断蒸发，乙炔浓度有可能提高，产生积聚而析出。为了防爆，液氧储罐内的液氧应尽量边充边用，经常更新，防止乙炔积聚。每周分析一次液氧中的乙炔含量，超过标准要将液氧排空。

（4）压力表、真空计、液面计及报警系统、安全阀等均要定期校验，确保准确、灵敏、安全。

（5）氧有磁感性，在放电作用下，易形成化学活性极高的臭氧，这是一种引爆激发能源。故液氧储罐周围半径 30m 以内的范围，严禁明火或电火花，必须用防爆电器。

## 526. 发生冻伤时的急救措施有哪些？

答：发生冻伤时的急救措施有：

（1）低温液体滴落在皮肤上，应立即用水洗掉。

（2）若发生冻伤，立即对损伤部位做 40～45℃温水浴。绝对不要烘烤或用 46℃以上的水去洗，这会加重皮肤组织的损伤。

（3）解冻应进行 15～60min，直至冻伤部位皮肤由蜡黄而有淡蓝颜色转变成粉红色或者发红时为止。冻伤部位最初不疼，缓解后会疼痛并出水泡，水泡破后很容易感染，这时应在医生的指导下止痛和消炎。

## 527. 制氧工为什么必须穿棉织物的工作服？

答：化纤织物具有以下特点：

（1）化纤织物在摩擦时会产生静电，容易产生火花。在穿、脱化纤织物的服装时，产生的静电位可达几千伏甚至一万多伏。当衣服充满氧气时是十分危险的。例如当空气中氧气含量增加到 30% 时，化纤织物只需 3s 的时间就能起燃。

（2）当达到一定的温度时，化纤织物便开始软化。当温度超过 200℃ 时，就会熔融而呈黏流态。当发生燃烧、爆炸事故时，化纤织物可能因高温的作用而黏附在皮肤上无法脱下，将造成严重伤害。

棉织物的工作服则没有上述的缺点，所以从安全的角度，对制氧工的工作服应有专门的要求。同时，制氧工自己也不要穿化纤织物的内衣。

### 528. 炼焦生产安全的主要特点有哪些？

答：焦化是钢铁联合企业的一个重要组成部分，焦化生产具有冶金企业生产的特点，又具备化工生产的特性，生产过程接触的焦炉煤气属易燃、易爆、有毒气体；煤气净化回收过程产生硫化氢、氨水及氨气、粗苯等易燃、可燃、有毒气体或液体；作业场所存在火灾、爆炸、中毒窒息、机械伤害、物体打击、高处坠落、灼烫、触电、起重伤害、车辆伤害及高温、粉尘、噪声、辐射等危险有害因素。

随着国家产业政策的调整与环保要求，6m 焦炉已成为主导炉型。

### 529. 备煤系统的主要危险有害因素有哪些？

答：备煤系统的主要危险有害因素有：

（1）机械设备部件或工具直接与人体接触可能引起夹击、卷入、割刺等危险。备煤堆取料机、螺旋卸煤机、煤粉碎机、皮带机等，操作过程中由于违章作业、防护不当或在检修时误启动可能造成机械伤害事故。

（2）物体在外力或重力作用下，打击人体会造成人身伤害事故。高处的物体、排空管线等固定不牢，因腐蚀或大风造成断裂，高处作业工具、材料使用、放置不当，造成高空落物等，发生爆炸产生的碎片飞出等，造成物体打击事故。

（3）人体接触高、低压电源会造成触电伤害，雷击也可能产生类似后果。

（4）备煤车间配煤厂房、煤塔、溜槽等设置了大量钢梯、操作平台，作业人员巡检或检修时，因楼梯、平台护栏锈蚀或脱焊，临时脚手架缺陷；高处作业未正确使用安全带，思想麻痹，精神状态不良；人员习惯性背靠平台安全栏杆均易发生高处坠落事故。配煤仓地面盖板缺失等，人员易掉入煤仓被煤压埋而窒息死亡。

（5）煤在储存过程中自身发生氧化放热，热量积聚造成煤自燃。动火检修作业过程中被切割的高温铁渣掉入皮带上未及时发现，导致火灾。

**530. 炼焦系统的主要危险有害因素有哪些？**

**答**：炼焦系统的主要危险有害因素有：

（1）着火和爆炸事故。

1）推焦过程中红焦落在电机车车头上、运焦时红焦刮入皮带可引起着火。

2）焦炉煤气设备不严密、操作不当或误操作、压力大引发泄漏。

3）集气管压力控制不当，导致负压管道吸入空气。

4）停产时煤气设备与管道未及时保压，长时间停用没有切断煤气、未彻底吹扫。

5）高炉煤气与焦炉煤气倒换加热作业前，未置换或不彻底，送煤气前没有进行煤气检测或检测不合格等，与空气混合形成爆炸性气体，遇火源或高温发生爆炸。

6）停低压氨水后，集气管温度升高会造成氨水管道和集气管拉裂，甚至引发爆炸。

7）干熄焦循环气体中可燃成分浓度超标存在爆炸的危险。

8）压力容器（如锅炉）、压力管道安全附件不全或不可靠，工艺控制不当造成超压，可能发生物理爆炸。

（2）中毒事故。

1）焦炉地下室煤气管道、阀门、旋塞、孔板等不严密；压力过大引起泄漏；煤气水封缺水或压力过大冲破液位。单独一人进入检查或作业，未携带 CO 检测报警仪。

2）地下室通风不良，集气管清扫作业时荒煤气窜出。

3）煤气放散时人员没有及时撤离；干熄炉循环气体泄漏可引起人员中毒和窒息。

（3）灼伤事故。

1）高温介质的设备、管道的隔热效果不良或无警示标志，或高温介质泄漏，造成灼伤。

2）干熄焦在接焦、提升过程中因操作或设备故障发生红焦落地，造成烫伤。

3）低压氨水管泄漏易造成人体烫伤。

4）熄焦后由于水温高，雾气大，水池盖板、安全护栏缺失，人员掉入水池导致灼伤甚至死亡事故。

（4）机械伤害。

1）焦炉机械设备较多，推焦时停电后采用手摇装置退出推焦杆、平煤杆检修焊接、余煤单斗检修过程，电源未切断或误操作。

2）推焦车、拦焦车移门、导焦栅对位等作业过程中，人员违章作业极易造成人员机械伤害。凉焦台人员站位不当，被刮板机伤害。

（5）触电事故。

1）装煤过程中煤斗下料不畅，操作人员使用铁棍对煤斗捅煤时，装煤车顶部或焦侧电源滑触线未设置防护网罩，铁器碰触电源滑触线而触电。

2）人员在机焦侧作业时不慎碰触推焦车或熄焦车电源滑轨线而触电。

（6）坠落事故。

1）炉顶安全栏杆腐蚀、脱焊，人员背靠安全栏杆，调整或测量作业时。

2）使用的梯子部件损坏或架设滑动或无人看护；下雪天因楼梯结冰而滑跌。

3）在焦炉车辆上处理小炉门等作业时未站稳或动车。

4）吊装孔等孔洞无盖板或栏杆。

5）人员在机焦侧二层平台边缘作业或行走时由于疏忽，高处作业不系安全带。

（7）车辆伤害。作业人员坐在炉顶装煤车轨道上休息；炉顶作业人员避让煤车不及；熄焦车行进过程中，人员从焦侧平台上下车辆；焦炉四大车开动前未瞭望和鸣喇叭；烟尘大、雾大易造成人员被车辆伤害。

（8）起重伤害。焦炉炉台安装有电动葫芦或卷扬机，修理炉门起吊作业时由于挂吊不牢、钢绳断丝、卷筒钢绳压块螺钉松动、限位失效、制动失效、吊物下站人或人员站位不当、操作不当等，可能发生起重事故。

### 531. 炼焦作业的防范措施有哪些？

答：炼焦作业的防范措施有：

（1）皮带机机头、机尾和两侧必须安装紧急停机开关和拉绳开关。处理皮带机故障时必须停机处理。清扫时，工具被皮带卷入，立即松手，停机处理。禁止为抄近路而钻、跨越皮带机。禁止在停止运转的皮带机上行走；作业人员劳动保护用品要穿戴齐全，衣服和袖口要扣紧。

（2）严禁单独一人进入溜槽作业，需进入煤仓、煤塔或溜槽清理或捅煤时，必须办理危险作业审批手续，系好安全带并在专人监护下作业，防止被煤压埋。

（3）翻车机内和溜下线清扫残煤时，要事先与翻车和拉车的操作人员联系、确认，处理皮带堵溜子时，严禁人员下溜子捅煤；在铁道行走确认设备和车皮的移动情况，防止被车辆伤害。

（4）堆取料机悬臂下严禁人员通过或停留，风速大于20m/s时应停止作业。

（5）螺旋卸煤机作业时，禁止车厢内有人清扫车皮，禁止螺旋从人头上部越过；检修螺旋时应设警戒区域，禁止人员从螺旋底部通行。

（6）煤焦机械工作完毕应切断电源开关，夹牢夹轨器。维护保养时应切断电源并挂检修牌或加锁，运转机械不能靠近，禁止加油、清扫和调整。

（7）没有熄灭的红焦应补充洒水，以防引燃皮带。

（8）不要背靠作业平台、高空走台的安全栏杆；管沟、坑池边及吊装孔应注意防止踩空盖板。

（9）推焦车、拦焦车、熄焦电机车之间的信号联系和联锁以及干熄焦系统的联锁不得擅自解除。推焦车、拦焦车启闭炉门时不能靠近。行车前必须先瞭望、鸣笛，行走时禁止人员上、下。烟火、雾气、风雪情况下须缓慢行驶。

（10）熄焦车未对准炉号严禁发推焦信号，推焦车司机在得到信号后才能推焦。推焦时超过规定最大电流时应立即停止推焦，原因不明时严禁连续推焦，处理后征得值班负责人准许并在场监护，方准第二次推焦。

（11）装煤车电刷掉道，必须拉下开关，通知电工处理。在煤车上部操作或推焦车、熄焦电机车电源滑触线附近作业时，当心铁器碰触摩电道，防止触电。

（12）拦焦车接焦过程中禁止启动导焦栅，禁止由导焦栅处穿过。尾焦处理完、通知对门时，确认作业人员离开后方可开车。

（13）清扫上升管、桥管、氨水管及翻板时，应站在上风侧并戴防火面罩，防止炉火、氨水烫伤；集气管严禁负压操作，集气小房严禁烟火。

（14）装煤时禁止在附近测温，打开看火孔盖或装煤孔盖时，应站在上风侧；测温时禁止倒退走。

（15）停止加热、停送煤气及遇暴风雨和上升管停氨水时，必须停止出炉。煤气放散前，炉顶作业人员须撤到安全地点。炉

顶作业时不能踩炉盖，不要坐在轨道上休息。禁止向下抛物。

（16）焦炉作业人员应防止焦炉车辆及机械伤人，更换装煤口、干燥孔砖热修时需戴防护面罩。使用磷酸时应将酸注入水中，防止酸液烧伤。

（17）开动卷扬机前必须检查吊装设施，插好安全挡后方可启动。炉门修理架起落时，不准在轨道内走动或进行作业，起落炉门时，下面禁止站人；炉门翻转时要紧好定位销，操作起重机时，要检查钢绳并精心操作。

（18）进入干熄炉、排焦、运焦系统的平板闸门、电磁振动给料器、旋转密封阀、吹扫风机、排焦溜槽、地下运焦皮带检查或作业前，须先通知关闭放射线源快门，对系统内气体置换、气体成分检测，确认 $O_2$ 在安全范围内，携带便携式 CO、$O_2$ 检测仪和对讲机，进入时必须两人以上，注意防止 CO 中毒窒息，点检时要防止被皮带绞伤。

（19）未经许可不允许开动他人岗位的设备、电气开关等。上班工作不要串岗，易燃易爆有毒危险场所不要冒险进入。不要在防爆孔和循环气体放散口附近停留。运行中检修排焦装置，应进行气体置换并戴空气呼吸器。

（20）干熄炉锅炉运行中要保持锅炉的蒸发量稳定在额定值内；保持正常的汽温和汽压，过热蒸汽温度、压力控制在规定的范围内；均衡给水，保持水位正常，严禁中断锅炉给水；保持汽包水位计完好可靠；保持循环风量稳定，严格控制循环气体锅炉入口温度；保持锅炉机组安全、稳定运行，防止锅炉爆炸和循环气体爆炸。

## 532. 炼焦事故应急处置措施有哪些？

**答**：炼焦事故应急处置措施如下所述：

（1）鼓风机突然停机处置措施。

1）迅速打开放散管点火放散，切断电源，停止自动调节，改为手动调节，保持集气管压力比正常大 20～40Pa，压力仍大时，可打开新装煤炉号的上升管盖进行放散。同时停氨水时，注意及时送入适量清水。

2）结焦时间过长不能出炉时，应将翻板关闭。

3）鼓风机开始运转后应关闭上升管和装煤孔盖，打开吸气管翻板。根据集气管压力逐步关闭放散管。及时调节吸气管开闭器，恢复调节机正常运转。

（2）停氨水处置措施。

1）应先关闭氨水总阀和通入集气管的氨水阀，慢慢打开清水管阀，要防止集气管突然受冷收缩而造成氨水泄漏。

2）往桥管中喷洒清水使集气管温度不超过 150℃。如果清水管也停水，应迅速调派消防车往集气管内补水降温。

3）送氨水时，先关清水阀，后打开氨水总阀，氨水要缓慢送入。

（3）全厂停电处置措施。

1）将集气管压力、煤气压力、烟道吸力的调节机构改为固定，拉下电源，使压力、吸力翻板固定在停电前位置，监控变化情况，停电期间，使用人工调节，待来电时再送电恢复自动调节。

2）切断交换机电源，每 30 分钟用手摇装置交换一次，来电时，先拉下手摇装置，恢复自动交换。

（4）煤气设施着火处置措施。

1）应逐渐降低煤气压力，通入大量蒸汽或氮气，设施内煤气压力最低不得小于 100Pa。不允许突然关闭煤气闸阀或封水封，以防回火爆炸。

2）直径小于或等于 100mm 的煤气管道起火，可直接关闭煤气阀，用黄泥、湿麻袋将火扑灭。

3）处理煤气事故时，必须戴好空气呼吸器和携带 CO 检测仪。

（5）干熄焦系统全面停电处置措施。

1）全面停电后应尽快查明原因，及时恢复送电。

2）防止循环气体中 $H_2$、CO 等可燃气体浓度达到爆炸极限。

3）防止系统设备及仪表损坏。

4）防止锅炉因超压或缺水等原因损坏。

因此，必须确保气体循环系统各氮气吹入阀打开，必须确保及时向循环系统内充入氮气，以稀释循环气体中的 $H_2$、CO 等可燃气体，并打开炉顶放散阀进行适当放散；还应确保空气流量调节阀及时关闭。

全面停电后应及时送上备用电源，如果备用电源送不上且焦罐内有红焦，应启动单独事故应急电源，采用手动方式将焦罐内红焦装入干熄炉。

# 参 考 文 献

[1] 张天启. 煤气安全知识300问[M]. 北京：冶金工业出版社，2012.

[2] 张天启. 特种作业安全技能问答[M]. 北京：冶金工业出版社，2014.

[3] 王明海. 冶金生产概论[M]. 北京：冶金工业出版社，2012.

[4] 张东胜. 冶金企业新工人三级教育[M]. 北京：中国劳动社会保障出版社，2011.

[5] 李运华. 安全生产事故隐患排查使用手册[M]. 北京：化学工业出版社，2012.

[6] 岳茂兴. 灾难事故现场急救[M]. 北京：化学工业出版社，2013.

[7] 岳茂兴. 逃生宝典——灾害现场自救互救[M]. 北京：化学工业出版社，2013.

[8] 孟燕华. 班组长安全健康培训教程[M]. 北京：化学工业出版社，2011.

[9] 张殿印. 环保知识400问[M]. 北京：冶金工业出版社，2004.

[10] 李化治. 制氧技术[M]. 2版. 北京：冶金工业出版社，2010.

[11] 汤学忠，顾福民. 新编制氧工问答[M]. 北京：冶金工业出版社，2004.

[12] 中国安全生产协会注册安全工程师工作委员会，中国安全生产科学研究院. 安全生产技术[M]. 北京：中国大百科全书出版社，2011.

[13] 中国安全生产协会注册安全工程师工作委员会，中国安全生产科学研究院. 安全生产法及相关法律知识[M]. 北京：中国大百科全书出版社，2011.

[14] 中国安全生产协会注册安全工程师工作委员会，中国安全生产科学研究院. 安全生产管理知识[M]. 北京：中国大百科全书出版社，2011.

[15] 中钢集团武汉安全环保研究院有限公司，湖南华菱湘潭钢铁有限公司，武汉钢铁（集团）公司. AQ2025—2010烧结球团安全规程[S]. 北京：中国标准出版社，2010.

[16] 武汉安全环保研究院，武汉钢铁设计研究总院，武汉钢铁（集团）公司. AQ2002—2004炼铁安全规程[S]. 北京：中国标准出版社，2004.

[17] 武汉安全环保研究院，北京钢铁设计研究总院，首钢总公司. AQ2001—2004炼钢安全规程[S]. 北京：中国标准出版社，2004.

[18] 武汉安全环保研究院，中冶赛迪工程技术股份有限公司，宝钢集团公司. AQ2003—2004轧钢安全规程[S]. 北京：中国标准出版社，2004.